U0257945

BLUE BOOK

智库成果出版与传播平台

互联网蓝皮书
BLUE BOOK OF INTERNET

中国互联网 3.0 发展报告
（2024）

ANNUAL REPORT ON DEVELOPMENT OF

WEB 3.0 IN CHINA (2024)

组织编写／国家工业信息安全发展研究中心
　　　　　北京区块链技术应用协会
　　主　编／潘　妍
执行主编／朱烨东　许智鑫

社会科学文献出版社
SOCIAL SCIENCES ACADEMIC PRESS（CHINA）

图书在版编目（CIP）数据

中国互联网 3.0 发展报告 . 2024 ／国家工业信息安全
发展研究中心，北京区块链技术应用协会组织编写；潘
妍主编；朱烨东，许智鑫执行主编 . --北京：社会科
学文献出版社，2025.1. --（互联网蓝皮书）.
ISBN 978-7-5228-4592-0

Ⅰ. TP393.4

中国国家版本馆 CIP 数据核字第 2024X9K925 号

互联网蓝皮书

中国互联网 3.0 发展报告（2024）

组织编写／　国家工业信息安全发展研究中心
　　　　　　北京区块链技术应用协会
主　　编／潘　妍
执行主编／朱烨东　许智鑫

出 版 人／冀祥德
责任编辑／高　雁
责任印制／王京美

出　　版／社会科学文献出版社·经济与管理分社（010）59367226
　　　　　　地址：北京市北三环中路甲 29 号院华龙大厦　邮编：100029
　　　　　　网址：www.ssap.com.cn
发　　行／社会科学文献出版社（010）59367028
印　　装／天津千鹤文化传播有限公司

规　　格／开本：787mm×1092mm　1/16
　　　　　　印　张：20　字　数：298 千字
版　　次／2025 年 1 月第 1 版　2025 年 1 月第 1 次印刷
书　　号／ISBN 978-7-5228-4592-0
定　　价／138.00 元

读者服务电话：4008918866

张书东　张卫平　张新芳　张一锋　赵　博
赵　哲　赵慧娟　赵添羽　周东华　周世晟
周子茗　朱　斌

研创单位

国家工业信息安全发展研究中心

北京区块链技术应用协会

支持单位（排名不分先后）

中国电子技术标准化研究院

中国移动通信有限公司研究院

北京市总工会职工大学

香港理工大学

上海交通大学

山东大学

南京理工大学

华中科技大学

西安电子科技大学杭州研究院

中钞金融科技研究所

无锡市区块链高等研究中心

中国质量认证中心

北京中科金财科技股份有限公司

上海银行股份有限公司

中科软科技股份有限公司

凌云光技术股份有限公司

山大地纬软件股份有限公司

深圳数据交易所有限公司

北京猎豹锦程信息科技有限公司

环球数科股份有限公司

北京飞天云动科技有限公司

北京市盈科律师事务所

山东大学齐鲁医院

湖南中科金财智算科技有限公司

北京伽罗华域科技有限公司

武汉烽火信息集成技术有限公司

北京中招公信链信息技术有限公司

深圳博思互联科技有限公司

北京元客视界科技有限公司

主要编撰者简介

潘　妍　国家工业信息安全发展研究中心软件所所长，区块链技术与数据安全工业和信息化部重点实验室主任，高级工程师。长期从事我国软件和新兴技术产业发展研究工作，聚焦基础软件、开源软件、新一代信息技术、数据安全等领域，主持完成 30 余项省部级重点项目，牵头及参与制定区块链、智能网联汽车信息安全、数据安全等多项国家标准、团体标准，出版多部专著，在国家级刊物发表多篇研究文章。

朱烨东　北京大学经济学院金融硕士、北京大学政治经济学博士，清华大学五道口金融学院 EMBA，北京中科金财科技股份有限公司董事长、创始人。北京区块链技术应用协会会长、新三板企业家委员会首席区块链专家，获得中国上市公司十大创业领袖人物、中国软件和信息服务业十大领军人物、2018 中国区块链行业十大领军人物、2018 中国新经济产业百人、2017 年度中国金融科技最具影响力人物称号，清华五道口全球创业领袖导师，《中国金融科技发展报告》《中国区块链发展报告》《中国资产证券化发展报告》执行主编。

许智鑫　国家工业信息安全发展研究中心软件所基础软件研究部主任、高级研究员，武汉大学国际法专业博士研究生。从事我国基础软件、区块链、人工智能等战略性新兴产业研究工作，聚焦智能网联汽车、船舶、电力等重要行业的数据治理工作，在开源软件、供应链安全、数据安全等方面主持、参与多个重要项目、课题和技术标准的制定，发表多篇文章和咨询报告。

摘　要

互联网 3.0 是互联网演进的新阶段，是以去中心化、数据高效流通、高度智能化为核心特征的创新应用生态，深度融合区块链、人工智能、大数据等前沿技术，颠覆传统的信息传播模式，构建了一个更好保障用户主权、数据安全、价值流通的新型网络体系。在理想的互联网 3.0 体系下，数据由用户自主掌控，通过智能合约和去中心化应用实现数据和资产的透明、安全、高效交易。同时，互联网 3.0 聚焦虚实世界交互与数字内容创造，提供更智能、个性化、沉浸式的用户体验。互联网 3.0 不仅重塑了网络架构，更开启了数字经济的新纪元，为全球互联网发展描绘了无限可能的未来图景。

党的二十大报告指出，加快发展数字经济，促进数字经济和实体经济深度融合。在这一战略指引下，中国互联网 3.0 走向数实融合、赋能实体经济的步伐逐渐加快。当前，我国积极构建以互联网 3.0 为核心的新型基础设施体系，打造数字平台，优化数字生态，推动数据要素进行市场化配置，互联网 3.0 正逐步渗透到服务业、工业、农业等各个领域，促进传统产业进行数字化、网络化、智能化改造，提升产业链供应链的现代化水平。

本书旨在梳理中国互联网 3.0 发展现状，为产业技术提升、场景应用、政策研究提供参考与启发。本书系统整理了中国互联网 3.0 政策与市场、技术、场景应用维度的最新进展，跟踪、研判前沿技术的融合发展态势，系统阐述分布式数字身份、人工智能、扩展现实、隐私计算等互联网 3.0 体系下的新技术、新应用，探讨互联网 3.0 在政务、医疗、文旅、金融等重点行业场景中的典型应用案例，全面描绘中国互联网 3.0 的最新图景，同时收录了

有关中国互联网 3.0 发展的重要事件，为读者提供历史脉络参考。

互联网 3.0 是全球科技变革的重大机遇，中国需要加快布局，政府、高校、企业应统筹协作，破解数据流通和安全难题，引导技术、应用、市场全面创新发展，为加快网络强国、数字中国建设提供有力支撑，在全球数字生态中抢占更大话语权。

关键词： 互联网 3.0　区块链　技术融合　数字经济　场景应用

目　录　⤵

Ⅳ　场景应用篇

附 录

总 报 告

B.1

互联网3.0：促进数据要素安全高效流通的数据价值跃升网络体系

潘 妍　许智鑫　赵 哲　薛翔文*

摘　要： 随着区块链、元宇宙、人工智能等新一代信息技术应用创新不断深化，以数据要素为驱动、以 Web 3.0 为核心的互联网 3.0 体系逐步明晰。利用区块链去中心化和不可篡改特性建立起的数字网络信任体系，正在通过高效、安全的数据流转机制促进数据要素的价值释放。中国正在加速形成互联网 3.0 创新生态，持续促进数字技术和实体经济深度融合，用数字经济发展带动服务业、工业、农业融合创新发展，用产业数字化引领生产方式变革。同时，应充分认识到中国互联网 3.0 发展面临的技术、场景、数据等难题，加强合作，多措并举，多维突破，充分释放互联网 3.0 的内在价值，推动经济高质量发展。

关键词： 互联网 3.0　区块链　数据要素　数字经济

---

* 潘妍、许智鑫、赵哲、薛翔文，国家工业信息安全发展研究中心软件所。

一 互联网3.0体系加速形成

（一）概念

互联网 3.0 是以数据要素为核心驱动力，具有智能驱动、虚实融合显著特征的价值互联网体系，涵盖数据要素收集、流转、处理、应用等数据价值释放各环节，是以实现数据智能化利用、多维度展示、高价值收益为目标的未来网络技术架构。本报告认为，互联网 3.0 代表了互联网发展的新阶段，是下一代互联网的创新应用和数字化生态，其核心技术架构是 Web 3.0。Web 3.0 是以区块链为核心技术的数字经济价值网络，体现了区块链去中心化、不可篡改、真实可追溯的技术特点。相较于 Web 3.0 突出以区块链为核心的数据安全流通技术架构，互联网 3.0 更加强调与元宇宙、人工智能、云计算等新一代信息技术的全面融合应用，构建用户更加自主、数据所有权更加明确、交易更可信任、个人隐私更加安全的全新网络形态，其带来的是互联网体系架构整体性演进和系统性升级，将重构基于"数字契约"的网络信任体系。

互联网 3.0 的愿景，旨在有效实现新一代信息技术的集成创新应用，构建一个更加开放、智能、安全的网络世界，不仅能改变我们获取信息、交流互动的方式，也重新定义了数字经济价值创造和分配的模式。在全新的网络形态中，互联网的未来充满了无限可能。随着技术的不断进步和应用的深入拓展，互联网 3.0 将引领一个更加智能化、个性化、多元化的数字时代。

（二）政策脉络

中国高度重视数字经济发展，持续促进数字技术和实体经济深度融合，协同推进数字产业化和产业数字化。党的二十大报告指出，加快发展数字经济，促进数字经济和实体经济深度融合，这是党中央深刻把握新一轮科技革命和产业变革新机遇做出的重大决策部署。党的二十届三中全会审议通过的《中共中央关于进一步全面深化改革 推进中国式现代化的决定》明确指出，健全促进实体经济和数字经济深度融合制度，加快构建促进数字经济发展体制机制，促进平台经济创新发展，促进数据共享，加快建立数据产权归属认定、市场交易、权益分配、利益保护制度，为中国发展互联网3.0提供了根本遵循。

中国高度重视以区块链为核心技术的互联网3.0产业发展。2021年5月，《工业和信息化部 中央网络安全和信息化委员会办公室关于加快推动区块链技术应用和产业发展的指导意见》发布，提出了加强区块链技术攻关、夯实产业基础的发展目标。2023年8月，工业和信息化部办公厅等五部门联合发布《元宇宙产业创新发展三年行动计划（2023—2025年）》，提出发展以区块链为核心的数据治理和数据资产跨平台流通技术体系。2024年1月，《工业和信息化部等七部门关于推动未来产业创新发展的实施意见》发布，提出探索以区块链为核心技术、以数据为关键要素，构建下一代互联网创新应用和数字化生态。该政策要求推动第三代互联网在数据交易所应用试点，探索利用区块链技术打通重点行业及领域各主体平台数据，研究第三代互联网数字身份认证体系，建立数据治理和交易流通机制，形成可复制、可推广的典型案例，明确了中国发展互联网3.0的核心定位。

（三）多元的互联网3.0体系

以数据要素为核心的互联网3.0体系涵盖了从数据收集到数据应用的全链条，具体包括数据收集、数据流转、数据处理以及数据应用四个核心阶段（见图1）。这一体系通过高效的数据流转机制，能够有力支撑更多应用的开发与运行，而应用的丰富与繁荣又会进一步促进数据的广泛收集，形成一个良性循环的闭环系统。

其一，数据收集的核心是质量合规。数据收集阶段主要依托物联网，通过各类信息传感设备实时收集和传输数据。在这个阶段，确保数据的质量合

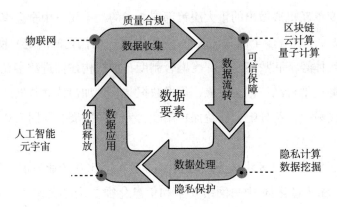

图 1　以数据要素为核心的互联网 3.0 体系

资料来源：笔者自制。

规是至关重要的，包括数据的准确性、完整性、时效性等方面，以保证后续数据处理和应用的有效性。

其二，数据流转的核心是可信保障。数据流转阶段涉及云计算、区块链、量子计算等核心技术。云计算提供了强大的数据处理和存储能力；区块链保证了数据的安全性和可信度，防止数据被篡改和丢失；量子计算则有望提供超越传统计算机的处理能力。在这个阶段，可信保障是核心，确保数据在流转过程中的真实性、完整性和安全性。

其三，数据处理的核心是隐私保护。数据处理阶段运用隐私计算、数据挖掘等关键手段对收集到的数据进行深入分析和处理。隐私计算确保了数据的隐私性和安全性，使数据在分析和挖掘过程中不会被泄露或滥用；数据挖掘则能够发现数据中的模式和趋势，为决策提供有力的支持。在这个阶段，隐私保护是核心，确保敏感信息得到妥善保护。

其四，数据应用的核心是价值释放。数据应用阶段集中在人工智能、元宇宙等前沿领域。人工智能能够模拟人类的智能行为，进行复杂的任务处理和决策制定；元宇宙则为用户提供了沉浸式的虚拟体验环境。在这个阶段，价值释放是核心，通过创新的应用场景和商业模式，将数据转化为实际的价值和服务。

（四）互联网3.0体系下的新模式新业态

1. 分布式数字身份广泛应用

分布式数字身份（Decentralized Identity，DID）是一种基于区块链技术的去中心化身份管理系统，它赋予用户对自己身份信息的掌控权，是构建互联网 3.0 体系的关键信任技术。DID 由标识符和可验证凭证组成，其中，标识符在分布式账本上注册，确保全球唯一性，而可验证凭证则包含属性声明，通过密码学技术保护，验证时无须第三方参与。这旨在构建一个安全、模块化的身份服务生态系统，保障用户隐私和数据安全。

DID 将取代传统的"用户名+密码"体系，成为用户数据主权的关键保障。它不仅能够保护用户隐私，防止身份信息被盗用或滥用，还能促进跨平台、跨服务的身份互认，实现更高效、更便捷的网络体验。同时，DID 是智能合约、数字资产交易等场景的基础，它确保了交易双方身份的可信度，为构建基于"数字契约"的网络信任体系提供支撑。早在 2019 年，百度智能云就推出了智能小程序 CloudDID，为用户提供安全、可信的数字身份解决方案。它支持生成与管理 DID，实现实名认证与隐私保护，促进跨机构身份认证与数据合作，简化政务、招聘、拍卖等场景下的身份验证流程。目前，微软、IBM、腾讯等各大互联网公司均拥有 DID 服务，应用场景不断扩展，涉及从个人身份管理、社交网络到数字资产交易、供应链管理等方方面面。

2. 数字资产流通不断提速

数字资产是指公司拥有或者控制的，或者个人在日常活动中拥有并进行销售或者还在生产中的非货币性资产，游戏积分、电子文件、数字货币等均可被归为数字资产的范畴。数字资产是数字经济发展的必然产物，也将通过数实融合的新业态促进实体经济发展。互联网 3.0 以去中心化、用户主权和数据隐私保护、价值互联网为核心特征，加快了数字资产的发展进程。

互联网 3.0 的去中心化特性为数字资产的发展提供了全新的平台，数字

资产的发行、交易、存储和使用不再依赖中心化的机构，提高了交易的透明度和安全性，为数字资产的发展提供了更广阔的空间；互联网3.0的用户主权和数据隐私保护特性为数字资产的持有者提供了更强的控制权和保护，用户对数据和资产拥有完全的控制权，可以通过加密技术和智能合约等方式，保护自己的数据和资产不被非法使用和侵犯，增强了用户对数字资产的信心；互联网3.0的价值互联网特性为数字资产的流通和交易提供了新的模式，数字资产的流通和交易不再局限于特定的平台或市场，实现在全球范围内自由流通和交易，提高数字资产的流动性与影响力，推动数字资产全球化发展。互联网3.0的智能合约和人工智能技术为数字资产的管理和使用提供了新的工具，智能合约和人工智能技术可以自动执行数字资产的管理规则和交易条款，实现数字资产的自动化管理和交易，提高了数字资产的管理效率和交易速度，同时降低了数字资产的管理成本和交易风险。

3. 创作者经济成为活力源头

作为互联网演进中的新兴经济形态，创作者经济的兴起与互联网的蓬勃发展紧密相连。这一经济模式的核心在于，内容创作者借助日益丰富的创作工具、高效的内容分发平台以及一系列专为创作者设计的服务，实现了经济价值的创造与增长。创作者经济的萌芽可追溯至互联网普及初期，那时虽然PC端的数字创作工具在专业领域崭露头角，但受限于技术门槛与受众范围，其对互联网内容生态的催化作用尚显温和。随着互联网步入2.0时代，交互性的飞跃、网络速度的飙升，以及博客、百科等平台的兴起，共同推动构建了一个开放、协作、用户广泛参与的新环境，为创作者经济提供了肥沃的土壤。在这一阶段，内容创作者逐渐占据连接多元角色的中心位置，包括平台、用户、技术支持者及商业伙伴等。

互联网3.0时代的创作者经济将进一步发展。一方面，技术的革新为创作者经济注入新的活力。渲染引擎与剪辑技术的飞跃，引领了虚拟内容创作与消费的新潮流，用户对沉浸式3D体验及虚拟创作工具的需求急剧上升。同时，区块链技术的引入，不仅推动了互联网的去中心化进程，还确保了数据主权回归用户，为创作内容的价值分配带来了前所未有的公平与透明。另一方面，互联网 3.0 促进了创作生态的多元化发展。数字空间与数字人（Digital Human）技术的成熟，让创作内容从二维迈向三维，从静态图文、视频跨越到动态虚拟场景与角色，数字人技术更是通过技术手段实现了角色形象的持久保鲜与个性化塑造。同时，低代码平台、智能语音与动作捕捉技术的普及，极大地降低了创作的技术壁垒与成本，激发了更广泛群体的创作热情，推动了数字内容生产的大众化。

4. 数字人结合 AI 走向高度智能化

互联网 3.0 浪潮下，数字人技术经历深刻变革，正在迈向高度智能化与广泛融合的新纪元。在政策扶持与资本注入的双轮驱动下，数字人技术加速迭代升级，呈现便捷化、场景化、拟人化、工具化及智能化"五化"并进的新趋势。其中，智能化尤为关键，它标志着数字人结合 AI 技术，实现了从单一功能到全面智能的飞跃。

在智能化方面，依托飞速发展的大模型技术，由数据驱动的数字人正在逐步接近智能体（Agent）的应用效果，不仅能在一次唤醒后实现多轮对话与实时智能响应，还具备智能打断、纠错等高级交互能力，极大地提升了用户体验的流畅度与自然度。这种高度智能化不仅体现在交互逻辑的精准把控上，更在于对用户情感与需求的深刻理解与反馈，使数字人更加贴近真实人际交流，成为未来智能服务的重要载体。同时，随着 AI 平台的完善及创作工具的普及，数字人内容的创作门槛大幅降低，为数字人智能应用的广泛落地奠定了坚实的基础。

二　全球互联网3.0创新发展全面驶入快车道

随着各国政策的完善，互联网 3.0 的发展速度加快。作为新一代互联网形态的代表，互联网 3.0 正以前所未有的速度推动技术深度融合与协同创新。物联网、云计算、区块链、量子计算等前沿技术交织互补，并与人工智能、大数据、元宇宙等新兴技术融合应用，共同构建一个更加智能、高效、安全、可信的互联网生态系统。技术融合创新的加速，不仅促进了互联网

3.0 底层架构的革新与升级，更为上层应用的丰富和多样提供了强大的支撑。未来，互联网 3.0 将成为数字经济的标杆产业，是培育新发展动能、推动新质生产力加速发展的重要手段。

一是技术融合创新加速。随着科技的飞速进步，不同技术领域之间的界限日益模糊。例如，物联网技术的广泛应用使海量数据得以实时收集与传输，为云计算提供了源源不断的处理资源；区块链技术的引入，则有效提升了数据流转过程中的安全性与可信度，为数字经济的健康发展奠定了坚实的基础。同时，人工智能与大数据的深度结合，进一步挖掘数据的潜在价值，推动个性化服务、智能决策等应用场景快速发展。技术融合创新的趋势正在催生一系列全新的商业模式和产业形态，如基于区块链的金融科技、元宇宙中的虚拟经济等。在 2024 全球数字经济大会上发布的"唐宫夜宴""华夏漫游之中轴线"等项目融合了 XR/VR 技术与数字内容创作、智能交互等多种技术，用场景链接场景方与技术方，形成一批创新应用成果，带动互联网3.0 产业链上下游高质量发展。

二是非金融类应用逐渐丰富。从具体类型来看，除相对成熟与普及的游戏、社交外，其他非金融类新业态也不断出现。在科研领域，DeSci（去中心化科学）的概念正引领一场革命，巧妙地利用互联网 3.0 技术解决长期困扰科学界的难题，科学家可以通过发行 NFT（非同质化代币）来筹集研究资金，这一创新模式不仅拓宽了资金来源，还提升了科研项目的透明度和公众的参与度。同时，DBDAO（数据库去中心化自治组织）的兴起为数据共享提供了新的解决方案，使科研数据能够更安全、高效地流通，并为数据贡献者带来直接的经济收益。在文化领域，去中心化版权治理与交易平台如Read2N 的出现，给创作者带来了福音。这些平台通过技术手段打破了传统版权制度的束缚，让创作者能够自主掌控作品的版权，免受内容审查、平台垄断和收益不透明的困扰。读者则获得了前所未有的权利，不仅能够直接支持喜爱的创作者，还能参与到作品的推广和二次创作中，提升了文化的多样性，促进文化繁荣。在政务领域，互联网 3.0 同样迎来了数字资产的革新。在消费领域，数字资产的应用更是为商品防伪带来了革命性的变化。Adidas

Originals 与 NFT 的结合便是典型案例，限量版运动鞋搭配可在虚拟世界中穿戴的 NFT 版本，以及内置的 NFC 芯片，让消费者能够轻松验证商品真伪，并享受独一无二的数字收藏体验。跨界融合不仅提升了商品的附加值，也推动了实体经济与虚拟经济深度融合。

三是数字货币体系日益完善。互联网 3.0 时代，数字货币以独特的优势展现出强劲的冲击力，智能合约等技术使数字货币具有便捷性、安全性与全球可达性，实现了去中心化的交易验证和记录，大幅降低了交易成本和时间。此外，数字货币的匿名性和安全性优势，使其在保护用户隐私方面表现卓越，进一步增强了市场竞争力。在全球范围内，中央银行数字货币（CBDC）的兴起是数字货币冲击力强的重要体现。CBDC 由各国中央银行发行和管理，具有法定货币的地位和强制接受性。随着科技的进步和各国央行的积极探索，CBDC 正逐步成为金融体系中不可或缺的一部分，如中国的数字人民币、瑞典的 E-krona 等。较快的交易速度和较低的交易费用不仅提升了金融系统的效率，还促进了全球经济的互联互通。数字货币的另一种兴起形式是稳定币。稳定币是一种与某种现实资产（如美元、欧元等）或一篮子资产挂钩的数字货币，旨在保持价值相对稳定。2024 年 7 月 18 日，香港金融管理局（HKMA）表示将在香港发行与港元 1∶1 挂钩的加密货币稳定币，并公布了 5 家稳定币发行人公司名单。稳定币降低了加密货币市场的波动性，为投资者提供了一种相对稳定的避险资产。同时，稳定币在跨境支付、货币兑换等领域具有广泛的应用前景。香港金融管理局正在制定稳定币的监管框架，预计于 2025 年推出相关法规，为香港稳定币的发行和流通提供良好的政策环境。

整体来看，美国在互联网 3.0 的发展上展现出全球领先的姿态。一方面，技术创新方面，Meta 和谷歌等科技巨头已深入布局元宇宙、区块链和人工智能等前沿技术，Meta 改名（原名为 Facebook）即体现了其全力投入元宇宙的决心，谷歌则在量子计算、区块链等领域持续探索，这些创新不仅扩展了互联网 3.0 技术的边界，也加速了其商业化进程。另一方面，应用场景拓展方面，美国的 DeFi（去中心化金融）和 NFT 市场

异常活跃，Compound 和 Uniswap 等 DeFi 平台通过去中心化的方式重塑了金融服务，NFT 在艺术、游戏等领域开辟了全新的数字资产交易模式，NBA Top Shot 和 CryptoKitties 等明星产品将数字资产带入了大众视野。

三 中国互联网3.0赋能实体经济取得一系列成效

数字化浪潮促进互联网形态持续迭代，作为新一代信息技术的集大成者，互联网3.0正以独特的技术优势和创新模式，深刻影响全球经济的格局。当前，作为全球互联网发展的主力军，中国在互联网3.0中举足轻重。截至2023年底，中国网民数量达10.92亿人；全年数据生产总量达到32.85 ZB，同比增长22.44%，数据存储总量达1.73 ZB；[①] 移动互联网接入总流量约为0.27 ZB，同比增长15.2%；算力总规模达到230EFLOPS，位居全球第二；人工智能产业规模达到5784亿元，同比增速为13.9%[②]。中国形成了全球最庞大、最富有活力的数字社会。[③]

与此同时，中国服务业、工业、农业"三产"的网络化、数字化、智能化水平不断提升，数字技术服务市场持续扩大，网络支付规模达9.54亿人次，网络购物用户达9.15亿人次；数字技术与制造业的融合愈发紧密，中国"5G+工业互联网"已覆盖41个国民经济大类，全国已创建示范应用项目超8000个、5G工厂300个[④]。互联网3.0赋能产业升级，智能制造装备产业规模突破3.2万亿元[⑤]；农业数字化稳步推进，农业数字孪生的场景

---

① 《第53次〈中国互联网络发展状况统计报告〉》，第25页，中国互联网络信息中心网站，https：//www.cnnic.cn/NMediaFile/2024/0325/MAIN1711355296414FIQ9XKZV63.pdf。

② 《〈数字中国发展报告（2023年）〉发布》，新华网，https：//www.xinhuanet.com/tech/20240710/f47f37b437f949d788d9f7df6790c7aa/c.html。

③ 《数字中国发展报告（2023）》，第5页，数字中国建设峰会官网，https：//www.szzg.gov.cn/2024/szzg/xyzx/202406/P020240630600725771219.pdf。

④ 《我国人工智能产业进入快速发展期》，人民网，http：//finance.people.com.cn/n1/2024/0305/c1004-40189093.html。

⑤ 《工信部：我国智能制造装备产业规模超3.2万亿元》，光明网，https：//m.gmw.cn/2023-07/11/content_ 1303435980.htm。

应用持续拓展。中国广阔的市场规模和丰富的应用场景，为构建智能驱动、虚实融合的互联网3.0提供了坚实的基础。

（一）服务业方面：互联网3.0加速产业数字化发展

互联网3.0促进服务场景扩容、服务体系完善、服务效率提高、服务创新增进。智能出行、移动旅游、文娱、互联网医疗等数字服务产业发展百花齐放。作为中国互联网3.0发展的缩影，北京市朝阳区自2023年3月发布支持政策以来，聚集互联网3.0企业1200余家，覆盖基础支撑层、技术提供层、运营服务层、场景应用层等全产业链环节[①]；2024年上半年挖掘了27个应用场景，覆盖文旅、商业、金融、工业、科研等多个行业领域；探索推动与中国香港、新加坡的合作，分别与香港Web3 Labs和新加坡南洋理工大学合作共建京港互联网3.0产业中心与互联网3.0创新孵化中心，加快吸引和孵化优秀的互联网3.0企业和实现创新项目落地。

（二）工业方面：互联网3.0加快工业数字孪生技术应用步伐

数字孪生技术应用正成为推动中国制造业数字化转型的重要力量。这项技术通过创建物理实体的数字副本，实现数据和信息在实体与数字模型间的双向流通和实时反馈，从而在工业制造、智慧城市、能源、医疗、自动驾驶等领域发挥关键作用。在工业制造领域，数字孪生技术在产品设计、工艺规划和生产过程管理中扮演重要角色。例如，通过在虚拟空间进行产品设计和仿真，可以减少物理实验的次数，缩短研发周期。数字孪生技术通过实时监测设备状态，预测潜在问题，从而实现更高效的设备运维管理。在智慧城市领域，数字孪生技术在城市规划、建设和管理中的应用，为城市管理提供了全新的视角。通过建立城市的数字孪生模型，可以对城市基础设施进行实时监控和优化管理，提升城市运行效率和居民生活质量。在能源领域，数字孪

---

① 《北京朝阳按下互联网3.0产业发展"快进键"超1200家互联网3.0企业集聚》，北京市朝阳区人民政府网站，http://www.bjchy.gov.cn/slh/cyyw/4028805a907e6a5b019080ff3a410106.html。

生技术被用于优化能源生产和分配。例如，风力涡轮机的数字孪生技术可以指导设备运行，优化能源生产效率，并辅助设备维护和保养。

（三）农业方面：互联网3.0变革传统农业生产方式

中国农业数字化转型趋势稳健。全国安装北斗终端农机超 220 万台（套）[①]，植保无人机总量近 20 万架，年作业面积突破 21 亿亩次，2023 年，全国农村网络零售额达到 2.49 万亿元，农业科技进步贡献率超 63%[②]。例如，在智能农机设备领域，应用自动驾驶、精准作业的智能农机，提高农业生产的自动化水平，降低人工成本，提升作业效率和精准度。在智慧种植和精准农业领域，通过智能化管理系统，对作物生长周期进行全程监控，实现精准种植和管理，提高作物产量和品质。在植物工厂与垂直农业层面，在可控制环境下，利用 LED 灯光和智能化控制系统，进行植物的高效栽培，节约土地资源，提高空间利用率。

四　推动中国发展以数据要素为核心的互联网3.0仍需多点发力

在数字化转型浪潮中，互联网 3.0 以数据要素为核心，展现出推动经济高质量发展的巨大潜力。面对这一新兴技术范式，中国正处于发展的关键时期，需要在多个层面实现突破以充分释放内在价值。

（一）统一的技术框架亟待建立

在技术层面，对于互联网 3.0 的推进，需要通过技术聚合实现体系性赋能行业应用。这涉及区块链、数字货币、分布式数据库、加密技术、边缘计算、引擎技术以及交互技术等的融合与创新。技术解决方案的核心在于打造

---

① 数据来源：中国政府网。
② 数据来源：农业农村部。

一个开放、共享、协同的技术生态系统，促进各技术领域间的互补和整合，形成强大的技术支撑能力，为不同行业提供定制化、智能化的解决方案。

现有技术解决方案存在一系列的不足和待改进的问题。在技术成熟度方面，互联网 3.0 中的 VR、AR 等技术仍处于发展早期阶段，用户体验和设备成本方面存在挑战，如感官迟滞和场景不真实等问题，影响用户接受体验和普及率。在数据隐私与安全方面，随着用户数据的广泛应用，数据泄露和隐私侵犯事件频发，如何保护用户数据隐私和维护网络安全成为亟待解决的问题。在可扩展性方面，随着用户数量的增加和应用场景的扩展，现有的基础设施和架构往往难以满足日益增长的处理需求，需要采用新技术提高系统的可扩展性。在基础设施方面，互联网 3.0 生态系统虽然年轻且正在快速发展，但它目前仍然主要依赖中心化的基础设施，构建高质量、可靠的基础设施需要时间。此外，目前，互联网 3.0 领域缺乏统一的标准化体系，限制了技术和应用的互操作性，增加了开发者的负担。

（二）数据价值释放存在痛点

作为互联网 3.0 的核心要素，数据的流通与需求匹配是实现数据价值的关键。数据价值的释放需要构建一个安全、高效、透明的数据交易和管理平台，促进数据资源的开放共享，实现数据的最优配置和合理利用。

然而，数据价值释放仍存在一些痛点和难题。在数据标准化与可操作性层面，制造业、农业、流通业、金融业等不同部门，东中西等不同区域，政府与企业等不同主体采用的数据格式和标准各异，导致数据在流通时的互操作性差，缺乏统一的数据标准和格式严重制约数据的高效流通。在数据所有权和使用权界定层面，尚未形成清晰的数据权属界定框架，数据权利分离的机制尚未建立，数据交流与应用仍存在不同程度的堵点，导致数据流通和交易存在法律风险。在数据要素市场化配置层面，仍未形成科学、系统性的数据要素市场建设框架，顶层设计和实践探索的结合程度有限，成熟的市场化配置模式亟待形成。

（三）产业共识尚未形成

产业共识的形成是互联网3.0发展的重要基础。这种共识推动数据多次复用和深度利用，促进数据驱动的商业模式创新。产业共识还包括对数据隐私保护、数据安全和数据伦理的共同遵守，确保数据价值可持续释放。

然而，现有产业共识仍然存在诸多待改进的节点与环节。首先，数据价值的量化和评估存在难度，作为一种特殊的生产要素，数据具有非一次性消耗、可循环使用的特征，确认某一特定数据的真实价值，构建一套统一的数据价值评价体系成为当务之急。其次，不同平台、操作系统存在转换障碍，数据在平台之间实现兼容存在较大挑战，数据整合和交互性不足仍是制约数据流通的关键难题。此外，部分企业缺乏数据共享的产业共识和合作意识，数据孤岛仍然广泛存在于产业链上下游的各个节点，导致数据质量存在准确性、时效性问题，这限制了数据的高效流通和对其分析利用。

（四）科学的监管政策有待完善

科学的监管政策的制定与实施是保障互联网3.0健康发展的关键。这包括建立健全的数据安全法律法规，确保数据的合法合规使用；构建数据权益分配机制，保障数据生产者、使用者的合法权益。

从权益分配和数据安全角度来看，现有监管政策尚未形成科学、完善的治理框架。一是数据收益分配机制不明确，作为一种新型生产要素，数据的收益分配机制尚不明确，需要建立一个体现效率、促进公平的数据要素收益分配制度，确保各方的合法权益得到保护。二是数据安全监管力度有待加大，与网络安全相比，数据安全监管在力度上仍有提升空间，需要加强监管机构之间的协调，形成监管合力，确保数据安全法律法规得到有效执行。三是数据安全意识不足，政府、企业、高校、各科研单位、民间机构尚未形成定期、定点的数据安全培训，缺乏数据安全意识的多元化宣传模式，公民对于数据安全的认识仍比较模糊，提升全民的数据安全意识成为当前的重要议题。

五 互联网3.0——数据价值跃升网络体系的建设路径

在数字化转型浪潮中，作为新一代信息技术的"集大成者"，互联网3.0以数据要素为核心，展现出推动经济高质量发展的巨大潜力。面对这一新兴技术发展范式，处于发展转型关键时期的中国需要在多个层面实现突破以充分释放内在价值。本报告深入探讨互联网3.0网络体系的建设路径，从夯实关键技术底座到提升政策监管能力，为构建更加完善的数字经济体系提供参考和指导。

（一）夯实关键技术底座

互联网3.0的建设应以实现关键技术的突破与创新为基石，筑牢以数据变革、信任变革、体验变革为导向的技术底座，发展以网络与计算、安全可信、虚实融合、智能交互为特征的核心技术，突破现有数据技术存在的堵点、卡点，稳步构筑以数据要素为核心、实现数据价值跃升的新一代网络体系。

一是突破网络与计算技术，打造新一代数据网络基础设施。持续升级5G/6G网络节点能力，推动云计算与边缘计算分工协作，通过物联网实现对异构网络架构的重构，筑牢由区块链、隐私计算、身份管理等安全可信技术支撑的技术底座，搭建安全可信的数据网络基础设施体系。二是加速虚实融合技术的延伸拓展。推动虚拟现实、增强现实、混合现实等XR技术集成创新，前瞻布局IoP、IoTk、社会计算等新兴领域，构建虚拟孪生体与现实空间用户虚实相生的数字空间。三是加快智能交互技术应用。聚焦大数据与数据挖掘、语义网、人工智能等重点赛道，部署建设高质量数据集交易平台、智能化数据流通系统、人机物融合系统等重点工程，减少数据孤岛、多源异构等不良现象，加快建设高度智能化的数字交互系统。

（二）提升基础设施兼容水平

互联网3.0发展应在向下兼容通信基础设施等已有成果的同时，向上积

极探索新技术与现有系统的融合应用。国家层面的规划和政策为科技融合创新提供了坚实的基础。《"十四五"信息通信行业发展规划》明确提出要加快建设高速泛在、集成互联、智能绿色、安全可靠的新型数字基础设施，这为科技融合创新提供了政策保障。

一是加强现有通信基础设施的升级和扩展，以支撑互联网3.0时代对于高带宽、低延迟和高可靠性的需求。这包括提升网络的数据处理和传输能力，确保能够承载由互联网3.0带来的更大数据流量和更复杂的应用场景。二是聚焦科技融合创新领域的拓展和升级，科技创新应聚焦与现有通信技术的融合，例如，通过6G、卫星互联网、边缘计算等网络技术的发展，强化与互联网3.0应用的连接能力，利用高性能计算芯片、人工智能、区块链等技术提升网络性能和服务能力。三是加强平台工具建设，发展互联网3.0平台工具层，提供数字内容制作、数字孪生等技术支撑，以促进新应用的快速开发和部署，同时降低开发门槛，吸引更多创新者参与。

（三）推动应用场景建设

应用场景的建设是互联网3.0价值实现的重要途径。通过构建重大应用场景，如智慧城市、远程医疗、在线教育等，可以有效促进人工智能等关键技术与实体经济的深度融合，推动应用场景建设是一项长期、系统性的工程，应注意虚实融合发展的管理成本、商业模式、资源内容等。

一是应当建立有效的应用建设全流程管理平台，发挥互联网3.0技术底座中的渲染、3D建模、AIGC、仿真技术、区块链技术等优势，对工业制造、生产流程的上下游企业主体进行动态监测，促进以人工管理为主的管理模式朝着精细化、数据化、平台化的方向转化。二是探索可落地的商业发展模式，促进数据要素流通，构建完整的产业生态体系。例如，长安链区块链底层平台、源网荷储一体化能源服务实践、钒钛产业互联网、丝路云链贸运数字平台等实践案例，通过合理的准入政策，构建开源、共享的商业价值体系，打造系统数字交流平台，提高用户的参与活跃度，聚焦工艺优势、服务优势、供应优势，丰富产品的核心内容和表现形式。

（四）完善产业创新生态

构建一个完善的产业创新生态对于互联网3.0的发展至关重要。这需要加强知识产权保护，建立健全行业自律及监督机制，营造以技术实力和服务能力为导向的良性市场竞争环境。

其一，应强化科技创新、加快科技成果转化，把科技创新作为核心要素，搭建多模态人工智能、虚拟现实技术与系统等高水平实验室，强化原创性和颠覆性科技创新，丰富科技成果。完善科技成果转化政策体系，打造集科研和成果转化于一体的科技创新枢纽，破除成果转化障碍，打通转化通道。其二，打造特色产业链、培育高水平企业梯队。依托龙头企业培育产业链，建设先进的技术体系，创建未来产业先导区，推动产业特色化集聚发展。引导龙头企业通过内部创业、投资孵化等方式培育新主体，实施未来产业启航行动计划，加快培育新企业，建设创新型中小企业孵化基地。其三，强化标准化建设。统筹布局未来产业标准化发展路线，加快重点标准研制，促进标准、专利与技术协同发展。其四，构建创新产业体系，加强产学研用协作，打造创新联合体，构建大中小企业融通发展、产业链上下游协同创新的生态系统。

（五）提升政策监管能力

政策监管能力的提升是保障互联网3.0健康发展的关键，包括需要深化"放管服"改革，构建新型行业管理体系，营造公平竞争市场秩序。

一是加强互联网3.0治理体系的研究，包括数字身份认证、数字资产确权、数字市场监管等，构建相应的规范标准，确保治理的科学性和有效性。二是针对互联网3.0内容监管、数据安全、隐私保护等关键领域，加强对监管机制和模式的探索，利用大数据、人工智能等新兴技术提升对数据要素流通全过程的监管能力。建立数据资产管理制度，促进数据资产合规高效流通使用，构建共治共享的数据资产管理格局。三是建设公平规范的数字治理生态，推进国家网络身份认证公共服务建设，保护公民身份信息安全，完善法律法规体系，提升治理水平。

政策与市场篇

B.2
2024年中国互联网3.0产业政策分析

梁威 冉伟 张珂 刘瑄*

摘 要： 作为新质生产力的基础构件和数字经济的高阶形态，互联网3.0涉及广泛的技术融合、高度的产业联动，以及紧密的区域协同。在此背景下，中国各级政府、各产业部门在近几年密集出台了大量相关政策。这些政策涵盖元宇宙、人工智能、区块链、算力基础设施、数据资产、虚拟资产等领域。在政策的有力推动下，互联网3.0关键技术持续突破，应用场景不断扩展，产业生态日益壮大。面向未来，互联网3.0将加速融入产业升级、经济发展和社会治理的各个环节。为此，在政策层面需要保持足够的前瞻性、全局性和务实性，以推动各项新技术、新产品、新模式、新业态与互联网3.0动态连接，并为全面深化改革、推进中国式现代化持续赋能。

关键词： 互联网3.0 元宇宙 人工智能 区块链 数据资产

---

* 梁威，北京区块链技术应用协会；冉伟、张珂，北京猎豹锦程信息科技有限公司；刘瑄，北京区块链技术应用协会。

一 2024年中国互联网3.0产业政策状况

当前，中国房地产业处于深度调整期，且中国已进入中度老龄化社会，经济增长速度放缓成为新常态。同时，全球处于第四次工业革命、第五次产业转移、第六次科技革命相叠加的新阶段，中国国民经济的核心拉动力量相应转变为数字经济与新质生产力，并进入新的发展周期。基于上述背景，互联网3.0为经济与社会发展带来新契机，将成为大国角逐的新空间。

互联网3.0是一个具有高沉浸式交互体验的虚实融合的三维空间，将极大地提高人与信息的交互体验和经济活动效率，高度的智能化和虚实融合发展将是其主要特征。[①]

为了推动互联网3.0发展，中国持续出台一系列重要政策，涵盖了从顶层设计到基础设施建设，从技术创新到应用场景拓展，从技术伦理到数据安全，从标准制定到国际合作等方方面面。

在政策的持续推动下，随着元宇宙、人工智能、区块链等新技术、新模式与新业态的融合共生，及其与传统产业的联动协同，互联网3.0已成为中国新质生产力的基础构件和数字经济的高阶形态。

本报告将分析以互联网3.0为核心主题的专项政策，以及互联网3.0重要细分领域的关联政策，并提出相关建议。

（一）专项政策分析

本报告不对互联网3.0和Web 3.0进行明确的概念区分，而是对两个主题的相关专项政策进行合并分析。

2021年12月12日，国务院印发《"十四五"数字经济发展规划》，明确了中国发展数字经济的现状、目标、要求、路径和指标。考虑到该规划所

---

① 《北京市互联网3.0创新发展白皮书（2023年）》，北京市科学技术委员会、中关村科技园区管理委员会，2023。

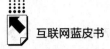

包含的数字基础设施、数据要素、产业数字化、数字产业化、公共服务数字化、数字经济治理、数字经济安全、数字经济国际合作等内容与互联网3.0的框架和内涵高度契合，因此，本报告将该规划视为中国互联网3.0的顶层纲要性文件。

目前，中国关于互联网3.0的政策主要集中在互联网3.0相关细分领域，北京市是为数不多的以互联网3.0为核心主题发布专项政策的城市。2023年3月，北京市科学技术委员会、中关村科技园区管理委员会发布《关于推动北京互联网3.0产业创新发展的工作方案（2023－2025年）》，全面布局互联网3.0新赛道。同时，北京市朝阳区、石景山区发布了相关的工作方案或行动计划。

在主要目标和重要任务方面，朝阳区和石景山区在北京市的统一部署下，根据自身的区域特征和产业优势，分别制定了更为详细而具体的目标和任务。

从技术开发层面来看，北京市、北京市朝阳区和石景山区的三项政策均强调围绕互联网3.0基础设施层、交互终端层和平台工具层开展人工智能、区块链、高性能芯片、通信网络、XR终端、内容制作等底层关键核心技术的攻关突破与国产化替代，同时着力推进互联网3.0共性技术平台和公共服务平台的建设。

从应用场景来看，三项政策提及的互联网3.0应用场景可以分为消费应用场景、产业应用场景和城市治理应用场景。其中，北京市提出将推动互联网3.0在城市、工业、产业、消费领域的应用；朝阳区将重点拓展"互联网3.0"+商业、文旅、城市、工业与金融应用；石景山区则聚焦互联网3.0与文旅、科幻、动漫、商业、教育、工业、医疗等产业的融合。此外，朝阳区和石景山区均提到将建设元宇宙产业生态，尤其是工业元宇宙体系的搭建。

值得关注的是，三项政策都明确提到将推进"数字资产流通平台"建设，一方面将研究可信身份、可信存证、可信数据、可信跨链、数据标识及隐私计算等服务，并开发数字资产登记、确权、评估、存证、托管、流通等功能；另一方面将探索构建基于互联网3.0的经济体系监管和治理模式。这些政策表明，作为互联网3.0流通体系的基础，数字资产的发展步伐将加快。

总体而言，三项政策一方面保持了全市的统一部署，另一方面强调了各区优势的协同。三项政策最终旨在通过互联网3.0建设，为加快北京市建设国际科技创新中心和全球数字经济标杆城市提供支撑。

在政策推动下，2023年8月，北京市首个互联网3.0产业园区星地中心在朝阳区正式揭牌。该平台重点发展虚拟现实、人工智能、区块链、物联网等关键基础支撑技术和产业支撑平台，持续引进数字内容、数字互娱等互联网3.0应用生态企业。截至2024年8月中旬，园区已签约入驻互联网3.0企业134家，产业集聚度达85%。①

上海市对Web 3.0保持高度关注，目前虽然尚未发布以此为主题的相关专项政策，但该市"元宇宙"关键技术攻关行动方案、区块链关键技术攻关行动方案、促进在线新经济健康发展的政策措施等多个关联政策均提到Web 3.0，涉及Web 3.0技术开发和生态建设等。

2024年，上海市发布了该市首个Web 3.0行业报告《2024上海WEB 3.0创新生态建设调研报告》，建议发挥上海作为国际金融中心的优势，推动Web 3.0在智能合约、数字身份认证、数据安全和隐私保护等领域的技术突破，同时建议发挥数字经济的优势，制定Web 3.0专项支持政策，开展顶层设计和体系建设。②

中国香港是中国Web 3.0与世界数字经济接轨的重要窗口。目前，香港特区政府已推出一系列政策，以鼓励企业、科研机构、投资者、开发者等参与推动Web 3.0的创新与发展。

（二）关联政策分析

1. 元宇宙

过去几年间，在相关政策的推动下，元宇宙已经从一个科幻概念转变为

---

① 《互联网3.0产业园区星地中心入驻企业达134家》，北京市朝阳区人民政府网站，http：//www.bjchy.gov.cn/dynamic/news/4028805a91544e55019159311431022a.html。

② 《2024上海WEB 3.0创新生态建设调研报告》，解放日报社、复旦大学经济学院，2024。

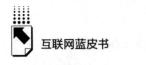
正在持续进步的新业态。

据资本实验室的不完全统计，自 2022 年以来，中国已出台 205 项元宇宙政策。其中，专项政策为 69 项，关联政策为 136 项；国家政策为 15 项，地方政策为 190 项。

上海市对元宇宙产业发展采取前所未有的政策推进措施，已出台 35 项政策，其中，专项政策达到 12 项。此外，北京、广东、江苏、山东等省区市出台的政策也均在 20 项左右。

尽管各地元宇宙产业发展具有不同的重点和特色，总体来看，以文旅、教育、娱乐为主的消费元宇宙已成为各地创建元宇宙产业生态的重点场景。

不过，值得关注的是，工业元宇宙正在成为未来元宇宙产业的重点方向。截至 2024 年 8 月，中国已出台 15 项工业元宇宙相关政策，其中，12 项政策于 2024 年发布。特别是工信部办公厅等五部门在 2023 年 8 月 29 日联合发布的《元宇宙产业创新发展三年行动计划（2023—2025 年）》，从工业关键流程、重点行业布局、应用模式创新、重点赋能场景等层面对工业元宇宙发展提出了详细目标和实施计划。

目前，部分工业基础雄厚的城市对工业元宇宙进行了大力扶持，以赋能传统制造业的数字化改造和产业转型升级。

可以说，与国外相比，中国的元宇宙政策更为"硬核"。同时，可以预见，中国在工业元宇宙领域的布局将有效促进新型工业化，增强制造业在国民经济中的"压舱石"作用，并保持"中国制造"在全球的领先优势。

需要注意的是，目前，大量媒体报道认为元宇宙的热潮已经退却。对此，应该从两个方面进行客观认识。一方面，和其他新技术、新模式一样，元宇宙刚"登场"时必然受到产业、资本和媒体的追捧。而当其在短期内难以达到原有预期时，社会必然快速回归理性和平静。无论炒作，还是回归，都是技术周期和产业周期的一部分。另一方面，中国的产业政策更为关注元宇宙底层技术的研发、应用生态的构建，及其对实体经济的促进作用和社会治理方式的升级。从长远来看，需要关注政策的持续优化和下一个增长曲线的出现。

可以相信，随着基础设施的逐步完善、应用场景的深度挖掘，元宇宙将成为推动中国传统产业数字化升级的重要驱动力。同时，需要清楚认识到，社会整体的元宇宙建设依然需要一个长期过程。

2. 人工智能

人工智能是互联网3.0的关键核心技术、新质生产力的重要引擎，也是产业政策长期且重要的关注点。据资本实验室的不完全统计，进入2024年，中国已发布43项人工智能专项政策，除了关注原有重点领域外，新政策开始更多关注人工智能大模型、智能算力、人形机器人等新兴领域的创新与发展。

2023年，以ChatGPT为代表的通用人工智能大模型迅速崛起，并快速成为全球人工智能的重要竞争方向。中国实时强化了对生成式人工智能的规范和引导工作，并加速推动了以人工智能大模型为牵引的技术迭代和产业融合。

中央网信办发布的数据显示，截至2024年8月，中国完成备案并上线、能为公众提供服务的生成式人工智能服务大模型已有190多个，注册用户超过6亿人次。[①]

鉴于过去几年中国人工智能产业不断涌现的新模式、新应用，以及人工智能与传统产业融合过程中出现的诸如认知不一致、评测体系与标准不统一、竞争混乱、使用不规范、隐私与安全等多种问题，2024年6月，工信部等四部门联合印发了《国家人工智能产业综合标准化体系建设指南（2024版）》，以进一步完善人工智能标准工作顶层设计，强化全产业链标准化工作协同，为推动中国人工智能产业高质量发展提供有力支撑。

该文件实现了从国家层面对人工智能技术进行全面、系统、科学的规划与监管，有助于打造可持续和负责任的人工智能产业，引导人工智能产业健

---

① 《深化网信领域改革 以网信事业高质量发展助力中国式现代化——访中央网信办主任庄荣文》，中国政府网，https://www.gov.cn/zhengce/202408/content_ 6967914. htm。

康有序成长，强化"人工智能+"在数字经济发展中的推动作用。

3. 区块链

过去几年，相关部门出台大量政策，以推动区块链技术发展及其产业应用。据赛迪区块链研究院统计，截至 2023 年底，各部委及各地方政府出台的区块链相关政策有千余项。其中，2023 年新增 79 项，含部委政策 18 项、地方政策 61 项。① 另据《中国区块链创新应用发展报告（2023）》统计，截至 2023 年底，全国已有 29 个省区市将发展区块链技术产业纳入地方"十四五"规划，10 多个省区市制定了推动区块链发展的专项文件。②

区块链在新兴技术和产业体系中的重要定位持续凸显，标准化建设同步推进。2023 年 8 月，工信部等四部门发布《新产业标准化领航工程实施方案（2023—2035 年）》，将区块链列为新兴产业中"新一代信息技术"的一个分支。2023 年 9 月，国家知识产权局办公室发布《关键数字技术专利分类体系（2023）》，将区块链列为 7 个关键数字技术之一。2023 年 12 月，工信部等三部门印发《区块链和分布式记账技术标准体系建设指南》，以指导推进区块链标准的制定、实施和国际化工作。

区块链项目开发持续走向规范化。2019 年 1 月，国家互联网信息办公室发布《区块链信息服务管理规定》。根据该规定，区块链信息服务提供者需通过国家网信办区块链信息服务备案管理系统履行备案手续。截至 2024 年 8 月，随着第十六批共 67 个服务完成备案，境内区块链信息服务累计完成备案达 4035 个。③

政府部门组织各类评价活动，大力推动区块链技术的创新示范与应用。2023 年 1 月 10 日，工信部信息技术发展司发布《2022 年区块链典型应用案例名单》，共 61 个案例上榜，涵盖创新技术及产品、区块链+实体经济、区

① 《2023-2024 中国区块链年度发展报告》，中国电子信息产业发展研究院，2024。
② 中央网信办数据与技术保障中心主编《中国区块链创新应用发展报告（2023）》，2024。
③ 《国家互联网信息办公室关于发布第十六批境内区块链信息服务备案编号的公告》，中华人民共和国国家互联网信息办公室网站，https://www.cac.gov.cn/2024-08/27/c_ 17263581 45819087. htm。

块链+民生服务、区块链+智慧城市、区块链+政务服务五个方向。2024 年 2 月，中央网信办数据与技术保障中心牵头编制《中国区块链创新应用案例集（2023）》，评选出 66 个区块链创新应用案例，涉及金融科技、社会治理、民生服务、实体经济四大主题。上述评选对于充分挖掘区块链技术应用潜力、拓展区块链技术应用场景起到了重要作用。

总体来看，在各级政府、各产业部门的推动下，中国已建立起全球最完善的区块链政策环境，并形成了最活跃的区块链应用生态和最广泛的区块链应用成果。

4.算力基础设施

作为算力的核心载体，包含算力芯片在内的算力基础设施已成为互联网 3.0 的基础保障、关键支柱，以及参与全球数字经济竞争的重要底座。在过去几年，从智算中心的布局与建设，到促进东西部算力高效互补与协同联动，再到推进绿色算力发展，中国通过出台一系列政策，推动算力基础设施朝着智能、高效、绿色的方向发展。

2022 年 2 月，中国正式启动八大国家算力枢纽节点建设。2023 年，国家相继发布《算力基础设施高质量发展行动计划》《国家发展改革委等部门关于深入实施"东数西算"工程 加快构建全国一体化算力网的实施意见》，算力基础设施建设的顶层部署日趋完善。

同时，算力基础设施建设已成为地方政府的重点布局领域。据资本实验室的不完全统计，2024 年，各地方政府共发布 25 项算力专项政策，旨在推动智能算力、绿色算力的发展。

得益于政策与市场的双重驱动，中国算力产业已居世界前列。中国信息通信研究院的数据显示，截至 2023 年，全国在用算力中心机架总规模已超过 810 万标准机架，算力总规模达到 230EFLOPS，位居全球第二。[①]

总体来看，中国算力的长期发展还需要重点做好以下几个方面的匹配：

[①] 《中国算力中心服务商分析报告（2024 年）》，中国信息通信研究院云计算与大数据研究所，2024。

通用算力、智能算力、超级算力等多元算力的匹配；东部与西部算力的匹配；数据、算力与能源的匹配；算力收益与算力成本的匹配。

5. 数据资产

数据资产是从信息互联网迈向价值互联网的重要媒介，也是互联网 3.0 经济运行体系的重要基础。

自 2019 年党的十九届四中全会首次将数据增列为生产要素以来，中国陆续出台了与数据要素市场建设相关的多项政策。其中，2022 年 12 月发布的《中共中央 国务院关于构建数据基础制度更好发挥数据要素作用的意见》（简称"数据二十条"）提出构建数据产权、流通交易、收益分配、安全治理 4 项制度，共计 20 条政策措施，初步形成数据基础制度的"四梁八柱"。自 2024 年 1 月 1 日开始实施的《企业数据资源相关会计处理暂行规定》则通过技术性的实施细则，正式开启了数据入表与数据资产化的新篇章。

在上述背景下，从政府部门到央企、国企、上市公司，从公共数据到企业数据，全国数据资产入表与数据要素市场建设进程显著加速，数据入表场景、数据产品类型、数据资产运营模式、数据资产服务生态呈现日益丰富和活跃的发展态势。

不过，由于数据资产化工作刚刚起步，上市公司参与度尚未被有效激活。据统计，2024 年第一季度，仅有 18 家 A 股上市公司在第一季度财报中披露数据资产入表状况，入表金额合计 1.03 亿元。相比之下，地方国资系统数据资产入表更为活跃。第一季度，国内有 22 家城投公司和 28 家类城投国企披露了数据资产入表状况。[1] 另据统计，截至 2024 年 8 月 31 日，共有 64 家公司在半年报中进行了数据资产入表披露，入表金额约 14 亿元。公司数量与披露金额均较第一季度大幅增长。[2]

---

[1] 《中国企业数据资产入表情况跟踪报告（2024 年第一季度）》，上海高级金融学院高金智库数据资产研究课题组，2024。

[2] 《2024 中报 64 家企业数据资产入表统计（附统计表）》，DATA 数据社区微信公众号，https：//mp. weixin. qq. com/s/IohubC3RzVjljS2c3DVRlQ。

从数据交易基础设施来看，截至 2024 年 8 月，全国共有 26 个省区市开展了数据交易场所、交易公司组建工作，"一地一所"市场格局即将形成。同时，中国数据交易规模持续扩大，头部数据交易场所交易规模大幅增长，2023 年，贵阳大数据交易所交易额超过 20 亿元，深圳数据交易所交易规模超过 50 亿元。[①]

总体来看，目前，"数据要素"概念已经深入人心，数据资产化已起步。可以预见，未来的数据资产化将呈现几大趋势：第一，数据资产入表只是开始，通过数据资产的持续开发和运营形成新的盈利模式才是主线；第二，除了公共数据与企业数据之外，个人信息的资产化将提上日程；第三，数据资产化将在有力促进数据治理的同时，对数据安全监管提出更高的要求。

6. 虚拟资产

一方面，中国在加密货币等虚拟资产领域延续了一贯的应对与监管政策；另一方面，充分发挥香港作为国际金融中心的"试验田"和"对外窗口"作用，审慎推进与虚拟资产相关的互联网 3.0 体系构建。

2022 年 10 月，香港财经事务及库务局发布《有关香港虚拟资产发展的政策宣言》，明确了香港在虚拟资产领域的愿景、方针和计划，吹响了 Web 3.0 生态建设的号角。在此后不到两年的时间里，香港逐步推出加密货币、绿色债券代币化、数码港元、稳定币等相关政策并进行相关实践。

在绿色债券代币化方面，2023 年 2 月，香港成功发行 8 亿港元代币化绿色债券，这是全球首批由政府发行的代币化绿色债券。2024 年 2 月，香港再次成功发行价值约 60 亿港元的数字绿色债券，并实现了新的突破。该债券是世界上首个多币种（包括港元、人民币、美元和欧元）数字债券。

在数码港元方面，2024 年 5 月，香港金融管理局宣布启动"数码港元"先导计划。该计划的首轮试验聚焦"数码港元"在 6 个方面的潜在用例研究，包括全面支付、可编程支付、离线支付、代币化存款、Web 3.0 交易结

[①] 《数据交易场所发展指数研究报告（2024 年）》，中国信息通信研究院产业与规划研究所，2024。

算和代币化资产结算。

同时，香港加快了稳定币和 RWA（Real World Assets，现实世界资产）的研究、开发与应用步伐，并为相关科技公司提供了新的业务机会。2024年5月，香港金融管理局宣布成立 Ensemble 项目架构工作小组，旨在推动业内标准拟定，并支持批发层面央行数字货币（wCBDC）、代币化货币和代币化资产之间的互通。蚂蚁数科成为工作小组的创始成员之一。2024年7月，香港金融管理局公布了稳定币发行人"沙盒"参与者名单，包括京东科技子公司京东币链科技在内的5家机构入围该名单。同时，小米集团与尚乘集团合资设立的虚拟银行天星银行宣布与京东币链科技合作，将协助其开发基于稳定币的全新跨境支付解决方案。

总体来看，香港在近两年的各项政策与实践展现出了互联网3.0的相关重要方向和机会，将为巩固香港在全球互联网3.0领域的重要地位提供持续动力。同时，上述实践将加快中国在数字资产，尤其是 RWA 领域的探索步伐。

二　推动互联网3.0发展的政策建议

在过去几年，中国各级政府、各产业部门密集出台了与互联网3.0相关的大量政策。在这些政策的有力推动下，互联网3.0关键技术持续突破，应用场景不断扩展，产业生态日益壮大。尤其值得关注的是，与其他国家相比，中国的政策方向及实践成果与实体经济、民生福祉、社会治理的融合更为紧密。我们有理由相信，中国已经构建起更为坚实的互联网3.0基础架构，形成了更可持续的互联网3.0发展路径，将在全球率先迈向互联网3.0社会。

基于前述分析，本报告提出以下建议。

（一）前瞻趋势，动态布局

互联网3.0与数字经济互为表里，互联网3.0本身就是数字经济的一种高阶形态。为此，需前瞻研究 RWA、DePin（Decentralized Physical Infrastructure Networks，去中心化物理基础设施网络）、DeGEN（Decentralized Generative Energy Network，去中心化生成能源网络）、资产代币化等新技术、新模式、新业态的快速进化情况，并实时进行政策跟进，以保持在相关领域的话语权和国际竞争力。

互联网 3.0 是一个动态进阶而非一蹴而就的过程。在长期的政策布局中，需突破"孤岛思维"与短期效应，持续建立互联网 3.0 与低空经济、生物制造、商业航天、量子计算等新兴产业和未来产业的动态连接，通过技术与技术之间、技术与产业之间、产业与产业之间的跨界融合，不断催生新的发展模式。

（二）因地制宜，务实推进

由于各地资源禀赋、产业基础、经济结构、发展水平存在差异，需根据本地特点，结合本地优势，有针对性地制定互联网 3.0 产业政策，并避免不必要的"内卷"和资源浪费。同时，需要对产业政策执行状况进行务实的评估与反馈，及时总结经验与成果，及时发现风险和问题，以对产业政策进行持续调整和优化。

目前，中国仍处在互联网 3.0 的初级阶段，各地在政策制定与实施方面需要解决短期化、表面化、同质化等问题。此外，需要特别强调的是，互联网 3.0 不是一个简单的阶段性目标，而应该成为一种底层思维，这样的思维需要融入产业升级、经济发展与社会治理的长期实践中去。

（三）市场驱动，资本引领

以市场需求为驱动，以应用场景为牵引，科学地确定本地互联网 3.0 产业的发展方向与重点领域。同时，加大对民营企业和中小企业的政策、资金、资源等支持力度，构建充满活力的互联网 3.0 创新生态。

在当前的创投市场，政府基金开始占据主导地位，并将在"资本招商"与"股权财政"方面发挥更为重要的作用。为了更好地支持包括硬科技在

内的互联网 3.0 创业生态成长，政府基金需要持续探索运营模式，并与市场化基金形成协同效应，成为真正的"耐心资本"。

参考文献

［1］《北京市互联网 3.0 创新发展白皮书（2023 年）》，北京市科学技术委员会、中关村科技园区管理委员会，2023。

［2］《互联网 3.0 产业园区星地中心入驻企业达 134 家》，北京市朝阳区人民政府网站，http：//www.bjchy.gov.cn/dynamic/news/4028805a91544e550191593114310 22a.html。

［3］《2024 上海 WEB 3.0 创新生态建设调研报告》，解放日报社、复旦大学经济学院，2024。

［4］《深化网信领域改革 以网信事业高质量发展助力中国式现代化——访中央网信办主任庄荣文》，中国政府网，https：//www.gov.cn/zhengce/202408/content_6967914.htm。

［5］《2023-2024 中国区块链年度发展报告》，中国电子信息产业发展研究院，2024。

［6］中央网信办数据与技术保障中心主编《中国区块链创新应用发展报告（2023）》，2024。

［7］《国家互联网信息办公室关于发布第十六批境内区块链信息服务备案编号的公告》，中华人民共和国国家互联网信息办公室网站，https：//www.cac.gov.cn/2024-08/27/c_1726358145819087.htm。

［8］《中国算力中心服务商分析报告（2024 年）》，中国信息通信研究院云计算与大数据研究所，2024。

［9］《中国企业数据资产入表情况跟踪报告（2024 年第一季度）》，上海高级金融学院高金智库数据资产研究课题组，2024。

［10］《2024 中报 64 家企业数据资产入表统计（附统计表）》，DATA 数据社区微信公众号，https：//mp.weixin.qq.com/s/IohubC3RzVjljS2c3DVRlQ。

［11］《数据交易场所发展指数研究报告（2024 年）》，中国信息通信研究院产业与规划研究所，2024。

B.3
互联网3.0人才培养报告

丰沛林　杨跃超　赵博*

摘　要： 本报告深入探讨了互联网3.0时代下，中国在数字人才培养方面的现状、挑战与未来展望。互联网3.0以区块链、人工智能等技术为核心，推动了数字化转型和信息技术革命。《加快数字人才培育支撑数字经济发展行动方案（2024—2026年）》的发布，标志着国家对数字人才培养的重视。本报告从人才培养需适应数字化转型，探索跨学科融合课程的设置，强化实践教学，以满足市场需求等方面进行探讨，同时，提出加强师资队伍建设、完善课程体系、推动行业标准制定、搭建实践平台和促进技术与教育融合等建议，以培养具备创新意识、实战能力和国际视野的高素质数字人才。

关键词： 互联网3.0　数字人才培养　技术与教育融合

一　引言

随着全球数字化浪潮的兴起，我们见证了科技的飞速发展，它以前所未有的速度重塑我们的世界，我们进入了一个全新的互联网时代——互联网3.0时代，互联网3.0的核心内涵是Web 3.0，是以区块链为核心技术的数字经济价值网络，并高度融合人工智能、云计算等新一代信息技术，在数字化转型和信息技术革命的背景下，继承了Web 1.0的信息共享和Web 2.0的交互性，构建了用户更加自主、数据所有权更加明确、交易更可信任、个

---

* 丰沛林，北京区块链技术应用协会；杨跃超、赵博，北京市总工会职工大学。

人隐私更加安全的全新网络形态。

在新时代的道路上，习近平总书记深刻指出科技创新成为国际战略博弈的主要战场。我们应以创新为引领，加速实现科技自立自强，抢占全球科技发展的制高点。根据党的二十大报告，建设网络强国和数字中国是推进中国式现代化的关键，也是构建国家竞争新优势的重要途径。在这一宏观政策的引领下，互联网 3.0 作为信息技术融合创新的代表，正引领我们迈向互联网更深层次的发展阶段，为把握全球科技先机注入新动力。

在此大背景下，人才培养显得尤为重要。2024 年 4 月 2 日，由人力资源和社会保障部、中共中央组织部、中央网信办、国家发展改革委、教育部、科技部、工业和信息化部、财政部、国家数据局等九部门联合印发的《加快数字人才培育支撑数字经济发展行动方案（2024—2026 年）》正式发布，其指出，紧贴数字产业化和产业数字化发展需要，用 3 年左右时间，扎实开展数字人才育、引、留、用等专项行动，增加数字人才有效供给，形成数字人才集聚效应。这不仅是对教育体制的挑战，更是对企业和政府协同育人的新要求。为此，我们必须探索跨学科融合的课程设置，强化实践教学，搭建产学研一体化的平台，以实现人才培养与市场需求的紧密对接。同时，注重激发个人潜能，鼓励创新创业精神，为互联网 3.0 时代输送具备创新意识、实战能力和国际视野的高素质数字人才，助力中国在全球数字经济竞争中立于不败之地。

《中华人民共和国职业分类大典》新增职业的变化，体现出人才和职业的变迁，显示出数字经济对多样化人才需求的迫切性。大数据分析师、区块链应用工程师、云计算专家等新兴职业应运而生，这些岗位不仅要求具备深厚的专业知识，更强调跨领域的协同创新能力。国家在政策层面的大力扶持，加上产业界的积极响应，正共同推动数字人才的培养迈向新高度，确保中国在全球科技竞争中持续占据主动地位。

本报告将深入分析中国的人才培养现状及其面临的挑战，细致审视人才培养的模式和应用实践情况，探索人才发展趋势，为互联网 3.0 产业人才发展提出培养建议，进而为中国互联网 3.0 产业的繁荣发展提供有力的人才支持，助力中国在全球互联网 3.0 领域抢占先机。

二 互联网3.0人才培养现状与面临的挑战

（一）人才培养现状

涉及人才培养的教育体系经过多年的发展，已经建立起了一个相对完善的培养框架。特别是在区块链、人工智能等前沿技术领域，众多高等院校开设了相关专业，这些专业不仅涵盖对理论知识的学习，还包括对实践技能的培养。这些课程的开设，旨在为社会培养一批既具备扎实的理论基础，又拥有实际操作能力的复合型人才。

除了高等教育机构之外，各类职业教育机构纷纷涌现，它们针对不同的学习群体，开设多样化的培训课程。从基础教育到专业技能培训，从线上课程到线下实训，这些教育机构通过灵活多样的教学方式，满足了不同学习者的需求。企业内部培训逐渐成为人才培养的重要途径，许多公司开始重视员工的继续教育和技能提升，通过内部培训项目，不仅提高了员工的专业水平，也增强了企业的竞争力。

此外，随着互联网技术的普及和发展，远程教育和在线学习已经成为教育体系的重要组成部分。通过网络平台，学习者可以随时随地获取优质的学习资源，进行自主学习和提升。这种灵活的学习方式，打破了时间和空间的限制，为人才培养提供了更多元化的方式。

（二）面临的挑战

在人才培养的过程中，我们面临一些挑战。这些挑战不仅来自教育体系内部，还基于社会和经济的快速发展。如何在不断变化的环境中，培养适应社会发展需求的人才，是教育体系需要不断探索和解决的问题。

首先，在师资力量的配备上，许多高等院校和教育机构面临教师短缺的困境，在招聘教师时，往往难以找到那些在学术研究和实际应用方面都有出色表现的复合型人才。高等院校和教育机构希望教师不仅要能够传授理论知

识，还要能够将理论与实践相结合，引导学生在实际操作中发现问题、解决问题。然而，现实情况是，许多教师要么理论功底扎实但缺乏实践经验，要么实践经验丰富但理论知识不够系统，难以满足学生全面发展的需求，特别是在一些新兴技术领域。这种状况导致一些课程的教学质量难以得到保障，教师在授课的过程中无法给予学生充分的指导，使其受到启发，这影响了对人才的培养效果。

其次，课程体系的不完善也是一个突出问题。现有的课程内容往往过于理论化，缺乏与实际工作相结合的实践教学部分。这使学生在毕业后，虽然掌握了一定的理论知识，但在实际操作中显得力不从心。学生在校学习的知识技能与企业实际需求之间出现不匹配的现象，学生在校期间学到的知识在实际工作中难以应用，对于企业实际需要的技能，学生在高校课程中难以找到。这种脱节现象导致学生在就业过程中面临较大的困难。此外，课程内容的更新速度难以跟上现代技术发展的步伐，导致学生学到的知识很快过时。

再次，行业标准的不统一也是一个显著的问题，给人才培养带来了困扰。不同行业、不同企业之间的标准差异较大，使高校、教育和培训机构难以制定统一的人才培养标准，这在一定程度上影响人才培养的针对性和质量。互联网 3.0 时代需要的是复合型人才，每个学员的背景不同，有企业高管、技术人员、产品经理、学生等，传统的人才培养标准难以满足所有学员的需求。不管是高校、教育和培训机构还是企业都需要开发灵活多样的教学方案，提供个性化的学习路径和资源，以满足不同学员的学习需求。这可能需要借助数据分析和学习管理系统跟踪学员的学习进度和偏好，从而提供定制化的学习支持和进行相关干预。

最后，技术的快速更新迭代，对教育和培训内容提出了更高的要求。课程内容与教学方法的更新是教育和培训机构在人才培养中面临的一大挑战。随着技术的快速发展和知识的迅速更新，教育和培训机构必须不断审视和更新课程内容，确保教学内容的时效性和相关性。同时，教学方法需要与时俱进，采用多样化和互动性强的教学手段，如翻转课堂、在线讨论、模拟实验等，以提高学生的学习兴趣和参与度。此外，教师需要掌握新兴的教育技术，如人工智能辅助教学、虚拟现实等，以丰富教学手段和提高教学效果。

在互联网3.0时代，人才培养是一个长期而复杂的过程，需要教育者、学习者、企业和社会各界共同努力。只有不断探索和改革，才能培养适应社会发展需求的高素质人才，以为社会的进步和发展做出贡献。

三　互联网3.0人才培养模式与实践

（一）高等教育机构培养

随着互联网3.0时代的到来，区块链、人工智能等前沿技术已经成为推动时代发展的重要力量，为了适应这一趋势，全球范围内的教育体系已经开始进行相应的调整和改革，这不仅仅是技术的革命，也是思维方式的变革，人才培养的重点逐渐从传统的知识传授向实践创新转变。

近年来，中国高等教育机构积极响应国家对于新工科建设的号召，纷纷开设与区块链、人工智能相关的专业。2024年4月，教育部公布了首批18个"人工智能+高等教育"应用场景典型案例，这些案例展示了人工智能技术在高等教育中的多样化应用，如北京大学的口腔虚拟仿真智慧实验室建设与应用、清华大学的人工智能赋能教学试点等，这些应用场景不仅涵盖基础理论教学，还包括实践操作和项目研究，以确保学生能够全面掌握前沿技术。2024年5月，根据华算人工智能研究院、全国高校人工智能与大数据创新联盟的调查研究，2024年，全国79所高校的区块链专业教育教学综合实力排行榜发布，其中包括太原理工大学、安徽工程大学、成都信息工程大学等高校，这些高校培养的是掌握计算机科学与技术基础知识、区块链技术基本理论和项目开发方法的专业人才。

（二）教育和培训机构培养

除了传统的高等教育机构外，近年来，各类在线教育平台和培训机构如雨后春笋般涌现，蓬勃发展，覆盖了区块链、元宇宙、人工智能等前沿技术

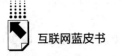
领域，提供了从基础到高级的多样化课程。例如，中国大学 MOOC（爱课程）联合高等教育出版社和网易有道，提供了丰富的课程资源和教学服务；学堂在线依托北京慕华信息科技有限公司，为高校师生提供包括雨课堂在内的多种教学支持，满足了广大学习者的需求。在区块链、元宇宙、人工智能等尖端技术教育方面，一些专业的培训机构发挥重要作用，它们提供了从基础入门到专业提升的全方位课程体系。例如，用友新道作为用友集团的子公司，不仅提供传统的 ERP 培训，还基于元宇宙和数字孪生技术打造企业元宇宙全景管理平台，探索人工智能+教育元宇宙+教育区块链+教育等教育新方式；知链科技专注于区块链技术的教育和实践，基于 OBE 理念的创新人才培养模式，提供分层分类金融科技、区块链技术和智信会计人才培养方案，推动了对创新型人才的培养和创新课程的探索。这些平台的共同特点是提供了理论与实践相结合的教学方式，利用先进的技术手段，如人工智能、大数据分析、虚拟现实等，为学习者提供互动性强、个性化的学习体验，有效地弥补了传统教育的不足。

北京区块链技术应用协会作为北京市总工会职工大学首都职工教育培训示范点，于 2023 年 10～11 月在北京成功举办第四期"Web 3.0 赋能数字经济——从区块链出发"岗位能力提升培训班，积极加强技能人才能力建设，促进全市职工职业能力全面提升，培养能适应互联网 3.0 时代发展需求的人才。培训讲师是高校、科研院所的专家教授及知名企业代表，他们围绕区块链、元宇宙和 Web 3.0 之间的关系，区块链赋能双碳数字化，数据要素基础知识及监管，密码学与数据安全，大模型基本原理及应用案例分析等多个方面为学员授课。培训学员来自企事业单位、科研院所的中高级管理人员、专业技术人员、商务人员等，共 40 余人。本次培训在人才培养方面，不仅夯实了区块链及相关理论基础、拓宽了思路视野，还增强了技术实操能力，提升了学员在数字经济时代的竞争力，也为推动北京市乃至全国的区块链技术发展与应用，储备了一批高素质的专业人才。

（三）工会培训

在工会培训方面，北京市总工会职工大学贯彻落实北京市总工会第十五次代表大会精神，按照"思想引领传承、平台体系支撑、品牌数字赋能"的实践路径，引领广大工匠人才适应经济社会数字化转型发展大趋势，围绕新质生产力、数据要素×、数字人等专题方向，通过对数字领域关键技术和前沿知识的学习，拓宽广大工匠人才的数字化视野，推动工匠人才的数字能力提升和高素质发展。2024 年 6 月，北京市总工会职工大学举办首都工匠学院 2024 年首都工匠人才数字赋能研修班，对北京市级劳动模范、工匠人才、市级创新工作室领军人、职工匠师、首都职工教育培训示范点相关专业人员进行为期 3 天的人才培训，课程内容涵盖数字经济大思维之"人工智能+"与"数据要素×"、数字人现状与发展趋势、5G 引领塑造新质生产力、区块链技术在政务领域的应用实践等方面。北京市总工会职工大学充分发挥首都工匠学院在高技能人才培养中的引领作用，进一步促进工匠人才在数字化时代的技能提升和职业发展。

（四）企业内部培训

企业内部培训的兴起是人才培养发生转变的一个表现，由于在当前的企业环境中，员工需求的多样化和技能更新的快速性要求，企业内部培训需要更加精准和高效。这不仅要求企业内部培训在内容设计上更具针对性，还需在培训方式上追求创新，诸如采用微学习、在岗培训等灵活多样的形式，以适应员工的不同学习风格和节奏。同时，企业内部培训需关注培训成果的转化，确保所学知识能够被切实地应用到实际工作中，助力企业竞争力提升。与此同时，面对员工个性化发展需求，企业内部培训还需搭建支持员工职业成长的平台，为人才持续发展提供动力。例如，IBM 公司就有一个名为"IBM Skills Gateway"的内部培训平台，提供包括区块链、人工智能在内的多种技术培训课程。通过这些培训，员工不仅能够提升自己的专业技能，还能够增强团队协作能力和创新思维。在合作模式上，企业

与教育机构的合作越来越普遍。例如，谷歌与多所大学合作，推出了"谷歌云专业证书"项目，旨在为学员和专业人士提供云计算、机器学习等领域的专业培训。这种合作模式不仅能够为人才提供实践机会，还能够为企业输送高质量的人才。

四　互联网3.0人才培养未来展望与建议

在互联网3.0时代，人才培养需紧跟技术革新步伐，重视跨学科能力与创新思维的培育。未来，人才应具备快速适应行业变革的能力，掌握区块链、人工智能、大数据等关键技术。人才培养应朝着终身培养方向转型，与行业紧密合作，确保教育内容与市场需求同步更新。同时，鼓励职工积极参与技术研究与实践，培养能够引领未来社会发展的高素质专业人才等。

（一）加强师资队伍建设

政府和高校应加大对区块链、人工智能等领域教师的培养和引进力度，通过设立专项基金、提供研究经费、建设实验平台等方式，吸引更多优秀人才投身于教育事业。同时，鼓励企业专家和技术人员走进课堂，分享实战经验，丰富教学内容。

（二）完善课程体系

根据行业发展趋势和市场需求，不断调整和优化课程体系，确保课程内容的前沿性和实用性。引入跨学科知识，如法律、经济、管理等方面的知识，培养人才的综合素养和跨界能力。此外，完善实践教学环节，通过项目驱动、案例分析、模拟演练等方式，提高人才的动手能力和解决问题的能力。

（三）推动人才培养行业标准制定

政府、行业协会和高校应联合起来，共同制定区块链、人工智能等领域的人才培养标准和评价体系。通过标准化建设，促进教育资源的共享和优化配置，提高人才培养的质量和效率。同时，加强与国际接轨，借鉴国际先进经验，提升中国人才培养的国际化水平。

（四）搭建实践平台

鼓励高校与企业建立紧密的合作关系，共同搭建产学研用一体化的实践平台。通过开发校企合作项目、建立实习实训基地、进行创新创业竞赛等方式，为人才培养提供更多的实践机会和展示平台。此外，还可以利用虚拟现实、在线仿真等技术手段，模拟真实的工作环境，增强人才的实践能力和创新能力。

（五）促进技术与教育融合

随着技术的不断发展，教育领域应积极拥抱新技术，推动技术与教育深度融合。利用大数据、云计算、人工智能等技术手段，实现教学资源的智能化管理和个性化推送；通过在线学习平台、远程教育等方式，打破地域限制，实现优质教育资源的共享和普及；利用智能评估系统，对人才培养的效果进行实时监测和反馈，提高教学效果和学习效率。

综上所述，面对人才培养的现状与挑战，我们需要从多个方面入手，加强师资队伍建设、完善课程体系、推动行业标准制定、搭建实践平台以及促进技术与教育融合等。只有这样，才能培养出更多符合市场需求、具备创新精神和实践能力的高素质人才，为经济社会发展提供有力的人才支撑。

参考文献

［1］《三年内形成数字人才集聚效应》，《中国改革报》2024年4月19日，第2版。

［2］宋亚飞：《基于区块链技术的政府数据共享机制优化研究》，贵州大学硕士学位论文，2023。

B.4
互联网3.0体系下数字资产交易合规问题研究

廖仁亮　池剑磊*

摘　要：　互联网 3.0 的核心内涵是 Web 3.0，Web 3.0 是以区块链为核心技术的数字经济价值网络。在互联网 3.0 背景下，数字资产正以前所未有的速度改变经济格局，逐渐成为数字经济的新动力。数字资产交易规模持续扩大，由此带来的市场风险和法律风险也在不断累积，亟须进行合规治理，完善立法，加强监管，强化消费者保护，为数字资产交易提供清晰、全面的法律依据和监管指引，以防范市场风险、保护金融安全、维护消费者权益，从而促进中国数字资产交易市场健康发展。

关键词：　互联网 3.0　数字资产交易　监管协作　合规风险

一　互联网3.0与数字资产概述

（一）互联网3.0

根据《北京市科学技术委员会、中关村科技园区管理委员会等 5 部门关于印发〈北京市创新联合体组建工作指引〉的通知》，互联网 3.0 的核心内涵是 Web 3.0，Web 3.0 是以区块链为核心技术的数字经济价值网络，体现了区块链去中心化、不可篡改、真实可追溯的技术特点，并且高度融合、

---

* 廖仁亮，北京市盈科律师事务所；池剑磊，西安电子科技大学杭州研究院。

应用人工智能、云计算等新一代信息技术，构建了用户更加自主、数据所有权更加明确、交易更可信任、个人隐私更加安全的全新网络形态。Web 3.0带来的是互联网体系架构整体性演进和系统性升级，将重构基于"数字契约"的网络信任体系。[①]

鉴于 Web 3.0 是对 Web 1.0 和 Web 2.0 时代的进一步延伸，因此，弄清楚 Web 3.0 究竟是什么，就有必要对互联网发展的三个阶段——Web 1.0、Web 2.0 和 Web 3.0 进行系统梳理（见表1），对比分析三者的区别。

表 1 互联网发展历程

	Web 1.0	Web 2.0	Web 3.0
概念	静态互联网	平台互联网	价值互联网
经济形态	信息经济	平台经济	通证经济
互联网特征	可读	可读+可写	可读+可写+可持有
权利归属	平台创造 平台所有 平台控制 平台分配	平台创造 平台所有 平台控制 平台分配	用户创造 用户所有 用户控制 用户参与分配

资料来源：王风和主编《元宇宙基础设施治理暨 Web3.0 数字经济战略参考》，中国科学技术出版社，2023。

Web 1.0 是静态互联网。Web 1.0 是万维网的第一阶段，被称为"只读 Web"，Web 1.0 最大的特征是"可读"。在这一阶段，用户使用互联网的目的和场景主要是对信息的接收、传输和发布。

Web 2.0 是平台互联网。Web 2.0 概念由提姆·奥莱理提出，博客和社交网络的出现，带领用户进入"可读、可写"的 Web 2.0 时代。用户可以在互联网上进行信息的生产与分发，不但可以浏览互联网上的信息，还可以生产信息并将其发布到互联网上以与其他用户进行互动交流。在这一阶段，互联

---

① 《北京市科学技术委员会、中关村科技园区管理委员会等 5 部门关于印发〈北京市创新联合体组建工作指引〉的通知》，北京市人民政府网站，https://www.beijing.gov.cn/zhengce/zhengcefagui/202305/t20230511_3101453.html。

网的核心特点是从个人电脑端向移动端迁移，互联网的数据、权利往往为中心化的商业机构所垄断，"平台经济"成为这一阶段的重要特征。目前，我们体验的更多的是 Web 2.0 时代的网络世界，这属于社交的互联时代。[①]

Web 3.0 是价值互联网。其起源于比特币和区块链技术的诞生，发展于以太坊的出现，最终伴随着不断涌现的各种互联网应用而逐步走向成熟。在 Web 3.0 时代，一切内容除了"可读、可写"外，更重要的特征是"可持有"。"可持有"代表所有用户均可以开发互联网，也可享有与其创作的内容相对应的数字资产，以区块链为核心技术的 Web 3.0 呈现"去中心化"的特点。每个用户都可以在计算、存储、资产交易等各个领域享受去中心化的服务，成为自身信息数据的掌控者、管理者、拥有者，挑战传统的公司制度。[②]

（二）数字资产

数字资产是指在数字环境中以电子形式存在，具有经济价值、可进行交易或交换的资产。这些资产通常依托区块链、分布式账本等技术，具有去中心化、可追溯、不可篡改等特性。其类型主要包括加密货币（Cryptocurrency）、非同质化代币（Non-Fungible Token，NFT）、代币化资产（Tokenized Assets）、加密货币衍生品、游戏内资产（In-Game Assets）等。

如前文所述，Web 3.0 是互联网的新时代，通常被称为"读+写+拥有 Web"。笔者认为，Web 3.0 的本质是去中心化的互联网，其核心特征是用户对其创作内容具有所有权。Web 3.0 基于区块链技术的支持，通过互联网实现价值的重新分配，不再依靠中间商或平台公司，用户可以在其中安全地交换价值和信息，实现对互联网的参与和控制。而当数据成为资产本身时，网络世界的价值流动也就自然发生。[③]

---

① 王风和主编《元宇宙基础设施治理暨 Web3.0 数字经济战略参考》，中国科学技术出版社，2023，第 175~177 页。
② 王风和主编《元宇宙基础设施治理暨 Web3.0 数字经济战略参考》，中国科学技术出版社，2023，第 175~177 页。
③ 王铼、苏莉：《Web3.0-机遇、挑战与合规》，环球律师事务所网站，http://www.glo.com.cn/Content/2022/05-26/1401486332.html。

二 全球数字资产交易现状与趋势

当前，全球经济正经历动力转换的关键阶段。虽然国际金融危机的阴影逐渐淡去，但它留下的深远影响依旧困扰各国经济。数字经济在此背景下快速发展，持续创新，并被广泛应用于各个经济领域，逐渐成为推动全球经济增长的重要动力之一。作为数字经济发展的核心组成部分，数字资产交易的监管框架和法律体系的完善，已成为各国的普遍共识。接下来，本报告将分别分析美国、欧盟和日本在数字资产交易领域的监管核心、法规政策及其特点（见表2），并列举相关国际组织的建议，以梳理这些国家和地区的监管特点和发展趋势[①]。

（一）主要国家和组织数字资产交易现状

1. 美国

美国在数字资产交易的监管上采用了联邦和州两级并行的体系，由联邦机构和各州机构共同承担监管责任。

2022 年，美国金融犯罪执法网络（FinCEN）要求加密货币交易平台对"货币服务业务"（MSB）进行注册，并遵守反洗钱（AML）和了解你的客户（KYC）规定。

美国的政策特点可以概括为三点：一是鼓励在合规框架下的创新业务发展；二是进行全面分类监管，特别关注证券类数字资产的监管；三是主要把现有法律框架作为数字资产监管的基础。

2. 欧盟

欧盟的数字资产交易监管主要聚焦打击利用数字资产进行的洗钱和恐怖主义融资活动，以及监管加密数字资产服务。

---

① 邓学敏：《各国加密数字资产监管政策比对与中国监管趋势探析》，东方律师网，https://www.lawyers.org.cn/info/6e05d86341f143b6b96915a459c0d530。

2022 年 10 月 10 日，欧洲议会委员会通过了《加密资产市场监管法案》（The Markets in Crypto Assets Regulation bill，MiCA），旨在为加密资产提供统一的监管框架，涵盖加密资产的发行、交易、托管等环节。据悉，欧盟已于 2024 年设立欧洲反洗钱和打击恐怖主义融资机构，机构拟于 2025 年中期开始运作。

欧盟政策的一大特点是逐步加强监管，从初期的自由发展阶段逐步过渡到法规约束阶段，探索现行监管框架对数字资产的适用性，并考虑制定具有针对性的新规。另一大特点是加强对数字资产中涉及洗钱、金融犯罪和恐怖主义融资行为的监管，并特别关注稳定币的发展①。

3. 日本

日本对数字资产交易的监管采取分层策略，首先考虑反洗钱和反恐怖融资，其次是对交易平台进行监管以保障用户利益。其监管范围仅限于运营数字资产交易业务的平台以及仅从事数字资产代管业务的机构。

日本的政策重点集中在投资者保护方面，通过重点保护数字资产交易平台的用户资产、限制可交易的数字资产种类以及强化广告和劝诱行为的规制来实现对投资者的保护。此外，由于数字资产在实践中被视为一种投资对象，日本金融厅在《金融商品交易法》中进一步加强了对首次代币发行、数字资产现货和衍生品交易的监管，将其纳入金融市场的统一监管范围。

表 2 部分国家和组织在数字资产监管方面的具体监管政策

	美国	欧盟	日本	中国
监管逻辑	联邦层面：分类监管 ①证券类 ②非证券类 州层面：各州独自展开研究	行为监管 ①洗钱或恐怖主义融资行为 ②加密数字资产服务（支付型数字资产与非支付型数字资产）	分类监管 ①投资型 ②其他权利型 ③无权利型	全面禁止与代币发行融资交易及"虚拟货币"相关的非法金融活动，即数字资产证券化、金融化

① 姚旭：《欧盟跨境数据流动治理》，上海人民出版社，2019。

续表

		美国	欧盟	日本	中国
重点监管对象		证券类数字资产的发行、销售、投资、咨询、交易、流通等	①涉及反洗钱或恐怖主义融资的数字资产 ②加密数字资产服务相关主体(例如,服务提供商) ③稳定币	①运营数字资产交易业务的平台 ②仅运营数字资产代管业务的从业者	①一切涉嫌非法发售代币票券、集资、诈骗、传销等非法融资行为 ②遏制NFT金融化、证券化倾向,严格防范非法金融活动风险
监管核心机构		联邦层面:(证券类)证券交易委员会、(非证券类)金融犯罪执法网络等州层面:货币监理署、州金融管理局以及州税务局	①欧洲系统性风险委员会、欧洲银监局、欧洲证券及市场管理局 ②2024年已设立针对反洗钱和恐怖主义融资的机构(拟于2025年中期开始运作)	①日本金融厅 ②日本虚拟货币交易业协会	①中国人民银行、中央网信办、工信部、国家市场监督管理总局、国家金融监督管理总局、证监会 ②中国互联网金融协会、中国银行业协会、中国证券投资基金业协会
监管特色		碎片化多级监管	平衡收益与风险的三层监管:立法层、监管层、执行层	完整体系化的分层监管、行业自律协会	全面化监管与禁止证券类数字资产证券化、金融化
监管政策	监管态度	积极	积极	积极	谨慎
	牌照管理	数字资产交易类产品应在证监会注册	加密资产服务提供商(CASP)资质	将投资型数字资产作为有价证券进行管理	—
	维护利益	维护数字资产市场的诚信,及保护投资者	维护欧洲金融主权及体系安全	在满足国际反洗钱政策要求的前提下,保护数字资产用户的利益	保护底层商品的知识产权,保障消费者的知情权、选择权、公平交易权

续表

	美国	欧盟	日本	中国
相关依据	《关于数字资产证券发行与交易的声明》、《2020年加密货币法案》（未生效）	《加密资产市场条例（草案）》	《支付服务法案》《金融商品交易法》《金融工具销售修正法》《加密资产交易商内阁府令》	《中国人民银行　中央网信办　工业和信息化部　国家工商总局　银监会　证监会　保监会关于防范代币发行融资风险的公告》《中国互联网金融协会　中国银行业协会　中国证券业协会关于防范NFT相关金融风险的倡议》《中国人民银行　工业和信息化部　中国银行业监督管理委员会　中国证券监督管理委员会　中国保险监督管理委员会关于防范比特币风险的通知》《中国互联网金融协会　中国银行业协会　中国支付清算协会关于防范虚拟货币交易炒作风险的公告》

资料来源：邓学敏《各国加密数字资产监管政策比对与中国监管趋势探析》，东方律师网，https://www.lawyers.org.cn/info/6e05d86341f143b6b96915a459c0d530。

4. 国际组织的相关立场和建议

当前，随着经济全球化和社会信息化的深入发展，世界经济正迅速朝着以网络信息技术为核心的方向转变。在这一背景下，数字经济已成为全球发展的共识。2016年，在G20杭州峰会上，二十国集团领导人首次提出《二十国集团数字经济发展与合作倡议》，旨在探讨如何共同利用数字机遇、应对挑战，推动数字经济实现包容性增长和发展的路径[①]。

金融行动特别工作组（FATF）的16号建议，也被称为"旅行规则"（Travel Rule），旨在降低与资产转移相关的洗钱和恐怖主义融资风险，其核心

---

① 《G20国家数字经济发展研究报告（2018年）》，中国信息通信研究院，2018。

在于识别所有权。在 2019 年的一次更新中，FATF 要求其 200 多个成员和附属成员实施相关法规，规定参与虚拟资产转移的金融机构和加密资产公司必须在转移虚拟资产时或之前获取并交换交易发起人和受益人的准确可靠的详细信息。

全球的私营部门和多个司法管辖区正在积极努力遵守 FATF 的"旅行规则"要求，并且首批实施成果已经开始显现。

与此同时，包括美国、加拿大、新加坡、韩国、日本、瑞士、中国香港和英国在内的多个司法管辖区已基本遵守 FATF 的相关要求，预计在 2024~2025 年还会有更多的司法管辖区加入这一行列。

（二）数字资产交易发展趋势

通过对各主要国家数字资产监管的比较分析，我们可以发现，在数字资产的法律地位、行政管理、市场准入以及税收征管等方面，各国存在显著差异。这些差异反映了各国对数字资产这一新兴形式的认知程度。

目前，全球数字资产市场的合规化和机构化已成为不可避免的趋势，同时，合规性是加密行业发展的关键所在，由于各地区发展状况的差异，业界对于达成全球统一监管标准的期待越发强烈①。

1. 监管趋严

随着数字资产市场规模扩大、风险事件频发，全球监管机构将进一步强化对数字资产交易的监管，包括完善法规、提高准入门槛、加强日常监管和加大执法力度。特别是对于涉及证券属性的数字资产、DeFi、稳定币、NFT等新兴领域，监管将逐步细化和深化。

2. 监管科技的发展与应用

目前，全球范围内金融监管的力度正在加大。面对不断上升的合规成本，以美国、英国、新加坡等为代表的发达国家已经开始探索新兴技术的应用场景，以降低合规成本并提高金融监管效率。

---

① 田海博、叶婉：《跨链数字资产风险管理策略及分析》，《计算机科学与探索》2023 年第 9 期，第 2219~2228 页。

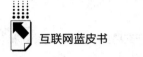

在国外，监管科技的发展已进入初期阶段，众多初创公司在这一领域获得了可观的融资，并逐渐探索出可复制的应用场景。相比之下，中国的监管科技仍处于萌芽阶段，主要集中于学术和理论研究领域①。

就具体操作而言，监管部门通过建立专业科技团队，提高信息科技的水平，并将其内化为监管体系以及监管微观标准的组成部分，构建具有长期、动态视角的长效监管机制，并不断完善有关科技监管的治理体系以及行业风险监测、预警与处置机制。

3. 国际合作

在全球经济日益紧密相连的今天，数字资产作为新兴金融形态的崛起，不仅挑战了传统金融体系的边界，也促使各国政府重新审视并调整其监管框架②。由于各国法律体系、经济环境及金融发展目标的不同，其对数字资产的定义与分类呈现多样化的态势，这种差异直接影响了后续统一监管策略与措施。

监管模式的多元化无形中增加了数字资产领域的全球性风险，因为缺乏统一的监管标准，数字资产在跨国流动时容易出现监管漏洞，以规避严格的监管要求。

面对这一挑战，加强合作与对话是应对数字资产复杂监管的基石，减少重复与冲突、填补监管空白、降低成本、提升效率的核心在于促进标准趋同，为数字资产的全球化发展提供坚实的制度保障。未来虽然挑战与机遇并存，但各国可以携手并以开放心态推动标准统一，优化国际环境，共促数字资产可持续发展。

三　中国数字资产交易现状与特点

（一）市场规模与结构

中国数字资产交易现状与特点在市场规模与结构方面的主要表现如下。

---

① 杜宁等：《监管科技：人工智能与区块链应用之大道》，中国金融出版社，2018。
② 王娜等：《跨境数据流动的现状、分析与展望》，《信息安全研究》2021年第6期，第488~495页。

1. 市场规模持续增长

尽管面临监管压力，中国数字资产市场规模仍保持较快增长态势。这主要得益于投资者对加密货币、NFT 等数字资产的投资热情，以及区块链技术在供应链金融、版权保护、电子票据、数据共享等领域的广泛应用。

2. 结构多元化

中国数字资产市场结构呈现多元化特点，包括加密货币交易、NFT 交易、数字权益证明交易、数据资产交易等。

3. 市场集中度较高

尽管市场结构多元化，但中国数字资产市场集中度较高。少数大型交易平台占据主导地位，交易量、用户数量、市场影响力等方面远超其他中小平台。此外，部分大型互联网企业、金融科技公司等也在布局数字资产交易业务，这进一步加剧了市场集中趋势。

4. 监管影响显著

中国对数字资产交易的监管态度直接影响市场发展。近年来，监管机构对加密货币交易、代币发行融资（ICO）等行为实施严格管控，导致部分交易活动转向海外市场。同时，对 NFT、数据资产等新型数字资产的监管政策尚在探索中，市场发展存在一定的不确定性。

（二）交易模式与平台

1. 交易模式多样化

（1）场内交易：用户通过合规或非合规的数字资产交易平台进行交易，平台提供撮合服务、价格信息、交易工具等。场内交易通常包括现货交易、杠杆交易、期货交易、期权交易等。

（2）场外交易（OTC）：用户直接与对方进行"一对一"交易，无须通过交易平台，交易价格、数量、时间等由双方自行协商。场外交易通常是大额交易、特定资产交易或规避监管限制的交易。

（3）去中心化交易（DEX）：在基于区块链技术的去中心化交易平台，用户直接在区块链上进行交易，无须通过中心化机构，交易过程由智能合约

自动执行。DEX 具有无须信任中间人、交易透明、抗审查等优点，但流动性、用户体验、合规性等方面面临挑战。

2. 交易平台类型丰富

（1）综合性交易平台：提供多种数字资产交易服务，包括主流加密货币、稳定币、NFT、数字权益证明等。

（2）专业性交易平台：专注于某一类或几类数字资产交易，如仅提供 NFT 交易的平台、专注于 DeFi 项目代币交易的平台或专注于数据资产交易的平台等。

（3）去中心化交易平台：用户直接在区块链上进行交易，无须通过中心化机构。

（4）合规交易平台：在监管框架下运营，如获得国家许可的数字资产交易平台、数据交易平台等。

（三）特点与挑战

中国数字资产交易的特点主要包括监管环境复杂、市场波动性大、技术创新活跃、用户教育需求迫切、国际合作与竞争并存等。

第一，监管环境复杂。中国对数字资产交易的监管态度较为谨慎，对加密货币交易、ICO 等行为实施严格管控，对 NFT、数据资产等新型数字资产的监管政策尚在探索中。监管环境的不确定性对市场发展、投资者行为、企业运营等产生显著影响。

第二，市场波动性大。数字资产价格受市场情绪、政策变动、技术发展、宏观经济等因素影响，波动性远高于传统金融市场。高波动性既为投资者提供了高收益机会，也带来了高风险。

第三，技术创新活跃。区块链、加密算法、智能合约等技术在数字资产交易中得到广泛应用，推动了去中心化交易与 NFT、DeFi 等新型交易模式的发展。技术创新为市场带来了活力，但也带来了技术风险、安全风险等挑战。

第四，用户教育需求迫切。数字资产交易涉及复杂的技术概念、风险特性、交易规则等，普通投资者往往缺乏足够的知识和经验。加强用户教育，提高投资者风险意识和自我保护能力，是市场健康发展的重要保障。

第五，国际合作与竞争并存。数字资产交易具有全球性特征，中国市场与国际市场的联动性较强。一方面，中国企业、投资者积极参与国际数字资产交易，面临国际竞争；另一方面，中国在数字资产交易领域的监管、技术、市场等方面与国际进行交流与合作，共同推动全球数字资产市场健康发展。

中国数字资产交易面临的挑战与数字资产交易的特点是密切相关的，主要体现在以下几个方面。

其一，法律与监管滞后。现有法律法规难以完全适应数字资产交易的特性与应对风险，监管框架尚不完善，导致市场存在法律真空、监管盲区，增加了市场风险。

其二，市场风险突出。市场风险包括价格波动风险、技术风险、安全风险、合规风险、信用风险等，对投资者、交易平台、监管机构等构成挑战。

其三，投资者保护不足。投资者教育、风险提示、纠纷解决机制等投资者保护措施尚不完善，投资者权益易受侵害。

其四，行业自律缺失。部分交易平台、服务提供商等市场参与者缺乏自律，存在违规经营、虚假宣传、操纵市场等行为，影响市场公平、透明。

其五，国际合作与监管协调难度大。数字资产交易的全球性特征对国际合作与监管协调提出较高要求，如何在保护国家金融安全、维护市场秩序的同时，积极参与国际规则制定，应对跨境监管挑战，是亟待解决的问题。

四　中国数字资产交易的法规政策与合规环境

（一）法规政策梳理

中国数字资产交易的法规政策梳理如下。

1. 中央层面

（1）2013年12月，《中国人民银行　工业和信息化部　中国银行业监督管理委员会　中国证券监督管理委员会　中国保险监督管理委员会关于防范比特币风险的通知》发布，明确比特币不具有法偿性与强制性等货币属性，不是真正意义的货币，要求金融机构和支付机构不得开展与比特币相关的业务。

（2）2017年9月，中国人民银行等七部门发布《中国人民银行　中央网信办　工业和信息化部　国家工商总局　银监会　证监会　保监会关于防范代币发行融资风险的公告》，明确ICO本质上是一种未经批准的非法公开融资行为，要求立即停止各类代币发行融资活动，已完成代币发行融资的组织和个人应当做出清退等安排。

（3）2021年9月，中国人民银行等十部门发布《关于进一步防范和处置虚拟货币交易炒作风险的通知》，明确虚拟货币相关业务活动属于非法金融活动，禁止提供虚拟货币交易服务，禁止为虚拟货币相关业务活动提供账户开立、登记、交易、清算、结算等服务，禁止为虚拟货币相关业务活动提供营销宣传、推广等服务。

2. 地方层面

（1）2021年6月，北京市地方金融监督管理局发布《关于防范以"虚拟货币""区块链"名义进行非法集资的风险提示》，提醒公众防范以"虚拟货币""区块链"名义进行的非法集资活动，强调任何组织和个人不得非法从事代币发行融资活动，不得非法从事虚拟货币交易、兑换、结算等业务。

（2）2019年11月，中国人民银行上海总部和上海市金融稳定联席办联合发布《关于开展虚拟货币交易场所排摸整治的通知》，要求对辖区内虚拟货币相关活动进行排摸整治，严禁开展虚拟货币交易、代币发行融资等业务。

综上所述，中国数字资产交易的法规政策主要集中在中央层面，明确虚拟货币相关业务活动属于非法金融活动，禁止提供虚拟货币交易服务、进行代币发行融资活动等。地方层面发布风险提示，要求对辖区内虚拟货币相关活动进行排摸整治。监管机构多次强调数字人民币与虚拟货币的本质区别，警示投资虚拟货币及相关衍生品的风险。整体来看，中国对数字资产交易的法规政策态度明确，监管力度较大。

（二）中国数字资产交易的监管实践

1. 监管执法行动

（1）关闭境内虚拟货币交易平台：2017年9月，中国人民银行等七部门发布《中国人民银行　中央网信办　工业和信息化部　国家工商总局银监会　证监会　保监会关于防范代币发行融资风险的公告》后，国内主要虚拟货币交易平台宣布停止人民币交易业务，部分平台将业务主体迁至海外。

（2）打击虚拟货币挖矿活动：2021年3月，内蒙古自治区发改委、工信厅和能源局发布《关于确保完成"十四五"能耗双控目标任务若干保障措施（征求意见稿）》，提出全面清理、关停虚拟货币挖矿项目。同年9月，《国家发改委等部门关于整治虚拟货币"挖矿"活动的通知》发布，要求各地全面清理、整顿虚拟货币"挖矿"项目，严禁新增项目，加快存量项目有序退出。

（3）查处虚拟货币非法集资案件：近年来，多地公安机关破获多起以虚拟货币为幌子进行非法集资的案件。

2. 监管指导与规范

（1）2018年，中国人民银行数字货币研究所发布《法定数字货币模型与参考架构设计》，提出法定数字货币的参考架构设计，为数字人民币的研发与推广提供技术指导。

（2）2017年9月，中国互联网金融协会发布关于防范比特币等所谓"虚拟货币"风险的提示，提醒公众防范比特币等所谓"虚拟货币"的风险，强调任何组织和个人不得非法从事代币发行融资活动，不得非法从事虚拟货币交易、兑换、结算等业务。

监管实践表明，中国对数字资产交易的监管力度较大，对虚拟货币相关业务活动持严格禁止态度，对数字人民币的研发与推广予以积极支持。

五　中国数字资产交易的合规问题与风险

当前，中国数字资产交易的监管仍处于初步发展阶段。由于数字资产的跨境性、匿名性、技术复杂性等特点，监管实践仍存在一定的空白。例如，对于境外交易平台的使用、加密货币的场外交易、新型加密资产（如 DeFi、NFT）的监管规则尚不明确。这些空白可能被部分市场主体利用，而进行监管套利，即通过在监管较弱或规则不明确的领域进行交易，规避监管要求。

（一）反洗钱与金融安全

在日益复杂的监管环境下，中国数字资产交易亟须加强对金融犯罪和合规风险的管理，特别是在洗钱和恐怖主义融资领域。此外，支付方式的不断升级，资金转移的速度加快，灵活性大幅提升，使银行在有效管理风险方面面临更大挑战，洗钱活动也因此变得更难控制。金融市场边界的扩展，促使银行机构推出一系列新兴金融产品和服务，以提升客户体验。然而，随之而来的是不断上升的金融犯罪与合规风险。

如以传统金融资产为基础进行"代币化"，其高波动性可能对传统金融市场产生溢出效应，未来或将给金融市场带来风险和漏洞。这些风险包括数字资产的运行风险与估值压力、去中心化区块链金融平台的脆弱性、日益增长的互联性以及普遍存在的监管不足，它们可能对金融稳定构成威胁。

（二）消费者保护

一方面，在数字资产交易领域，投资者面临多重挑战，最为紧迫的是其权利与义务缺乏明确的法律规范框架。伴随数字经济的蓬勃发展，相关法律法规的滞后性逐渐显现，使投资者在维护自身权益时往往陷入困境。当遭遇交易纠纷或欺诈行为时，消费者往往难以找到有效的法律途径来寻求帮助，这无疑加剧了投资风险，影响市场健康发展①。

另一方面，数字资产价格的剧烈波动和潜在的价格泡沫，让投资者在追求收益的同时，不得不面对巨大的不确定性。比特币等具有代表性的数字资产的价格如同过山车般起伏，让投资者难以把握市场脉搏，更难以做出理性的投资决策。这种不稳定性不仅考验投资者的心理素质，也对其风险管理能力提出更高的要求。

综上所述，投资者在数字资产交易领域面临权利保护不足、价格波动大、交易匿名性带来的风险以及交易平台不规范等多重挑战。因此，加强相关法律法规建设、完善监管机制、提高投资者教育水平以及推动交易平台规范化运营，已成为保障投资者权益、促进数字资产市场健康发展的迫切需求。

六　中国数字资产交易合规问题的应对策略与建议

在中国，数字资产监管的演进历程体现了政府对于新兴金融领域的高度警觉与审慎管理。2017 年，中国政府联合多部门发布公告，将代币发行视为非法融资行为，并全面禁止了 ICO 及其衍生金融活动；2018 年，中国银监会禁止金融机构涉足相关领域，以防止金融风险跨市场传播；2021 年，中国政府更是加大了对数字资产领域的监管力度，全面禁止虚拟货币"挖矿"活动，并要求银行和支付机构切断交易资金的支付链条。

中国对数字资产的严格监管基于对金融市场稳定、投资者保护以及金融风险防控的深刻认识。政府通过采取一系列明确、具体的政策措施，有效遏制了数字资产市场的乱象和投机行为，促进金融市场健康发展，维护了投资者的合法权益。

（一）完善法规政策

建议立法明确数字资产的法律属性，明确其作为商品、虚拟商品、证

---

① 杨蕾：《数据安全治理研究》，知识产权出版社，2020。

券、货币等的特点，为后续监管提供法律依据。根据数字资产的性质、功能、风险等级等因素，建立分类监管框架。将数字资产相关业务全面纳入反洗钱监管体系，明确虚拟资产服务提供商（VASP）的反洗钱义务，包括客户身份识别、交易记录保存、可疑交易报告等。细化"旅行规则"在数字资产领域的实施要求，确保跨境交易信息的透明度。

传统金融监管框架在面对数字资产时显得力不从心，这是因为数字资产独特的性质挑战了传统模式。传统监管方式往往滞后于市场变化，难以有效应对新兴风险，甚至可能阻碍技术创新。因此，我们必须从被动应对转向主动预防，从排斥转为包容，从僵化调整为灵活，以适应数字资产市场的快速发展。这种监管理念的转变，是确保金融市场稳定、促进技术创新、维护投资者权益的关键。

（二）加强监管协作

由于各国对数字资产的态度和监管政策不同，市场出现了诸多不规范行为和潜在风险。此外，数字资产的跨国特性更是加剧了这一问题的复杂性，其无国界的流通方式不仅引发了全球性的金融问题，还带来了整体性的风险挑战，使任何国家都难以独立应对。

面对这一困境，全球治理成为大势所趋。数字资产的治理不再局限于国家层面，而是需要各国政府、国际组织以及私营部门等多方共同努力，形成全球性的治理框架和合作机制。G20、IMF等已经意识到这一问题的紧迫性，纷纷提出治理方案，将数字资产的全球治理提上议程。

自2018年G20财长和央行行长会议首次正式关注数字资产全球治理问题以来，G20峰会便不断加强对这一问题的讨论和合作。会议公报中明确指出了加密数字资产对全球金融体系的影响，呼吁各国加强监管与评估，并探索多边应对措施。

（三）推动企业自律

数字资产在数字经济时代的迅猛发展重新定义了对资产的认知，给企业经营带来了深远影响。数字资产不仅赋予企业制造和服务的双重权限，还促成了新的业态模式的形成。

在这样的背景下，企业应制定透明的经营规则，将各部门员工联系起来，使每个人都能在信息化改革中发挥作用，最终将其扩大至整个商业版图。区块链技术作为信息化改革的支撑工具，能够提高管理效率并优化流程。

企业可以通过购买数字资产来提升资产价值，同时采取有效措施保护这些资产，落实维权策略。使用密码管理工具和选择可靠的交易平台，可以有效保障资产的安全。

七　展望

面对数字资产交易领域日新月异的发展态势，笔者认为，未来应继续深化对中国数字资产交易合规问题的认识，探索适应中国国情的监管模式，跟踪国际监管动态，同时关注其对传统金融体系、经济效应和社会效应的影响，为构建科学、有效的数字资产交易监管体系提供理论支持和实践指导。

参考文献

［1］《北京市科学技术委员会、中关村科技园区管理委员会等5部门关于印发〈北京市创新联合体组建工作指引〉的通知》，北京市人民政府网站，https：//www.beijing.gov.cn/zhengce/zhengcefagui/202305/t20230511_3101453.html。

［2］王风和主编《元宇宙基础设施治理暨Web3.0数字经济战略参考》，中国科学技术出版社，2023。

［3］王铼、苏莉：《Web3.0-机遇、挑战与合规》，环球律师事务所网站，http：//www.glo.com.cn/Content/2022/05-26/1401486332.html。

［4］邓学敏：《各国加密数字资产监管政策比对与中国监管趋势探析》，东方律师网，https：//www.lawyers.org.cn/info/6e05d86341f143b6b96915a459c0d530。

［5］姚旭：《欧盟跨境数据流动治理》，上海人民出版社，2019。

［6］《G20 国家数字经济发展研究报告（2018 年）》，中国信息通信研究院，2018。

［7］田海博、叶婉：《跨链数字资产风险管理策略及分析》，《计算机科学与探索》2023 年第 9 期。

［8］杜宁等：《监管科技：人工智能与区块链应用之大道》，中国金融出版社，2018。

［9］王娜等：《跨境数据流动的现状、分析与展望》，《信息安全研究》2021 年第 6 期。

［10］杨蕾：《数据安全治理研究》，知识产权出版社，2020。

技术 篇

B.5
互联网3.0底层关键核心技术发展概述

李 鸣　刘冕宸　周子著　王晨辉*

摘　要：　近年来，互联网3.0逐渐受到全球各界的广泛关注，为全行业带来崭新的发展机遇。作为数字空间的生态体系，互联网3.0为数字原生生态建设提供了新一代信息技术基础设施和经济体系。本报告重点分析了互联网3.0的发展背景和现状，提出了广义互联网3.0技术体系和狭义互联网3.0技术架构，探索形成了互联网3.0标准体系，并重点分析了基础标准、关键技术和平台标准、应用服务标准、产业服务标准、开发运营标准以及监管治理标准的需求，为推动互联网3.0产业标准化发展提供了思路和建议。

关键词：　互联网3.0　底层关键核心技术　技术架构　标准体系

---

* 李鸣，香港理工大学；刘冕宸、周子著，中国电子技术标准化研究院；王晨辉，深圳博思互联科技有限公司。

一 互联网3.0的背景和现状

（一）背景和现状

1.互联网1.0

互联网1.0是只读网络，平台拥有网络和内容，用户消费数据。"超文本系统"的出现标志着互联网1.0时代正式拉开序幕。用户主要使用互联网接收、传输和发布内容，这一阶段出现了新闻网站、搜索引擎、BBS社区、聊天室等互联网应用服务的典型代表。在这一阶段，互联网用户身份与账号暂时无法实现完全对应。

2.互联网2.0

互联网2.0是交互网络，平台拥有网络，用户提供内容，平台享有收益。博客、社交网络、移动互联网的出现，使用户与互联网实现双向互动。互联网2.0通过收集用户信息，为用户提供个性化服务，用户基于强绑定的身份在互联网中灵活表达并创造价值。在这一阶段，互联网中的用户行为在中心化的平台管理形式下与身份高度匹配，中心化平台掌握数据、资产、用户信息等资源。

3.互联网3.0

互联网3.0是价值网络，平台和用户共同拥有网络。基于"分布式"的用户互联网资源主导，是互联网3.0发展的必要条件。这一阶段的互联网中的基于资产明确、收益公平、隐私保护、数据主权等的权益由平台和用户共享，以区块链技术为核心，通过智能合约等技术手段保障用户在互联网活动中的权益，建设分布式自组织等新型组织，以新一代信息技术集成为技术实现手段，打造新一代价值互联网生态模式。

（二）基本逻辑

互联网3.0是数字空间的生态体系，为数字原生生态建设提供新一代信息技术基础设施和经济体系。

从技术层面来说，作为数字原生领域的核心要素，数据通过新一代信息技术的加持，释放且最大化数据要素价值。其中，物联网为数据采集和获取提供支撑，大数据保障海量数据处理有序进行，人工智能技术实现智能化数据应用，云计算承载数据资源调度能力，5G确保数据的顺利传输与通信，数字孪生搭建数字与物理空间的精准映射关系，人机交互为人类进入数字空间提供入口。互联网3.0技术体系见图1。

在这一体系中，区块链为新一代信息技术集成创新提供了可信任、可共识、防篡改的能力，也为数字资产和金融服务相关的生态协作提供了安全可控的解决方案。因此，区块链是新一代信息技术集成基础设施的核心技术。

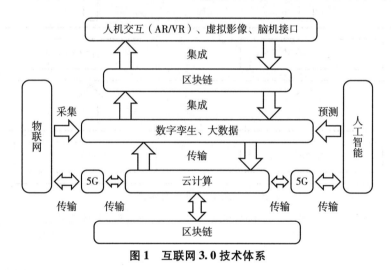

图1　互联网3.0技术体系

资料来源：《香港 Web 3.0 标准化白皮书（2023）》，香港 Web 3.0 标准化协会，2024。

从经济层面来说，数据要素在数字空间中的经济活动占据核心地位，其输出的数字内容是主要产品及服务，紧密围绕数字资产的创建、生成、分发、流转等活动，构建数字经济生态。如图2所示，生产力方面，以人工智能为核心生产力，极大地促进数字内容创建与多样化发展，为数字空间的经济繁荣注入强大活力；生产关系方面，以区块链为生产关系的新型构建者在生产力方面，为数字内容的所有权确认、价值流转及利益分配提供坚实的技

术支撑，确保数字资产权属清晰、价格透明、分配公正，从而稳固数字原生经济活动的秩序与效率。

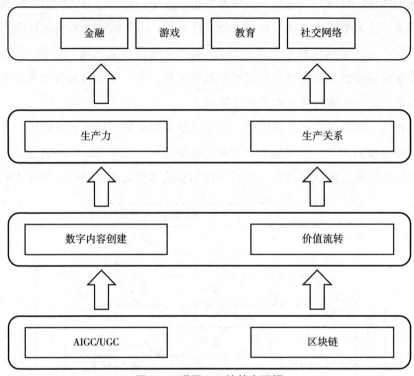

图2　互联网3.0的基本逻辑

资料来源：《香港Web 3.0标准化白皮书（2023）》，香港Web 3.0标准化协会，2024。

（三）机遇和挑战

1.新机遇：技术经济变革

未来，互联网3.0的演变将为全球发展提供巨大潜力，为全行业带来无限机遇，对现有技术储备、人才结构产生重大影响。因此，全球互联网3.0发展中心的定位与建设将变得尤其重要。可靠的信用机制、完善的技术体系、卓越的人才资源相结合，成为建设互联网3.0发展中心的必要条件。

一是重塑全球经济体系，建立数字信任机制。当前全球经济体系以能源为基础，以美元为价值载体，以美欧产业链为核心。互联网3.0将重构全球金融体系，对所有行业产生颠覆性影响。因此，抢占互联网3.0新高地成为主流国家发展的主要任务和契机，各国将致力于打造良好的国际经济信用机制，大力发展数字原生商业模式，在数据主权、经济主权中保障个人及互联网用户的基本权益，以期通过制定新的规则和构建新的秩序来主导数字经济的全球格局。

二是释放新一代信息技术价值，推动科技革命。区块链、人工智能、大数据等单项技术经过多年积累已逐步成熟，这些技术将形成新的协议栈、操作系统、技术架构和解决方案，持续生成人工通用智能、数字人等原生数字场景，创新现有技术能力和应用模式，推动互联网从数据导向向价值导向演进。

三是加快创新型人才培养，建设专业组织队伍。随着新的商业模式和生态在数字空间逐步出现，需要匹配一批具备专业能力的人才。培养一批具备DApp开发、生成式人工智能应用、分布式自治组织（DAO）治理等能力的创新型人才，为原生数字空间的建设与运行提供基本逻辑和能力支撑。

2. 新挑战：未来产业新范式

在新范式、新应用产生的同时，互联网3.0产业快速发展，推动了加密资产的规模化应用，也带来了一系列挑战和风险，尤其在基本概念、技术架构、应用与服务模式、监管治理等方面带来极大挑战，正确应对机遇中的风险，成为互联网3.0课程中的必要内容。

一是基本概念尚未厘清。作为下一代全球互联网的基本运行范式，互联网3.0涉及多学科理论，业界尚未形成具有广泛共识的理论与参考架构，对互联网3.0的理论研究几乎处于空白阶段。有关互联网3.0生态的基本理论和要素均需充分研究，包括数字化的社会形态构成要素、分布式组织运转规则、科学技术操作系统、道德和伦理规范、资产生产与分配方式、身份法律主体责任、数字原生金融服务体系、数字内容权属关系等重点课题。

二是技术架构有待完善。在单点技术各自发展的前提下，各类初创公司"涌入"互联网3.0，产业级集成化技术架构在短时间内难以成型，暂时无法形成体系化的产业级技术架构模型。为进一步建设互联网3.0生态，产业亟须探索技术发展趋势，形成统一的可扩展的协议栈和技术栈，突破技术瓶

颈，构建数字科技集成架构和操作系统。

三是应用规范有待建立。互联网 3.0 的到来为金融领域提供了大量创新应用，然而，传统金融领域资本密集度高，业务较为复杂，存在信用体系不健全等多种风险属性，由于目前技术体系较为薄弱，互联网 3.0 在金融领域的创新应用可能导致出现业务流程缺失、安全隐私保护不到位等问题，钓鱼网站、黑客攻击等现象频发，对市场信心造成很大打击。

四是产业服务有待提升。互联网 3.0 中的产业服务主要依赖社区自发的治理机制进行项目管理，这一分布式管理机制保障了用户不受到中心化平台的利益侵犯，但大部分社区参与者缺乏专业的技术、财务、管理技能，导致共识决策效率低下甚至危及服务的最终交付，给用户和社区参与者带来巨大损失。

五是监管体系有待健全。监管科技是一种数字化的监管活动，主要面向金融领域进行监管和审计，相比传统监管策略主要基于档案制度和定期巡查审计方法，监管科技在极大程度上降低了监管成本。然而，基于区块链的加密资产具有匿名性、分布式等特点，其运行方式超出传统监管框架。监管机构缺乏合适工具和有效抓手来及时发现、处理和阻断违规甚至违法活动，导致一些项目刻意绕开监管合规要求，给用户造成严重损失并增加了产业进入成本。

二　互联网3.0的技术和协议

（一）广义互联网3.0的技术体系

互联网 3.0 是以区块链为核心技术的数字经济价值网络，体现了区块链去中心化、不可篡改、真实可追溯的技术特点，并且高度融合、应用人工智能、云计算等新一代信息技术，构建了用户更加自主、数据所有权更加明确、交易更可信任、个人隐私更加安全的全新网络形态。互联网 3.0 带来的是互联网体系架构整体性演进和系统性升级，将重构基于"数字契约"的网络信任体系。

1. 区块链

区块链是互联网 3.0 的核心技术，是用密码技术链接将确认过的区块按顺序追加形成的分布式账本，可提供去中心化存储和管理能力，以分布式数据结构和加密技术保障资产交易安全、数据可信与不可篡改、多方组织有效协作，是保障互联网3.0降低或抵消对中心化平台或机构服务的关键。

2. 人工智能

人工智能是指针对人类定义的给定目标，进行内容、预测、推荐或决策等输出的一种技术。随着深度学习、大模型等技术的迅猛发展，人工智能在海量数据处理、模式识别、内容创建、预测分析等方面的能力得到显著提升，为互联网3.0的应用提供了一种高效的生产工具。

3. 云计算

云计算是一种通过网络将可伸缩、有弹性的共享物理和虚拟资源池以按需自服务的方式供应和管理的模式。云计算为促进互联网3.0发展提供安全性高、覆盖范围广、可靠性强、低延时的云服务。

4. 边缘计算

边缘计算是指在靠近感知设备或数据源头的网络边缘侧，包括边缘采集处理、分析、优化、控制等多种服务组件和工具，融合网络、计算、存储、应用等核心能力，就近提供边缘智能服务，面向不同应用场景设计不同的认知策略，建立资源虚拟化、控制自动化、服务智能化发展模式。

（二）狭义互联网3.0的技术架构

1. 总体技术架构

狭义上，互联网3.0是以区块链为核心技术组件，以去信任、去中心化和资产化、数字化为显著特点，以数字生产和数字消费为主要经济形态的新一代互联网。利用区块链可信协作、分布执行、数据保护、资产流转等能力重构互联网3.0的应用逻辑，以标准化、简洁化的链上智能合约代替现有应用服务，从而降低或消除对中心化机构的依赖，进一步整合信息流、业务流和价值流。从基础层到共识层、扩展层、服务层以及应用层，每一层都为实现去中心化、安全性和创新性提供了关键支持（见图3），为推动技术持续突破与创新打下了良好的基础。

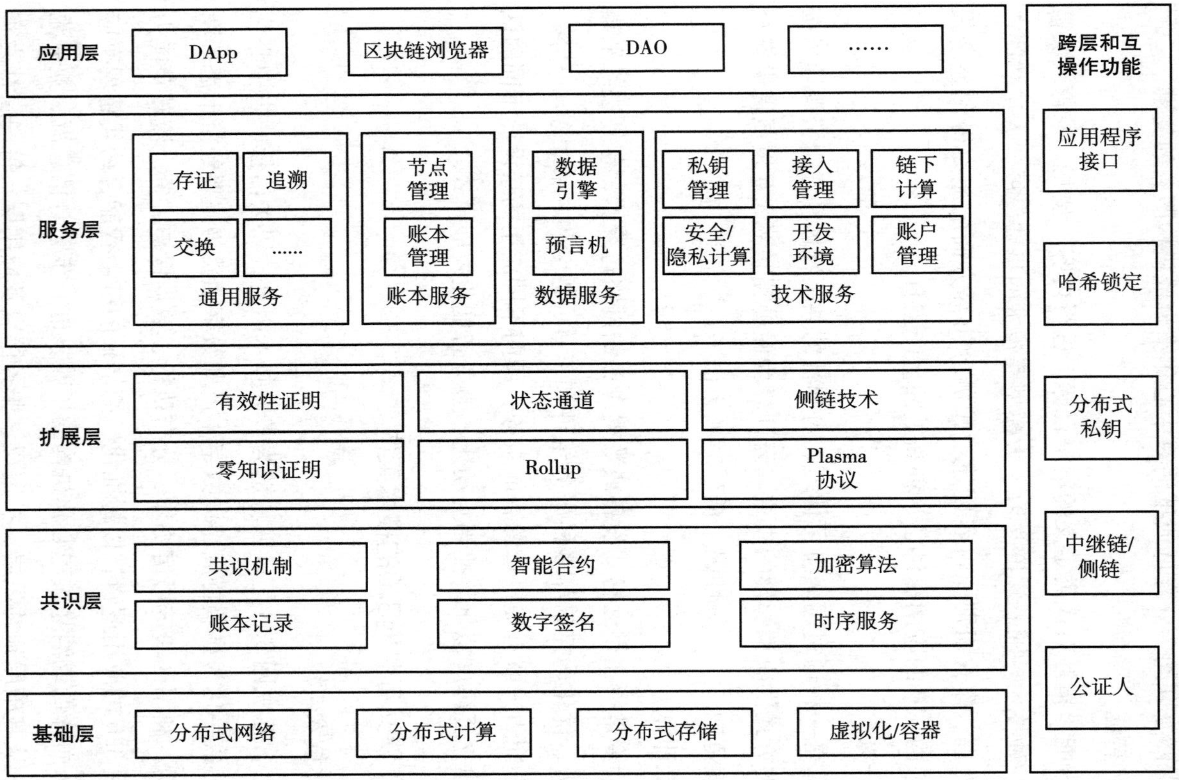

跨层和互操作功能	应用程序接口	哈希锁定	分布式私钥	中继链/侧链	公证人

应用层

DApp	区块链浏览器	DAO	……

存证	追溯
交换	……

通用服务

服务层

节点管理	数据引擎	私钥管理	接入管理	链下计算
账本管理	预言机	安全/隐私计算	开发环境	用户管理

账本服务　　数据服务　　技术服务

扩展层

状态通道	侧链技术
Rollup	Plasma 协议

有效性证明
零知识证明

共识层

共识机制	智能合约	加密算法
账本记录	数字签名	时序服务

基础层

分布式网络	分布式计算	分布式存储	虚拟化容器

图 3　狭义互联网 3.0 的技术架构

资料来源：《香港 Web 3.0 标准化白皮书（2023）》，香港 Web 3.0 标准化协会，2024。

2. 基础层

基础层包含虚拟化/容器、分布式存储、分布式计算、分布式网络等模块，它们是狭义互联网3.0生态系统的基础设施。分布式物理基础设施的设想是整合基础层网络资源、算力资源和存储资源，最大化基础设施的服务能力，增强其可靠性和可用性。

（1）虚拟化/容器

虚拟化/容器用于构建分布式网络中的对等网络（Peer To Peer，P2P）节点，所有节点在分布式网络中的地位平等，可摆脱中心化服务器的制约，相互通信与交换数据。

（2）分布式存储

分布式存储是一种将数据分散存储在多个网络节点上的策略。允许数据在多个节点进行冗余备份，提升数据的可用性、安全性和冗余性，有效降低单点故障的风险。

（3）分布式计算

分布式计算是将复杂计算任务分配给多个计算节点进行处理的方法。分布式算力的增加能够显著提高计算性能、计算资源的可扩展性和利用率。在共识算法中，工作量证明机制通过解决数学问题来竞争网络记账权，分布式算力的增加提升了记账权的概率，实现高效快速的哈希计算。

（4）分布式网络

分布式网络是由多个节点组成的点对点网络，处理能力和数据分布在节点上，而不是拥有集中式数据中心的一种网络，实现去中心化信息传输和共享资源。其中，节点可以进行数据处理、路由、存储等活动。

3. 共识层

共识层由共识机制、智能合约、加密算法、时序服务、账本记录以及数字签名等关键技术组合而成，为分布式系统提供了共识达成、智能合约执行和数据安全保障等核心能力。

（1）共识机制

共识机制是一种协议或算法，其核心作用是确保分布式网络上的所有节

点数据能够达成一致状态。目前，常见的共识机制包括工作量证明（PoW）、权益证明（PoS）以及权益权重证明（DPoS）等。共识机制可决定各节点权利，例如，新区块链创建、节点激励以及交易验证权利。

（2）智能合约

智能合约是一种基于预设的协议，能够自动执行交易的程序。无须中介方的验证和参与，区块链上部署了合约的执行规则与触发条件，即可执行预定的活动并产生预期的结果。通过 Solidity 或 Polkadot 的 Rust 等编程语言编写智能合约，这些语言具备与智能合约交互和执行的特定功能。智能合约往往在虚拟机环境下运行，虚拟机环境负责运行合约代码并记录其状态的变化。

（3）加密算法

加密算法保障区块链中数据的机密性和完整性。其中，默克尔树用于验证数据的完整性，哈希算法生成数据的唯一标识，验证其真实性，而多重签名机制则多方验证并确认交易的合法性。

（4）时序服务

时序服务是一项记录数据或交易时间戳的服务。在区块链中，时间戳对于验证和审计过程至关重要，它通常与数字签名技术结合使用以增强安全性。

（5）账本记录

账本记录保存区块链中的交易记录和合约状态，是区块链中的数据存储组件。可实现账本数据在分布式网络上的节点之间共享，保障数据的一致性和透明度。

（6）数字签名

数字签名用于验证消息或交易的真实性和完整性。在区块链环境中，只有私钥持有者可执行数字签名，用于发送交易或触发智能合约的执行。

4. 扩展层

扩展层涵盖有效性证明、状态通道、侧链技术、零知识证明、Rollup 以及 Plasma 协议等一系列技术或协议。扩展层主要用于增强区块链网络扩展性及增加吞吐量，提升区块链的网络性能，改善用户体验，处理更多的交易和数据。

（1）有效性证明

有效性证明用于验证特定事件或状态在区块链上的交易是否被正确执行。允许节点在不执行完整交易的情况下验证其有效性，有效提高网络的性能和效率。

（2）状态通道

状态通道允许参与者链下交易，仅在必要时将交易最终状态提交到区块链，是一种扩展性解决方案，从而降低了区块链网络的负担，提升了交易确认的效率，降低了交易手续费用。

（3）侧链技术

侧链技术通过实现双向锚定（Two-way Peg），使独立运行的侧链可以拥有自己的规则、共识机制和功能，同时与主链之间可以进行安全有效的双向资产转移。

（4）Plasma 协议

Plasma 协议将一部分交易放置在一个或多个侧链上进行处理，是一种分层扩展方案，提高以太坊等区块链平台的可扩展性。Plasma 协议是一种链下扩展方案，还涉及侧链的数据提交和状态更新。

（5）Rollup

Rollup 是以太坊等区块链平台的另一种扩展解决方案。它通过将侧链数据汇总，并将验证数据或零知识证明提交到主链来实现扩展。

（6）零知识证明

零知识证明是一种加密技术，允许在不说明详细内容的前提下证明内容的真实性，主要用于证明真实性和隐私保护。在区块链网络中可用于保护用户隐私，减少链上的数据传输量。

5. 服务层

服务层包含技术服务、数据服务、账本服务、通用服务等，用于支持上层应用的开发和运营。

（1）技术服务

技术服务包含私钥管理、接入管理、账户管理、安全/隐私计算、开发

环境、链下计算等。私钥管理负责用户的私钥生成、存储和管理。通常将私钥用于验证用户的身份并授予其访问权限。私钥管理与身份认证配套集成，确保合法用户使用私钥服务。

接入管理仅授权用户访问区块链应用程序。它与私钥管理、身份认证协同，在验证用户的身份后控制其访问权限。

账户管理负责区块链账户创建、管理和维护，保障节点的数据一致性。

安全/隐私计算可以为区块链上的敏感数据提供保护，通常与私钥管理协同。私钥管理生成的私钥用于解密和签署交易，从而确保在进行安全/隐私计算时数据的安全性。

开发环境是开发人员创建、测试和部署智能合约的平台，可以基于私钥管理，生成开发者用于测试的私钥。同时，开发环境可以模拟身份认证过程。

链下计算允许在链下执行复杂的计算任务，然后将结果提交到区块链智能合约，以便在智能合约中引入更复杂的逻辑。私钥管理和身份认证确保只有合法用户可以触发这些智能合约。

（2）数据服务

数据服务包含数据引擎和预言机。作为区块链的数据库，数据引擎主要基于链上有关交易、智能合约状态和其他相关信息的数据，开展数据存储、管理、查询等活动，方便开发者、用户与相关方访问信息。预言机是连接区块链和现实世界的桥梁，为智能合约提供来自现实世界的信息，如天气数据、股票价格、体育比赛结果等，支持智能合约基于真实和实时的现实世界数据做出决策或执行操作。

（3）账本服务

账本服务包含节点管理、账本管理。节点管理涉及维护和运营区块链网络的节点，包括添加新节点、更新节点软件、监控节点的性能和稳定性，以及确保网络的可用性。账本管理涉及维护和管理区块链的核心账本数据，包括存储和同步交易、区块、智能合约状态和相关数据。

（4）通用服务

通用服务包含存证、交换、追溯等，为互联网3.0与实体产业融合过程搭建相关应用提供基础的、通用的服务。

6.应用层

应用层包含去中心化应用（Decentralized Application，DApp）、区块链浏览器、DAO 等，各种应用和工具可以为用户提供资产托管、交易等服务。

（1）DApp

DApp 使用智能合约执行逻辑操作，与链上资产交互。DApp 允许用户完全掌握自身的资产，在金融、游戏、社交媒体、数字艺术市场等多种场景中应用。

（2）区块链浏览器

区块链浏览器允许用户查看和分析区块链上的交易、区块、智能合约状态等，是数据浏览和查询区块链数据的工具，通常包括数据分析、聚合、搜索和提供信息及数据服务等功能。

（3）DAO

治理和投票是 DAO 的核心机制，其通过智能合约和区块链技术实现自主管理、决策和激励，利用链上投票等过程确保了互操作的透明度和可审计，确认决策执行与资金分配。

7.跨层和互操作功能

跨层和互操作功能用于支持不同的区块链网络的集成或协同，主要包括应用程序接口、跨链桥、跨链和互操作等。跨层和互操作功能为互联网 3.0 生态系统的可扩展性、互操作性提供支持，促进跨链交易、资产互换和跨链智能合约的发展，并为用户提供更多选择和提高灵活性。

（1）应用程序接口

应用程序接口是一组规定不同软件/系统组件之间相互通信的规则和协议。通过区块链平台应用程序接口，可以完成区块链应用程序的构建、扩展和管理。

（2）跨链桥

跨链桥是在多个区块链网络之间建立连接的技术，通常涉及智能合约和其他通信协议，允许资产在同构/异构的区块链系统间转移，确保其安全性和可追溯性，从而增强链间的互操作性。

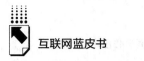

（3）跨链和互操作

跨链和互操作指在不同区块链之间进行数据和资产交互的过程。公证人、分布式私钥、哈希锁定、中继链/侧链是跨链和互操作的主要技术，以确保资产和数据安全、有效、可信地跨链传输。

①公证人

公证人是负责验证和监督跨链交互的节点或实体，可以存在于不同的区块链网络中，并参与验证资产的锁定和释放。

②分布式私钥

分布式私钥是跨链交互中的安全性措施，用于签署跨链交易协议。它将私钥分成多个部分，并使其分布在不同的节点或实体之间，以确保资产安全转移。

③哈希锁定

在哈希锁定安全机制中，资产通常需要被锁定，并要求接收方提供特定的哈希值以解锁资产，这样的话，资产才能被解锁并转移到目标链上。

④中继链/侧链

中继链/侧链是一种用于跨链活动的扩展性解决方案，允许在独立的区块链上进行交互，然后将结果安全传回主链或其他链。这种设计可以降低主链的负担，使吞吐量更高。

三 标准化推动互联网3.0发展

（一）构建完善的标准体系

标准体系作为一种概念系统，是为了特定目的而人为构建的一套标准集合，具有发现问题、解决问题以及指导标准研发与应用等多重特色。针对互联网3.0标准化需求，通过对互联网3.0的发展现状以及国内外相关标准的深入分析与提炼，本报告构建了互联网3.0标准体系架构（见图4）。①

————————

① 《香港Web 3.0标准化白皮书（2023）》，香港Web 3.0标准化协会，2024。

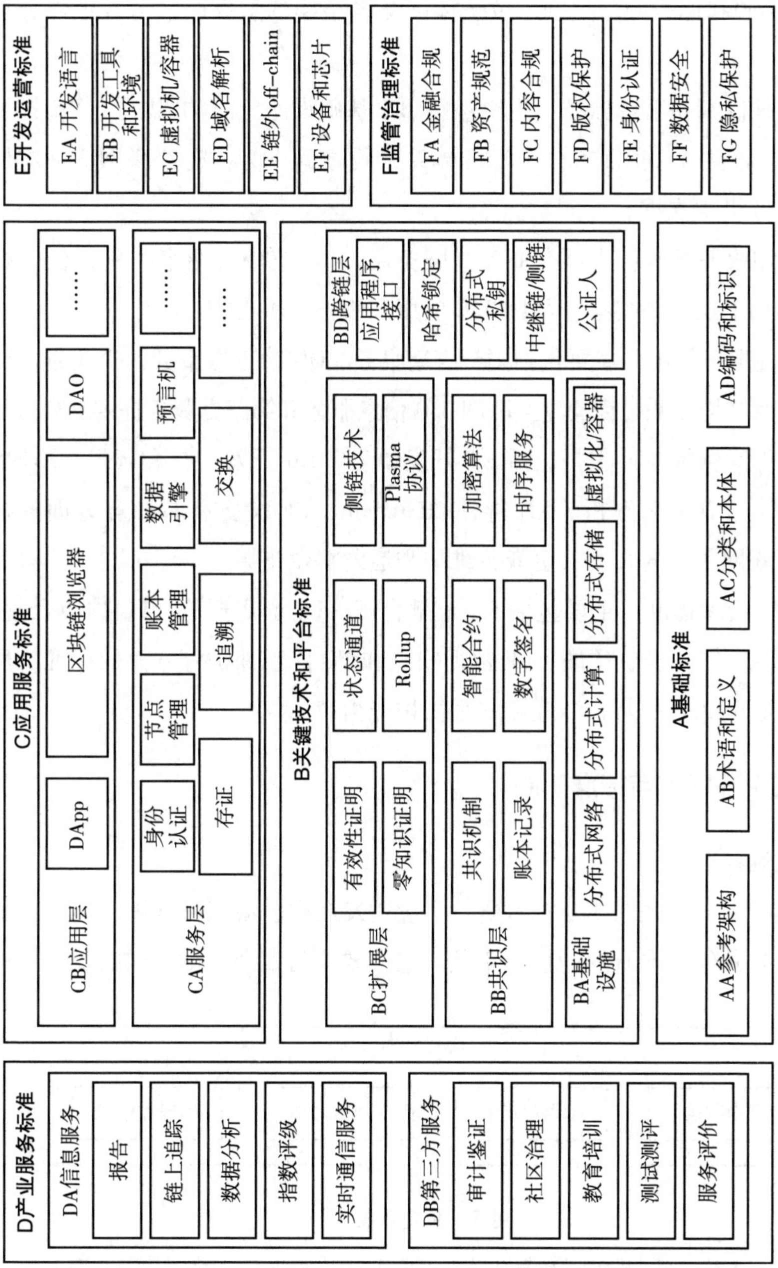

图 4 互联网 3.0 标准体系架构

E开发运营标准
- EA 开发语言
- EB 开发工具和环境
- EC 虚拟机/容器
- ED 域名解析
- EE 链外off-chain
- EF 设备和芯片

F监管治理标准
- FA 金融合规
- FB 资产规范
- FC 内容合规
- FD 版权保护
- FE 身份认证
- FF 数据安全
- FG 隐私保护

C应用服务标准
- CB应用层：DApp、区块链浏览器、DAO、……
- CA服务层：身份认证、节点管理、账本管理、预言机、……；存证、追溯、数据引擎、交换

B关键技术和平台标准
- BC扩展层：有效性证明、状态通道、Rollup、侧链技术、Plasma协议；零知识证明
- BB共识层：共识机制、智能合约、加密算法；账本记录、数字签名、时序服务
- BA基础设施：分布式网络、分布式计算、分布式存储、虚拟化容器
- BD跨链层：应用程序接口、哈希锁定、分布式私钥、中继链/侧链、公证人

A基础标准
- AA参考架构、AB术语和定义、AC分类和本体、AD编码和标识

D产业服务标准
- DA信息服务：报告、链上追踪、数据分析、指数评级、实时通信服务
- DB第三方服务：审计鉴证、社区治理、教育培训、测试测评、服务评价

资料来源：《香港 Web 3.0 标准化白皮书（2023）》，香港 Web 3.0 标准化协会，2024。

A 基础标准：主要包括 AA 参考架构、AB 术语和定义、AC 分类和本体、AD 编码和标识四个类别，位于标准体系结构的最底层，为其他部分提供支撑。

B 关键技术和平台标准：主要包括 BA 基础设施、BB 共识层、BC 扩展层、BD 跨链层四个类别，位于标准体系结构中间，为构建互联网 3.0 应用和资产服务提供支撑。

C 应用服务标准：主要包括 CA 服务层、CB 应用层两个类别，位于标准体系结构上层，为构建互联网 3.0 应用和服务提供支撑。

D 产业服务标准：主要包括 DA 信息服务、DB 第三方服务两个类别，位于标准体系结构左侧，为构建互联网 3.0 信息服务和第三方服务提供支撑。

E 开发运营标准：主要包括 EA 开发语言、EB 开发工具和环境、EC 虚拟机/容器、ED 域名解析、EE 链外 off-chain、EF 设备和芯片等方面的标准，为互联网 3.0 的开发、更新、维护和运营提供支撑。

F 监管治理标准：主要包括 FA 金融合规、FB 资产规范、FC 内容合规、FD 版权保护、FE 身份认证、FF 数据安全和 FG 隐私保护等方面的标准，用于提升互联网 3.0 的监管治理和安全防护能力。

（二）开展重点标准研制

1. 基础标准

基础标准在互联网 3.0 技术研发和应用发展中扮演统一认识、建立预研标准并指导其他标准研发的核心角色。它主要聚焦四个关键方向（见图5）。

图 5　基础标准

资料来源：《香港 Web 3.0 标准化白皮书（2023）》，香港 Web 3.0 标准化协会，2024。

（1）参考架构标准

确立互联网 3.0 的参考架构及其典型特征和部署模式，为计划采用互联网 3.0 的组织在选择和使用互联网 3.0 服务或构建互联网 3.0 系统时提供参考。鉴于 ISO/TC 307 和 SAC/TC 590 已发布的区块链参考架构标准，建议采用这些现有标准。

（2）术语和定义标准

制定互联网 3.0 的基本术语标准，确保产业各方对互联网 3.0 核心概念有统一的认知和理解，消除行业和系统间的认知差异，为互联网 3.0 标准体系提供一致性的用语和概念框架。

（3）分类和本体标准

对互联网 3.0 的分类和本体进行标准化定义，适用于研究人员、用户、工具开发者、维护人员、审计人员以及标准开发组织。通过标准化语言可以更清晰地描述互联网 3.0 技术，有助于各相关方更深入、清晰地理解互联网 3.0 的本质。

（4）编码和标识标准

推荐使用基于 OID 的编码标识体系，规范互联网 3.0 产业中所有实体对象和虚拟对象的编码和标识方法，实现全要素、全链路的标识信息管理。该标准旨在与其他标识体系形成互联互通的数据生态链，保障标识字段的统一性和唯一性。

2. 关键技术和平台标准

关键技术和平台标准主要聚焦互联网 3.0 技术体系中的四大核心层面：基础设施、共识层、扩展层以及跨链层（见图 6）。

（1）基础设施标准

基础设施标准涵盖分布式网络、分布式计算、分布式存储以及虚拟化/容器等关键技术领域。它为规范分布式网络的架构、节点间的交互协议、分布式计算过程与算法、分布式存储的架构与技术细节，以及互联网 3.0 的云部署和安全环境构建提供了明确的指导。

（2）共识层标准

共识层标准涉及共识机制、智能合约、加密算法、账本记录、数字签名以及时序服务等多个方面。它为共识机制的开发与部署、智能合约的全生命周期管理、加密算法的构建与应用，以及时序服务的接入与使用等互联网3.0平台的核心关键技术提供了坚实的支撑。

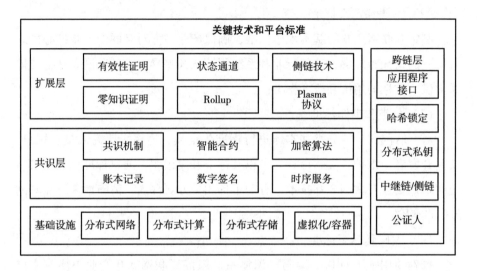

图6 关键技术和平台标准

资料来源：《香港 Web 3.0 标准化白皮书（2023）》，香港 Web 3.0 标准化协会，2024。

（3）扩展层标准

扩展层标准主要关注提升区块链系统的可扩展性，包括有效性证明、状态通道、侧链技术、零知识证明、Rollup 以及 Plasma 协议等关键技术。它致力于研发扩容标准，以构建能够增加区块链交易吞吐量和数据存储容量的规范与方法。同时，该标准还为区块链在整体交易执行和数据存储方面的可扩展性提供了开发与部署等方面的指导。

（4）跨链层标准

跨链层标准涵盖应用程序接口、哈希锁定、公证人、分布式私钥以及中继链/侧链等多个方面。它为规范应用程序间的数据传输与消息交换、数据格式、预言机系统的技术要求与操作规范，以及链间数据与价值的交换方法提供了全面的指导。

3.应用服务标准

应用服务标准主要聚焦互联网 3.0 技术体系中的服务层与应用层，针对这两个层面进行技术领域的深入研判与规范制定（见图 7）。

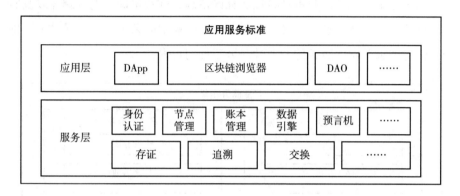

图 7　应用服务标准

资料来源：《香港 Web 3.0 标准化白皮书（2023）》，香港 Web 3.0 标准化协会，2024。

（1）服务层标准

服务层标准涵盖存证、追溯、交换、身份认证、节点管理、账本管理、数据引擎、预言机等多个方面。这些标准为互联网 3.0 相关服务提供了明确的规范与指导，确保服务的合规性与高效性。

（2）应用层标准

应用层标准聚焦能源、金融、工业互联网、医疗、数据等互联网 3.0 的重点应用领域。这些标准为构建和规范创新应用提供了必要的指导与框架，推动互联网 3.0 生态健康发展。

4.产业服务标准

产业服务标准作为互联网 3.0 产业的重要组成部分，针对信息服务和第三方服务进行深入的研判与规范（见图 8）。

（1）信息服务标准

信息服务标准涵盖报告、链上追踪、数据分析、指数评级以及实时通信服务等多个方面。这些标准为互联网3.0产业中的信息服务提供了全面的规范与指导，确保信息的准确性、及时性与安全性。

（2）第三方服务标准

第三方服务标准涉及审计鉴证、社区治理、教育培训、测试测评以及服务评价等多个环节。这些标准为互联网3.0产业中的第三方服务提供了明确的规范与要求，确保服务的专业性、公正性与可靠性。

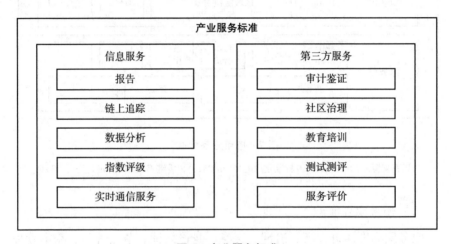

图8　产业服务标准

资料来源：《香港Web 3.0标准化白皮书（2023）》，香港Web 3.0标准化协会，2024。

5.开发运营标准

开发运营标准旨在规范互联网3.0的开发、运维及服务活动，确保互联网3.0应用与服务符合行业治理与监管要求。这一标准体系主要涵盖六个关键方向（见图9）。

（1）开发语言标准

此类标准定义智能合约和区块链应用程序的程序码编写方式，旨在确保开发人员能够在不同的互联网3.0平台上编写一致的程序码，从而提升互操作性、安全性和可维护性。

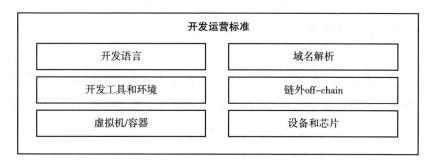

图9 开发运营标准

资料来源:《香港 Web 3.0 标准化白皮书（2023）》,香港 Web 3.0 标准化协会,2024。

（2）开发工具和环境标准

此类标准规范互联网 3.0 应用程序的开发、测试和运行环境,确保开发人员能够在不同的互联网 3.0 平台上建立一致性的开发环境,进而提高开发效率、应用程序的安全性。

（3）虚拟机/容器标准

此类标准规范了虚拟机/容器环境的设计、实现与运行方式,有助于提升不同互联网 3.0 平台、虚拟机/容器环境之间的协同工作水平和互操作性,同时增强互联网 3.0 应用程序的可靠性和安全性。

（4）域名解析标准

此类标准定义了如何将区块链域名映射到相应的区块链地址或资源,以实现区块链的域名解析功能。它有助于规范区块链域名解析的流程,使区块链域名更易于使用,并提供更好的用户体验。

（5）链外 off-chain 标准

此类标准涵盖链外合约、链外扩展、链外应用开发、链外数据和资产等标准化方向,旨在规范互联网 3.0 技术的应用和发展,提供更多的技术选择和提高灵活性,以满足不同互联网 3.0 应用场景的需求。

（6）设备和芯片标准

此类标准定义了互联网 3.0 相关设备和芯片的设计、制造与使用要求,

有助于确保设备和芯片的互操作性、性能、安全性和可扩展性，为大规模工业化制造提供有力支撑。

6. 监管治理标准

监管治理标准旨在为互联网 3.0 技术的监管与治理提供指导，确保互联网 3.0 系统在遵循法律法规与监管要求的同时，能够维持其去中心化与开放性的特性。这一标准体系主要涵盖七个关键方向（见图 10）。

```
┌─────────────────────────────────────────────┐
│              监管治理标准                       │
│  ┌──────────────────┐  ┌──────────────────┐  │
│  │    金融合规       │  │    版权保护       │  │
│  └──────────────────┘  └──────────────────┘  │
│  ┌──────────────────┐  ┌──────────────────┐  │
│  │    资产规范       │  │    身份认证       │  │
│  └──────────────────┘  └──────────────────┘  │
│  ┌──────────────────┐  ┌──────────────────┐  │
│  │    内容合规       │  │    数据安全       │  │
│  └──────────────────┘  └──────────────────┘  │
│  ┌─────────────────────────────────────────┐ │
│  │              隐私保护                     │ │
│  └─────────────────────────────────────────┘ │
└─────────────────────────────────────────────┘
```

图 10　监管治理标准

资料来源：《香港 Web 3.0 标准化白皮书（2023）》，香港 Web 3.0 标准化协会，2024。

（1）金融合规标准

此类标准旨在指导互联网 3.0 中的金融交易及相关活动的合规性，为贯彻反洗钱（Anti-money Laundering，AML）、反资助恐怖主义（Combating the Financing of Terrorism，CFT）要求以及其他金融法规提供支撑与指导。

（2）资产规范标准

此类标准用于指导互联网 3.0 数字资产全生命周期的合规构建与实施，包括数字资产生成、持有、管理、交换和销毁等各个环节，以确保数字资产的合规性、安全性和透明性。

（3）内容合规标准

此类标准旨在指导互联网 3.0 分布式内容全生命周期的合规构建与实施，涵盖内容生成、审核、分发等各个环节，并规范言论自由、色情、仇恨言论等方面的内容，以确保内容的合规性。

（4）版权保护标准

此类标准用于规范互联网3.0数字资产的版权保护，包括版权、专利、商标等方面的内容，以确保这些数字资产的版权合规性。

（5）身份认证标准

此类标准旨在规范互联网3.0数字身份体系，包括分布式数字身份的生成、认证、分发以及身份数据隐私保护等方面，为构建互联网3.0数字身份体系提供支撑与指导。

（6）数据安全标准

为确保在区块链网络中存储、传输和处理的数据安全可靠，此类标准明确了数据分类和标记、备份和存储、授权与分发、访问控制等相关要求，以确保数据的保密性、可用性和完整性。

（7）隐私保护标准

针对涉及个人身份信息等敏感数据的情况，此类标准采用差分隐私、匿名化等技术来保护用户隐私，并明确数据主体的权利和责任，以确保数据跨境流动符合适用的法规和合规性要求，如GDPR（欧盟《通用数据保护条例》）等。

四　总结与展望

作为互联网升级发展的必然趋势，互联网3.0以区块链等数字科技为基础设施，以数据资产、碳资产和数字资产为核心要素，将开创全新的数字空间商业模式，扩大数字生态的价值规模，并形成颠覆式的数字经济新范式，推动数字经济可持续和高质量发展。在这一进程中，标准化将成为互联网3.0发展的有力支撑，为技术和产业的可持续发展提供共识，确保互联网3.0生态能够在开放、透明、安全、合规的基础上稳健成长。同时，互联网3.0标准化还有助于在全球范围内建立领先地位，引领全球共识，确立需要共同遵循的原则和价值观，促进形成更加紧密的互联网3.0全球数字合作体系。在互联网3.0快速发展的进程中，应以标准化为核心抓手，推动产业共识的形成，巩固技术基线，激发应用创新，并规范金融服务，依托标准化加

快互联网3.0高质量发展，可从以下五点开展。

一是强化政策导向，构建标准化战略。支持成立标准化发展委员会，并制定专项标准化支持政策。设立标准化推进专项基金，以鼓励重点标准化成果的研发。同时，设立年度标准化专项研究课题，以支持在互联网3.0领域开展标准化研究。

二是整合各方资源，打造标准化平台。依据国家相关的标准化发展纲要和技术标准创新基地管理办法，可以依托高校如工科类大学等，建立国家技术标准创新基地。汇聚国内外的高校、技术和产业资源，对标国际垂直领域的标准化组织如W3C、IETF等，并支持成立与互联网3.0标准化相关的协会、联盟和研究院等机构。

三是激励标准化研究，完善标准体系。以标准化平台为基础，推动标准体系研发，并明确标准化的实施路径。聚焦金融服务的关键领域，开展重点标准的研发工作。同时，分析互联网3.0行业的发展趋势和面临的挑战，明确标准化需求，并发布年度标准化报告。

四是提供标准化服务，组织相关活动。以标准为基准，建立标准化培训基地、实验室和公共服务平台，为互联网3.0产业提供人才认证、产品测评、生态培育等全方位服务。积极开展标准培训解读、试点示范、大赛峰会等活动，并建立互联网3.0产业指数，以促进标准化成果转化和应用。

五是加强国际合作与交流，设立标准化工作站。主动参与国家和国际的标准化相关活动，促进国际和国家标准的落地和实施。积极与国际互联网3.0相关的标准化组织如IEEE、W3C、IETF等建立联系，探索国际标准化的合作机制，并引入国际组织设立地区工作站或分支机构，以增强在全球标准化领域的话语权和规则制定权。

参考文献

《香港Web 3.0标准化白皮书（2023）》，香港Web 3.0标准化协会，2024。

B.6
互联网3.0体系下的分布式数字身份技术

摘 要： 分布式数字身份技术通过实现个人身份与数据的自主管理，为互联网3.0发展提供了条件。分布式数字身份技术的核心包括分布式数字身份（DID）、可验证凭证，与传统依赖中心化机构进行身份管理与维护不同，它支持基于分布式账本和密码学组件搭建的新型去中心化身份管理框架。分布式数字身份系统推动实现的关键在于解决互操作性问题，这包括：统一关键实现标准、促进核心组件的开源应用以及推动分布式数字身份的可信治理。伴随数字化应用的崛起，分布式数字身份技术将在推动构建以用户为中心的、安全可信的新一代互联网方面发挥重要的作用。

关键词： 互联网3.0 分布式数字身份 去中心化

一 数字身份概念与发展演进情况

在 NIST 的数字身份指南（SP-800-63-3）中①，NIST 将数字身份描述为"参与在线交易的主体的唯一标识"。在系统实现中，数字身份由数字主体标识以及它的一个或多个属性组成，可在不同上下文中唯一标识用户，并通过向他人证明其身份以实现对特定系统或数据的有效访问。通常，每个数字身份都是为实现特定目的，在特定范围内使用的身份。

按照不同的身份创建和使用方式，数字身份先后经历了传统中心化身份

---

* 张一锋、平庆瑞，中钞金融科技研究所。

① Digital Identity Guidelines, NIST Special Publication 800-63-3.

管理、联盟身份管理、以用户为中心的身份管理三个阶段。

对于传统中心化身份管理，如图 1 所示，服务方可以存储与之交互的用户身份验证要素，这使用户能够直接对需要与之交互的服务方进行身份验证，但是当用户处于不同的服务中时，需要维护不同的数字身份（验证要素）以分别对每个服务方进行身份验证，这些身份和验证各自独立，在默认情况下不可互通。

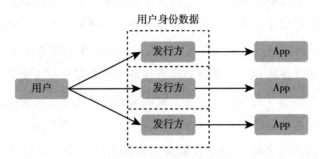

图 1　传统中心化身份管理模式

资料来源：A Taxonomic Approach to Understanding Emerging Blockchain Identity Management Systems，https：//doi. org/10. 6028/NIST. CSWP. 01142020。

联盟身份管理使身份服务提供者能够代表各种依赖方维护用户身份。通过支持单点登录功能，联盟身份管理允许用户使用一个数字身份来访问大量服务（如图 2 所示）。但是，身份服务提供者作为用户和依赖方之间的中心节点，会产生互操作性、安全性和隐私方面的问题。

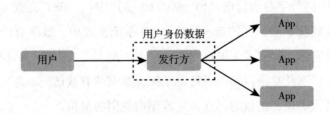

图 2　联盟身份管理模式

资料来源：A Taxonomic Approach to Understanding Emerging Blockchain Identity Management Systems，https：//doi. org/10. 6028/NIST. CSWP. 01142020。

对于以用户为中心的身份管理，如图 3 所示，用户以自主管理或访问授权控制的方式委托第三方对其身份数据进行存储管理。从依赖方的角度来看，其仅需验证发起交易所需的某些用户信息是否有效，而不必自己存储用户个人资料和身份数据。减少用户身份数据保管意味着降低成本和减少隐私安全负担，这使依赖方可以将注意力放在对聚焦自身核心业务流程的开发上。

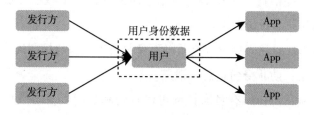

图 3　以用户为中心的身份管理模式

资料来源：A Taxonomic Approach to Understanding Emerging Blockchain Identity Management Systems，https：//doi. org/10. 6028/NIST. CSWP. 01142020。

迄今为止，所有身份系统只能解决特定目的和特定范围的身份应用问题，虽然各个身份系统在特定范围内能有效运作，但如果想突破服务边界，实现跨域身份复用，则会遇到困境。

二　互联网3.0与自主权身份

互联网的出现提升了跨地域实时交互的能力，并将继续满足人们基于情境的复杂、多样和灵活的交互需求。传统互联网缺乏统一的身份协议层，服务提供商各自建立身份管理系统来识别用户，但个体无法享有同等能力。尽管联盟身份提供了一定程度的身份可移植性，但它导致超级网络平台的出现，加剧了数据的中心化垄断，并带来了数据安全和隐私保护风险。

近年来，区块链技术的兴起推动了去中心化数字经济的发展，强调网络安全和用户隐私保护。然而，区块链网络和传统 Web 2.0 应用之间的孤岛效应阻碍了它们的互操作性，使大量在 Web 2.0 上积累的数据无法被区块

链网络上的应用所使用。用户面临在传统 Web 2.0 和区块链网络之间的选择困境。

互联网 3.0 旨在构建一个灵活、安全、开放的互联网，通过去中心化的对等通信方式支持分布式机器和用户与数据、价值及其他交易方的互动，这将促进传统 Web 2.0 与区块链网络之间的数据和服务共享。为了实现以用户为中心的"零信任"去中心化网络，需要提供网络数字身份，使用户能够实时控制和共享身份数据。

互联网 3.0 的数字身份应遵循以下身份自主管理与控制的原则。

（1）安全：防止身份信息被泄露。

（2）控制：身份所有者掌控谁可以查看和访问其身份数据及其用途的权限。

（3）可移植性：用户能够在任何需要的地方使用其身份数据，而非与单一提供商绑定。

符合这些原则的数字身份被称为自主权身份。自主权身份通过分布式数字身份技术实现，体现为身份所有者通过控制自身的数据容器，接收、保存来自发行方的身份凭证，并在需要时通过授权方式共享数据容器中的特定数据。

分布式数字身份钱包确保身份控制权在用户手中。这种以用户为中心的方法优先考虑隐私、认证和身份验证，确保个人对其数字身份和信息拥有完全的控制权。

三　分布式数字身份技术

（一）分布式数字身份设计理念

网络身份的本质是关系，其核心是高度情境化的角色，以及它与上下文相关的身份数据。因为不会有一个单一的数字身份适用于所有关系，彻底解决数字身份问题需要构建一种通用的身份系统框架。

分布式数字身份系统由身份标识符系统和身份凭证系统两部分组成①。分布式数字身份架构如图4所示。其中，身份标识符系统提供了三个主要功能，使其可以作为任何特定上下文身份系统的机器信任基础。

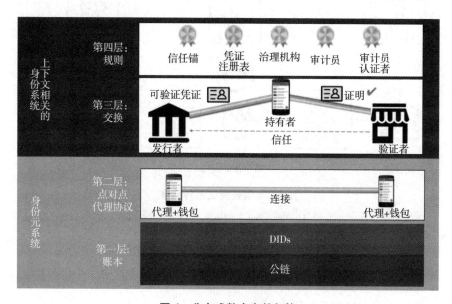

图4　分布式数字身份架构

资料来源：The Sovrin SSI Stack，https：//www. windley. com/archives/2020/03/the _ sovrin_ ssi_ stack. shtml。

（1）关系——允许人、组织和事物彼此建立关系。

（2）消息传递——支持关系各方之间进行消息传递。

（3）基于凭证进行可信赖的属性交换——关系的各方能够可靠地交换有关其属性的信息。

身份标识符系统为凭证的保真提供了重要保证，构建在统一标识符系统之上的每个凭证交换系统都代表为特定上下文创建的具体身份系统，人们可以为不同的目的定义不同的凭证，且在不同的场景下进行身份的可移植性应用。可验证凭证流转示意如图5所示。

① Frontiers │ Sovrin：An Identity Metasystem for Self-Sovereign Identity（frontiersin. org）.

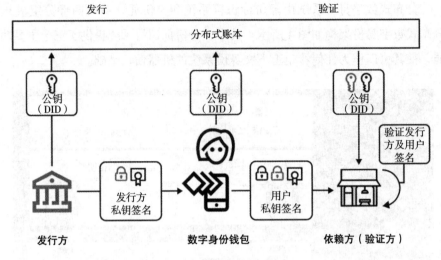

图5 可验证凭证流转示意

资料来源：Decentralised Identity, https：//www.gsma.com/solutions-and-impact/technologies/mobile-identity/decentralised-identity。

（1）凭证发行方及身份主体将其分布式数字身份及验证公钥注册在去中心化账本上，提供公开发现与检索服务。

（2）在凭证流转的过程中，凭证发行方通过私钥签名向身份所有者颁发身份证明文件——可验证凭证。

（3）身份所有者接收并保存可验证凭证，且将其置于数字身份钱包中。

（4）当身份所有者访问服务提供商，被要求提供身份证明时，身份所有者可通过数字身份钱包中的私钥对可验证凭证签名，构造并出示用于身份验证的可验证表述。

（5）验证方接收可验证表述文件，依赖从分布式账本中获得的发行方公钥和用户公钥信息对用户身份进行符合性验证。

在分布式数字身份系统中，身份主体、发行方和验证方基于不可篡改的去中心化账本构建"信任三角"。发行方和验证方（依赖方）之间的信任是间接的，发行方和依赖方没有直接通信，验证方的验证操作不需要连接发行方系统来进行。可验证身份凭证在分布式数字身份系统中的使用特征，反映了凭证在离线世界中的工作方式。

（1）凭证由不同的机构颁发，其应用与情境相关。

（2）凭证颁发者决定其凭证中包含哪些数据。

（3）验证方针对接受哪些凭证做出自己的信任决定。

（4）验证方不需要联系发行方来进行验证。

（5）凭证持有者可以自由选择携带哪些凭证和披露哪些信息。

这在基于单一用途或身份服务提供商的身份系统下是无法实现的。

（二）分布式数字身份核心技术与标准

数字身份通常用身份标识符及与之关联的属性声明来表示，分布式数字身份主要包括分布式数字身份标识符和可验证凭证（声明集合）两部分。

1. 分布式数字身份

分布式数字身份（Decentralized ID，DID）由 W3C 认证工作组标准化，它是一组不依赖中央注册机构生成的数字身份字符串（见图6），具有以下关键属性。

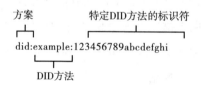

图6　分布式数字身份

资料来源：Decentralized Identifiers（DIDs）v1. 0（w3. org）。

（1）不可再分配：DID 应当是永久、持久且不可重新分配的。

（2）可解析：DID 可被机器读解，并可以通过解析获取相关数据。

（3）可加密验证：DID 与加密密钥相关联，DID 的实体可以使用这些密钥证明其身份所有权或控制权。

DID 遵循统一资源标识符（URI）的语法，具有全球唯一性和持久性，并由 DID 主体完全控制。每个 DID 都与一个专用的 DID 文档相关联。

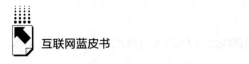

DID 文档包括 DID 主体的 DID 和可选的身份控制者 DID，及与 DID 主体交互所需的验证材料和方法。此外，文档中可包含服务属性，以提供与 DID 主体相关的一项或多项服务的访问入口点信息。

对于希望公开检索的组织，应创建并公开其 DID 以便检索。而从隐私保护的角度出发，对于不需要公开的私有会话身份，可以使用配对 DID（pairwise DID）。使用"did：peer"方法生成的 DID 具有以下优点。

（1）无交易成本：CRUD 操作在身份行为者的代理软件中执行，无须额外的交易费用。

（2）可扩展性：可以根据用户需求扩展，peer DID 之间没有关联信息，可以有效避免身份聚合。

（3）隐私保护：不存储在可验证数据注册表（VDR）中，以避免隐私泄露风险。

公共 DID 类似于 PKI 证书颁发机构（CA）颁发的 X.509 证书，pairwise DID 则类似于终端用户设备上常见的自签名 X.509 证书。

2. 可验证凭证

可验证凭证（Verified Credential）是由发行方背书并由身份所有者持有的声明的集合，通常用于描述个人身份的各种属性。凭证由其颁发者定义，并基于发行方的私钥签名发行。标准的、开放的"可验证凭证"可用于发布、保存和验证受保护的数据。

可验证凭证的持有者可以将来自不同发行方的可验证凭证组装到单个结构中，并使用自有私钥签名，构成可验证表述（Verifiable Presentations），然后向验证方提供这些可验证表述，以证明其拥有某些特征或属性。"可验证凭证"与"可验证表述"见图 7。

另外，零知识证明（Zero-Knowledge Proof，ZKP）是一种加密技术，允许用户在不放弃其安全性和隐私性的情况下共享信息。凭证持有者使用基于 ZKP 的可验证表述，可以实现在不直接提供任何原始可验证凭证信息的情况下，以最小披露方式向验证方证明持有者声明具有权威真实性。

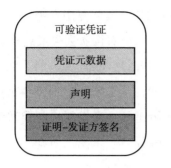

图7 "可验证凭证"与"可验证表述"

资料来源：Verifiable Credentials Data Model v1.1（w3.org）。

（三）分布式数字身份的互操作性

互操作性是去中心化身份的重要特征，通过使用开放标准和协议，去中心化身份解决方案可以无缝集成现有系统，提供统一、高效的身份管理体验。这种互操作性允许个人在多个平台和服务上使用去中心化身份，而无须为每个平台创建和维护单独的账户或个人资料。

在去中心化身份通信中，没有中心化机构协调双方进行消息交互，交互依赖双方对规则和目标的共同理解与共识，这与传统 Web API 的中心化规则管理显著不同。DIDComm 协议是自主身份互动的通用协议，支持点对点安全通信，使用户和服务提供商等实体基于 DID 和可验证凭证安全地传递消息和交换数据。

DID 持有者通过代理软件进行交互，基于预定义的 DIDComm 消息协议来启动连接、维护关系、颁发凭据、提供证明等。DIDComm 的设计目标包括确保安全性、隐私保护、互操作性、与传输协议无关以及可扩展性。

概括而言，DIDComm 通过身份钱包提供的公钥密码技术实现去中心化公钥基础设施（DPKI）的安全通信，而非依赖第三方证书或中心化注册，其安全性独立于底层数据传输方式，并采用非会话式通信模型。在需要身份验证时，双方通过 DID 密钥进行加密、解密，确保消息的对等安全性。

从使用 DIDComm 建立通信渠道到交换身份，每项交易都依赖拥有并

控制 DID 及其密钥。由于没有中心化机构托管或恢复用户密钥，因此必须为用户提供密钥备份和恢复的功能组件，以应对设备丢失或迁移的情况。

在分布式环境中，主要有两种密钥控制恢复方法。第一种方法是通过记忆代码（种子短语）生成确定性密钥，允许从主密钥衍生多个密钥。第二种方法是基于去中心化密钥管理系统（DKMS），提供使用和轮换密钥、恢复方法、多设备管理和密钥生成的最佳实践。

四 分布式数字身份基础设施

（一）分布式数字身份基础设施架构

分布式数字身份是一种抽象、通用的身份系统架构，支持身份主体基于密码学实现对其各个情境身份的统一管理和使用，包括将身份主体的不同属性进行移植应用以获取新的服务授权（验证），从而大大提升了数字身份的使用价值。

为了实现分布式数字身份流转，需要根据开放标准设计并使用分布式数字身份基础设施，以支持以下核心能力。

（1）点对点安全连接

实现双方之间建立独特、私密和安全的连接，无须中间"连接代理"的帮助。

（2）可验证凭证交换协议

标准协议及流程用于支持颁发、持有和验证加密的可信数字凭证。

（3）可验证数据注册表

支持验证方随时检索和发现存储凭证发行方的验证公钥，以验证符合可验证凭证标准的任何数据的来源完整性和有效性。

分布式数字身份基础设施通常包括可验证数据注册表、身份代理、身份钱包。从部署系统的角度看，它们通常是分布式账本、云服务系统，以及边缘设备上的计算程序。分布式数字身份基础设施分层示意见图8。

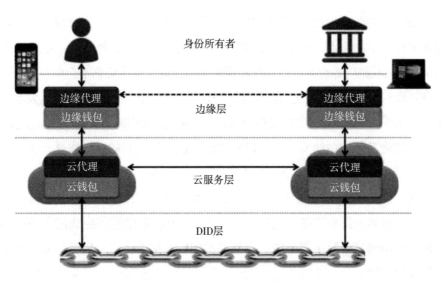

图 8　分布式数字身份基础设施分层示意

资料来源：DKMS（Decentralized Key Management System）Design and Architecture V4.0。

（二）分布式数字身份基础设施组件

1. 可验证数据注册表

为了注册和解析 DID 和公钥，密钥和其他密码数据通常保存在 DID 文档和凭证定义中，为使数字钱包和数字代理能够安全地通信和交换可验证的凭证，需要构建用于存储并提供检索支持的身份所有者公钥信息注册表。

基于可验证数据注册表，实体可以自主进行 ID 的注册和公钥发布，而无须依赖中心化的标识符注册和密钥管理机构，所有参与者的初始"信任根"即可验证数据注册表。支持数据不可篡改性和开放可用性的区块链常被用于构建这样的数据注册表，但并非必须使用区块链。

2. 身份钱包

与物理钱包用于存储与身份相关的证件类似，身份钱包存储与身份相关的密钥和数字化凭证。它与数字代理一起工作以进行通信连接并进行凭证交换。

身份钱包的关键功能是管理和保护身份所有者的关系链，关系链所涉及的要素包括 DID 关系对、DID 关系密钥、DID 通信入口点。这种设计的关键在于：每个身份及其相应的通信入口点和密钥都是不同的，这些信息不会向身份所有者扮演的不同角色提供任何关联线索，身份关联只能由身份所有者本人发起和实现。此外，身份钱包还支持身份所有者对本地数字凭证的接收、存储与分享。

为实现身份钱包的安全性，以及身份钱包主体之间的互操作性，在分布式数字身份基础设施中，身份钱包应当支持功能（特征）的通用、开源，以实现：接受任何标准化的可验证凭证；可被安装在用户经常使用的任何设备上，并自动保持多设备钱包数据"同步"；可以根据需要将钱包中的内容备份和移动到其他数字钱包中；支持基本相同的使用体验，以保证安全与可靠的钱包应用。

3. 身份代理

由于人们无法直接操作数字对象，因此数字钱包需要通过软件进行管理。在分布式数字身份基础设施中，这一软件模块被称为数字代理。数字代理可被视为数字监护人，负责管理数字钱包，确保只有身份主体（密钥控制者）才能使用数字钱包。

身份代理通过标准开放的 DID 通信协议，在私人信道中进行分布式安全消息传递，支持在线或离线交换 DID 和公钥。根据代理位置，代理分为边缘代理和云代理。边缘代理通常部署在非持久在线的设备上，无法被永久寻址，因此难以与其他身份所有者直接通信。为此，云代理为身份所有者提供一个公开、稳定的入口点，方便其他代理发现并与之"对话"。

云代理的核心功能是为注册的边缘代理提供持久在线的消息服务，类似于通过客户端访问电子邮件或 Web 服务器。除了提供端到端消息服务外，云代理还可以提供其他服务，如解决多个边缘代理之间的消息同步问题，以及提供密钥与钱包备份功能以便身份所有者恢复密钥。

考虑到数字生态的开放性和延展性，分布式数字身份基础设施可通过开发 DID 驱动程序并进行中心化注册，链接至"通用解析器"（Universal Resolver），实现跨域访问和扩展。

五 分布式数字身份在互联网3.0中的作用

互联网 3.0 要求我们以全新的方式与数字资产互动，保护身份并参与数字经济。在这一背景下，用户需要通过增强的数字身份所有权和验证流程，无缝穿越不同的数字领域，从而安全地存储、查看和共享数字资产。

分布式数字身份是一种以用户为中心的、可移植且可验证的数字身份，旨在满足数据安全与隐私保护需求。通过数字钱包，用户可以在不依赖第三方的情况下，控制身份数据的个性化使用，满足互联网 3.0 所需的创新交互范式。

（一）通用自主身份

分布式数字身份允许用户创建并管理自己的数字身份，访问资源，而无须依赖特定服务提供商（如电商平台或社交网络）。这种身份的可移植性使个人能够在多个平台和服务上使用同一身份，无须在每个平台和服务创建独立账户或提供个人资料。通过消除对多个孤立身份的需求，分布式数字身份有助于实现可复用的 KYC（了解你的客户），支持快速、合规和安全的数字金融应用。此外，分布式数字身份还能促进以个体为中心的跨部门协作，实现不同机构之间的服务串联。

（二）增强网络安全

互联网 3.0 是一个开放的、无许可的去中心化网络，虽然带来了诸多好处，但也增加了安全风险。随着 IPv6 的推进，关联分布式数字身份的可验证 IPv6 网络地址，以及区块链去中心化域名服务的应用，将为构建安全可信的互联网 3.0 底层网络提供新的实现思路。网络应用层面，零信任安全模型假设风险无处不在，威胁可能存在于网络内部和外部，因此对每个尝试访问资源的用户和设备进行严格验证。分布式数字身份技术能够很好地支持这种动态且灵活的访问控制，包括通过配对 DID 建立点对点的安全连接，以及通过组合凭证验证，支持不同服务和条件下的访问控制策略。

（三）隐私保护与防欺诈

随着人工智能的发展，个人的隐私保护愈发重要。分布式数字身份通过最小披露原则和基于零知识证明的数字凭证验证，有效保护在线交互中的个人信息。此外，随着人工智能生成的深度伪造技术的进步，网络身份欺诈问题日益严峻。分布式数字身份采用非对称加密会话和凭证密码学验证，有助于对抗深度伪造威胁，确保用户能够区分在线交互者是否为人类，以及交互内容的可信度。

（四）改善数据治理

基于分布式数字身份技术，网络服务提供商无须冒着数据泄露风险存储用户个人数据，可以在提供服务时，依赖用户自主提供的身份数据进行验证和授权。这一架构限制了攻击者获取大量数据信息的可能性，从而有效降低了数据泄露的风险。

分布式数字身份技术还助力改善数据治理，从源头上提高数据的准确性和实时性，降低社会对重复数据的维护成本，为大数据分析提供可靠的数据源和清晰的数据线索。

通过这些功能，分布式数字身份技术不仅提升了用户的数字安全与隐私保护能力，还为互联网3.0的全面发展奠定了坚实的基础。

六 总结与展望

今天，互联网3.0已成为以用户中心的"去中心化"互联网的代名词，以互联网3.0为基础的数字社会将重新定义经济模式，通过支持个人和企业更加自主地管理和交易数字资产，开展多样化、公平和高效的经济活动，推动社会创新和变革。

互联网3.0旨在构建开放、可信的对等消息网络，以支持人和机器在不依赖第三方的情况下，与数据、价值和其他交易对手进行交互。通过将数据中心分散到"边缘",互联网3.0有助于摆脱传统大型公司垄断服务的局面,借助赋能个人用户数据管理,使任何人都能参与互联网价值创造并享有回报。

为了实现用户对身份所有权和数据访问权的控制,基于去中心化的自主权身份代理不可或缺。分布式数字身份以用户为核心,基于分布式账本和密码学计算实现对数字身份主体的识别与验证。通过数字身份钱包,用户可以自主管理身份标识、密钥和可验证凭证,并根据需要有选择性地披露数据和进行身份验证。总的来说,分布式数字身份框架通过解耦身份验证与凭证发行,促进数字身份在多元化场景中应用融合,改变现有互联网服务提供与数据流通的范式,推动数字生态自主自发生长。

在解决方案实施中,互操作性是分布式数字身份实现网络规模化效应的关键,身份不互通可能会导致出现新的网络碎片化格局,限制用户在不同生态/平台间的迁移,从而最终限制数字生态发展。推动和加强分布式数字身份互操作性技术研究,统一关键标准,促进核心组件的开源实现和应用,对分布式数字身份的进一步发展至关重要。

为了加快物理世界与数字世界的融合,推动分布式数字身份的规模化应用,应着手将现有物理世界成熟有效的信任机制移植到数字世界,其核心是围绕分布式数字身份系统的可信凭证发行,建立和完善配套的可信治理框架,包括制定与治理规则相关的法律法规和建立与之相对应的数字系统管理与维护机制。在此基础上,完善公共服务及相关领域的业务规则,以推动生态各方积极接入和有序发展。

参考文献

[1] A. Paul, E. Grassi Michael, Garcia James L. Fenton, "Digital Identity Guidelines," *NIST Special Publication* 800-63-3, June, 2017.

[2] Loïc Lesavre, Priam Varin, Peter Mell, Michael Davidson, James Shook, "A Taxonomic Approach to Understanding Emerging Blockchain Identity Management Systems," https://arxiv.org/ftp/arxiv/papers/1908/1908.00929.pdf, 2020.

［3］ Decentralized Identifiers （DIDs） v1.0-Core architecture, Data Model, and Representations, https：//www.w3.org/TR/did-core/, 2022.

［4］ Verifiable Credentials Data Model v1.1- Expressing Verifiable Information on the Web, https：//www.w3.org/TR/vc-data-model/, 2022.

［5］ Drummond Reed, Jason Law, Daniel Hardman, Mike Lodder, "DKMS（Decentralized Key Management System）Design and Architecture V4," https：//github.com/hyperledger/aries - rfcs/blob/master/concepts/0051 - dkms/dkms - v4.md, 2019.

［6］ H.L. Aries, "Machine-Readable Governance Frameworks," https：//github.com/hyperledger/aries-rfcs/blob/master/concepts/0430-machine-readable-governance-frameworks/README.md, 2020.

［7］ C. Allen, "The Path to Self-Sovereign Identity," https：//www.lifewithalacrity.com/2016/04/the-path-to-self-sovereign-identity.html, April, 2016.

［8］ S. Douglas（Secure Key）, Technologies to Explore Interoperability between Verified, Me and Hyperledger Indy, https：//securekey.com/press - releases/hyperledger - indy, 2018.

［9］ Yuval Ishai, "Zero-Knowledge Proofs from Information-Theoretic Proof Systems," https：//zkproof.org/2020/08/12/information-theoretic-proof-systems/, 2020.

［10］ Anne Josephine Flanagan, Sheila Warren, "Advancing Digital Agency：The Power of Data Intermediaries," 2022 World Economic Forum, 2022.

［11］ Hakan Yildiz, Axel Kupper, Dirk Thatmann, "A Tutorial on the Interoperability of Self-sovereign Identities," August, 2022.

［12］ "Importance of Digital Trust：Building Online Trust for a Better Future," https：//futurside.com/digital-trust-is-extremely-essential-in-todays-highly-connected-world, 2022.

［13］ Phillip J. Windley, "The Sovrin SSI Stack," https：//www.windley.com/archives/2020/03/the_sovrin_ssi_stack.shtml, March, 2020.

［14］ Phillip J. Windley, "Sovrin：An Identity Metasystem for Self-Sovereign Identity," *Frontiers in Blockchain*, 2021, 4.

［15］ Hakan Yildiz, Axel Küpper, Dirk Thatmann, "Toward Interoperable Self-Sovereign Identities," https：//ieeexplore.ieee.org/ielx7/6287639/10005208/10246272.pdf, October, 2023.

［16］ Mawaki Chango, "Building a Credential Exchange Infrastructure for Digital Identity：A Sociohistorical Perspective and Policy Guidelines," *Frontiers in Blockchain*, 2021, 4.

［17］ Kaliya Young, Drummond Reed, "Decentralized Identity：What's Missing and

What's Next," *Journal of Digital Identity*, January, 2020.

[18] X. Liu, Q. Hu, T. Zhang, G. Han, "A Survey on Blockchain-Based Self-Sovereign Identity," March , 2020.

[19] Christopher Allen, "The Path to Self-Sovereign Identity," April, 2016.

[20] Sovrin Foundation, "Self-Sovereign Identity: The Future of Identity," Sovrin Foundation White Paper, 2018.

[21] Philippe Hantraye, "Digital Identity: The Missing Piece of Web 3.0," *Ledger Insights*, September, 2021.

[22] Evernym, Inc., "Decentralized Identity and Blockchain," Evernym White Paper, March, 2020.

[23] Rebooting Web of Trust, "Sovereign Identity and the Decentralized Web," Rebooting Web of Trust White Paper, November , 2019.

[24] K. Buchner, D. Kerr, "Privacy and Decentralized Identifiers in Web 3.0," *Privacy International*, July, 2021.

B.7
兼具开放和易监管特性的
新型区块链技术架构

戚湧 朱斌*

摘 要： 互联网3.0时代的到来，预示着信息技术的又一次飞跃。在此背景下，一种集开放特性与易监管特性于一体的新型区块链技术架构应运而生，为数字经济与数字治理注入了新的活力。本报告深入剖析了这一技术架构的设计理念、核心技术实现以及其在多个领域的应用前景，并展望了其对未来互联网生态的深远影响。新型区块链技术架构通过分布式账本技术，实现了数据的公开透明与不可篡改，确保了系统的开放性与安全性。同时，针对高并发、低能耗等挑战，该架构不断优化共识机制，提升数据处理能力，构建了高效、稳定的区块链生态系统。更重要的是，该架构在保障技术开放性的基础上，通过创新的监管机制设计，实现了对区块链网络中交易活动的实时监控与合规审查，有效平衡了技术创新与监管需求。在金融、供应链管理、版权保护等多个领域，新型区块链技术架构正逐步展现出巨大的应用潜力。它不仅能够降低交易成本、提高交易效率，还能提高供应链的透明度与可信度，保护创作者的版权利益。此外，该架构还有助于构建跨国界的"数权世界"，促进全球文化、经济的交流与合作。

关键词： 开放和易监管 监管模型 区块链技术架构

---

* 戚湧、朱斌，南京理工大学。

在当今数字化转型的浪潮中，区块链技术以去中心化、透明性和不可篡改等特性，正逐步成为推动各行业变革的关键力量。然而，传统区块链技术在促进数据共享与创新的同时，也面临监管难度大、合规性挑战多等问题。为解决这一困境，兼具开放和易监管特性的新型区块链技术架构应运而生，为区块链技术的广泛应用与健康发展提供了新思路。

本报告旨在深入探讨这种新型区块链技术架构的核心理念、关键技术、应用场景及其对社会经济的影响。该架构通过精心设计，既保留了区块链技术的开放性与创新性，又融入了强大的监管能力，实现了技术发展与监管需求的和谐统一。在开放性方面，该架构鼓励全球范围内的开发者、企业和用户共同参与区块链网络的建设与运营，促进了技术的快速迭代与生态的多元化发展。这种开放模式不仅加快了区块链技术的创新步伐，还推动了跨链互操作性的提升与智能合约等前沿技术的研发与应用，为区块链生态的繁荣注入了强劲动力。

在易监管特性方面，新型区块链技术架构通过引入智能化的监管接口、构建合规性审核机制以及加强数据加密与隐私保护等措施，有效解决了传统区块链技术在监管方面的难题。这些创新设计使监管机构能够实时、准确地获取区块链网络中的交易数据与信息，对潜在的风险与违规行为进行及时预警与干预，从而保障了区块链应用的合法性与安全性。同时，易监管特性还促进了区块链技术与传统监管体系的深度融合，为区块链技术在金融、供应链管理、政务服务等领域的广泛应用提供了合规性保障。

本报告进一步分析这种新型区块链技术架构在多个领域的应用前景与潜在价值。在金融领域，该架构有助于提升金融交易的透明度与安全性，降低金融风险；在供应链管理领域，该架构能够实现供应链信息的全程可追溯与共享，提高供应链的整体效率与协同能力；在政务服务领域，该架构能够推动政府数据的开放与共享，提升政府服务的透明度与公信力。

一 兼具开放和易监管特性的新型区块链技术架构

（一）新型区块链技术架构融合开放性与高效监管

新型区块链技术架构以卓越的开放性和易监管特性，重新定义了区块链技术在数字经济中的应用边界，集成了实时监管系统，确保监管机构能够即时洞察并响应区块链网络中的动态变化，有效维护市场秩序。同时，引入监管智能预警机制，利用大数据分析和 AI 算法预测潜在风险，提前介入，防止违规行为发生。在开放服务方面，提供灵活多样的 API 接口，促进跨行业、跨机构的数据共享与业务协同，加速区块链应用的落地与普及。最重要的是，作为架构的核心支柱，数据安全模型采用先进的加密技术和隐私保护策略，确保链上数据的安全存储与传输，为区块链应用的健康发展奠定坚实的基础。这一综合架构的推出，不仅提升了区块链技术的监管效率与透明度，也为数字经济时代的创新与发展注入了新的活力。

（二）融合开放性与高效监管，重塑数字经济信任基石

兼具开放和易监管特性的新型区块链技术架构[①]旨在实现区块链技术的开放性和监管性的双重优化。其通过引入先进的区块链技术和监管科技，在确保区块链系统高度透明、去中心化的同时，满足了监管机构对交易数据实时监控、风险预警、快速响应、安全审计以及业务合规性的严格要求[②]。

在系统设计方面，采用分层架构模型，其包括数据层、网络层、共识层、智能合约层、应用层和监管层等多个层次。每个层次都有特定的功能和作用，共同协作以支持整个系统稳定运行。

---

① 贺颖、王治钧：《开放式同行评议区块链系统框架研究》，《中国科技期刊研究》2023 年第3 期，第 259~266 页。
② 胡翠华等：《基于区块链的审计监管云平台构建》，《科技管理研究》2022 年第 14 期，第149~156 页。

在数据层，采用高效的数据存储和加密技术，确保区块链上数据的安全性和隐私性。同时，通过引入分布式账本技术，实现了数据的去中心化存储和共享，提高了系统的透明度和可信度。

在网络层，采用可扩展的网络协议和节点管理机制，支持多节点之间的通信和协作。通过优化网络传输和节点间通信效率，提高了系统的整体性能和稳定性。

在共识层，采用先进的共识算法，如工作量证明（PoW）、权益证明（PoS）等，以确保区块链上数据的一致性和安全性。同时，通过引入动态调整机制，可以根据网络状况和业务需求自动调整共识参数，提高系统的灵活性和可扩展性。

在智能合约层，提供丰富的智能合约开发和执行环境，支持多种编程语言和开发工具。通过引入智能合约审计和漏洞扫描机制，提高了智能合约的安全性和可靠性。同时，通过智能合约的自动化执行和验证，降低了业务风险，提高了交易效率。

在应用层，提供多种区块链应用场景的解决方案，如物流运输、供应链管理、版权保护等。通过开放 API 和 SDK 接口，支持第三方开发者基于本架构进行应用开发和创新。

在监管层，通过集成实时监控、智能预警、审计追踪等监管工具，实现对区块链网络的全面监管。同时，通过提供友好的用户界面和 API 接口，支持监管机构进行灵活的数据查询、分析和管理。此外，支持与现有监管系统的对接和集成，实现与现有监管体系的无缝衔接。

兼具开放和易监管特性的新型区块链技术架构见图 1。

（三）开放与监管并行的挑战与机遇

兼具开放和易监管特性的新型区块链技术架构，在当今数字化浪潮中展现出独特的优势，但也面临挑战，同时，给各行业带来了前所未有的变革机遇。其优势首先体现在开放特性上，这一特性打破了传统技术体系的壁垒，使区块链技术能够广泛吸引全球范围内的开发者、企业和用户，共同推动

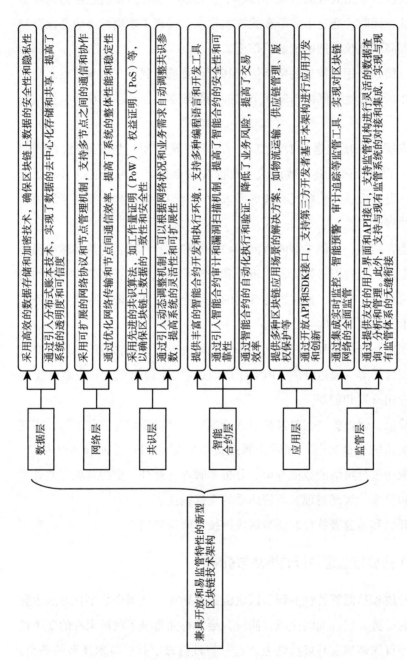

图1 兼具开放和易监管特性的新型区块链技术架构

资料来源：笔者自制。

技术创新与应用拓展。这种开放合作的模式极大地加快了区块链生态的成熟与发展，促进了跨行业、跨领域的深度融合，为构建更加高效、透明、可信的数字经济体系奠定了基础。同时，作为该新型区块链技术架构的另一大亮点，易监管特性有效解决了区块链技术在应用过程中面临的合规难题。通过设计科学合理的监管接口和机制，监管机构能够实时、准确地获取区块链上的交易数据和信息，实现对区块链活动的全面监控与有效管理。这不仅有助于防范金融风险、打击非法活动，还提高了区块链技术的社会接受度和公信力，为其在更多领域的应用扫清了障碍。然而，这种兼具开放和易监管特性的新型区块链技术架构也面临不容忽视的挑战。一方面，如何在保持区块链技术开放特性的同时，确保数据的隐私性和安全性成为亟待解决的问题。区块链的开放特性虽然促进了信息的共享与交流，但也增加了数据泄露和被篡改的风险。因此，如何在保障数据隐私的前提下实现开放共享，是区块链技术发展过程中必须克服的难题。另一方面，易监管特性可能带来的中心化风险值得关注。虽然易监管特性是确保区块链技术合规性的重要手段，但过度强调监管可能导致区块链技术的去中心化特性受损，进而削弱其固有的优势。因此，在推动区块链技术易监管化的同时，必须保持对去中心化原则的坚守与尊重，以确保区块链技术健康可持续发展。

二　实时监管与监管智能预警

（一）实时监管与智能预警，区块链赋能金融安全

实时监管与监管智能预警模块[1]，作为金融监管领域的革新力量，深度融合了区块链技术的透明性和智能合约的自动化处理能力。该系统能够不间断地、实时地捕捉金融市场中的每一笔交易，利用高级数据分析算法和机器学习模型，迅速识别出潜在的违规行为、市场异动或系统性风险。一旦监测到异常情况，系统即刻启动智能预警机制，自动向监管机构发送详细报告，

---

[1]　张凌云：《基于区块链的可监管数据共享方案设计》，贵州大学硕士学位论文，2023。

包括异常描述、风险评估及建议的应对措施。这种即时响应、精准预警的能力，不仅极大地提高了金融监管的效率和精确度，还赋予了监管机构更强的前瞻性和主动性，使其能够在风险发生前采取有效行动，保护投资者利益，维护金融市场的稳定，促进其健康发展。实时监管与监管智能预警系统的应用，标志着金融监管进入了一个更加智能化、高效化的新时代。

（二）实时监管与监管智能预警设计

在区块链网络层面引入实时监控模块，通过捕获网络中的每一笔交易数据，实现了对区块链交易活动的无死角监控。这一模块能够实时分析交易数据，识别出异常交易或潜在风险，为监管机构提供及时、准确的信息支持。为了进一步提升监管效率，这一模块集成了智能预警系统。该系统利用大数据分析和机器学习算法，对实时监控模块捕获的数据进行深度挖掘和智能分析。通过对历史数据的学习和模式识别，智能预警系统能够自动识别出潜在的风险因素和违规行为，并立即触发预警机制，通知监管机构进行进一步的核查和处理。此外，为了满足监管机构对审计追踪的需求，该系统还提供了完整的审计追踪工具。这些工具涉及账户查询、交易历史查询、智能合约审计等功能，能够帮助监管机构全面了解区块链网络中的活动情况，并对违规行为进行追溯和调查。通过这些工具，监管机构可以轻松地获取所需的数据和信息，确保区块链系统的合规性和安全性。在安全防护方面，其构建了一套完善的安全防护体系。这包括网络防护、数据加密、身份认证等措施，旨在防止外部攻击和内部滥用。通过采用先进的加密技术和安全协议，确保了区块链网络中数据的安全性和隐私性，为监管机构提供了一个安全可靠的监管环境。除了以上核心机制外，其还提供了友好的用户界面和 API 接口，以便于监管机构进行数据查询、分析和管理。通过这些接口，监管机构可以灵活地获取区块链网络中的实时数据和信息，进行深度的数据分析和挖掘。同时，其还支持多种编程语言和开发工具，为监管机构提供丰富的定制化选项，以满足不同监管需求和场景。在高效监管的实现方式上，其还注重对自动化和智能化技术的应用。通过集成自动化工具和算法，能够实现对违规行为的自动识别和处理，减少人工干预，降低误判率。同时，其还支持智能合约的编写和执行，为监管机构提供了更加灵活和高效的监管手段。整体模型如图2所示。

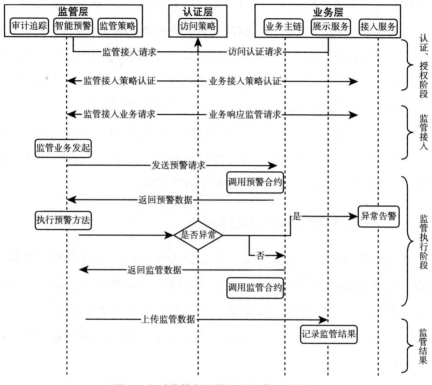

图 2　实时监管与监管智能预警设计模型

资料来源：笔者自制。

三　开放服务与数据安全模型

（一）开放服务与安全并重的保障

兼具开放和易监管特性的新型区块链技术架构，通过创新的开放服务[①]

---

① 周颖玉等：《基于区块链的开放政府数据"链上链下—双存储"共享模型研究》，《情报杂志》2023 年第 9 期，第 188~195 页。

与数据安全①模型，实现了对技术应用的广泛拓展与数据保护的双重保障，不仅提供了一套全面、标准化的 API 接口及开发者工具，还促进了外部应用与区块链网络的无缝对接，提升了系统的灵活性和可扩展性，使各类业务场景都能轻松融入区块链生态。同时，它严格遵循数据安全原则，集成了身份验证、权限管理、高级加密技术及实时审计监控等多重安全机制，确保区块链网络中的数据在开放共享的同时，始终处于严密的保护之下，有效防止数据泄露与非法篡改的风险。此外，其还充分考虑隐私保护与监管合规的需求，通过引入匿名交易、零知识证明等隐私保护技术，以及设计专门的监管接口与数据报告机制，既保护了用户的隐私权益，又满足了监管机构的合规要求，为区块链技术的可持续发展提供了有力支撑。

（二）开放服务与数据安全模型设计

通过整合先进的区块链技术、开放的 API 接口、智能合约以及强大的数据安全保障措施，搭建一个既能够支持广泛业务场景、提供灵活开放的服务接口，又能够确保数据安全、满足严格监管要求的区块链技术架构。这是一种创新的开放监管双优区块链技术系统的开放服务与数据安全模型。

在开放服务方面，该模型提供了一套完整的 API 接口和开发者工具，使外部应用程序和开发者能够轻松接入区块链网络，实现数据的查询、交易以及智能合约的部署和调用。这种开放的接口设计极大地提高了区块链技术的可用性和可扩展性，使更多的业务场景能够基于区块链技术实现。

在数据安全方面，该模型采取多重保障措施。首先，通过身份验证和权限管理，模型对访问区块链网络的节点和用户进行严格的控制，确保只有经过授权的实体才能访问网络和数据。其次，采用先进的加密算法对敏感数据

---

① 吴花平、刘自豪：《基于区块链加密技术的云会计数据安全探究》，《重庆理工大学学报》2024 年第 4 期，第 96~105 页。

进行加密存储和传输，确保数据的机密性和完整性。此外，模型还建立了完善的审计和监控机制，对区块链网络中的交易和数据进行实时监控和记录，及时发现并处理潜在的安全风险。

在隐私保护方面，该模型支持匿名交易和隐私保护技术，如零知识证明和同态加密等，保护用户的隐私和个人信息安全。这些技术的应用使区块链技术能够在保护用户隐私的同时，实现数据的共享和交换，为更多的应用场景提供支持。

在监管合规方面，该模型构建了专门的监管接口和数据报告机制，使监管机构能够实时监控区块链网络的运行状态和数据情况。同时，该模型支持第三方审计机构对区块链网络进行合规审计，确保网络符合相关法律法规的要求。这种设计使区块链技术能够在保障数据安全和隐私的同时，满足监管机构的合规要求，为区块链技术的广泛应用提供有力保障。开放服务与数据安全模型设计情况如图3所示。

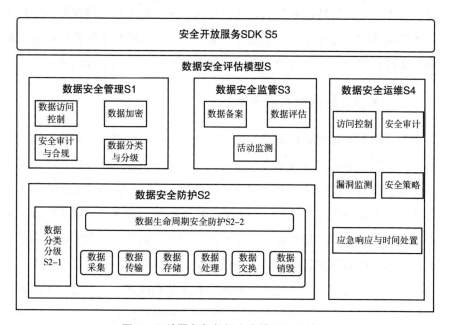

图3　开放服务与数据安全模型设计情况

资料来源：笔者自制。

四 总结与展望

（一）技术创新引领行业突破

兼具开放和易监管特性的新型区块链技术架构，通过独特的技术创新，正以前所未有的方式引领区块链行业实现重大突破。这一架构不仅打破了传统区块链技术在开放特性与易监管特性之间的壁垒，还通过标准化 API 接口、开发者工具、高级加密技术及隐私保护机制的融合应用，极大地提升了区块链技术的易用性、安全性和合规性。同时，它巧妙地将监管接口与数据报告机制融入设计之中，使区块链网络在保障数据隐私与安全的同时，能够轻松满足监管机构的合规要求。这种创新性的技术设计，不仅拓展了区块链技术的应用场景，推动金融、供应链管理、医疗健康等多个行业进行数字化转型，还促进了区块链产业与其他新兴技术的深度融合与协同发展。随着技术的不断成熟和应用场景的持续拓展，这一新型区块链技术架构将成为推动数字经济时代发展的重要力量，引领区块链行业迈向更加辉煌的未来。

（二）监管友好促进合规应用

兼具开放与易监管特性的新型区块链技术架构，以创新的监管友好设计为核心，深刻改变区块链技术在各行业的合规应用格局。这一架构不仅通过高度开放的接口和标准化工具，促进区块链技术的广泛应用和生态繁荣，更在保障数据安全与隐私的同时，巧妙融入监管机制，为区块链技术的合规应用铺设坚实的道路。具体而言，该架构通过内置的监管接口和实时数据报告机制，使监管机构能够轻松接入区块链网络，获取必要的交易信息、账户活动及系统状态等关键数据。这种透明化的数据共享模式，不仅提高了监管的效率和准确性，还有效降低了区块链应用的合规风险。同时，该架构支持灵活的权限管理和访问控制策略，确保只有经过授权的监管机构才能访问敏感数据，进一步保障数据的隐私性和安全性。在高度监管的行业，如金融、医疗、供应链管理等，这种监管友好的区块链技术架构显得尤为重要。它不仅能够帮助企业更好地遵守行业法规和政策要求，减少因违规操作而带来的法律风险和经济损失，还能够提升行业的整体信任度和透明度，促进区块链技术在这些行业的深入应用和发展。

（三）应对策略助力未来发展

兼具开放与易监管特性的新型区块链技术架构，通过制定前瞻性的应对策略，为区块链技术的未来发展铺设坚实的道路。这一架构不仅积极应对技术挑战，如性能瓶颈、隐私保护、互操作性等，还主动适应监管环境的变化，确保区块链技术在合法合规的轨道上稳健前行。在应对策略上，该架构注重技术创新与迭代，持续投入研发资源，优化共识机制、加密算法、智能合约等核心技术，提升区块链系统的性能、安全性和可扩展性。同时，积极引入隐私保护技术，如零知识证明、同态加密等，确保在数据开放共享的同时，个人隐私和商业秘密得到有效保护。针对监管环境的不确定性，该架构采取灵活多变的应对策略。一方面，加强与监管机构的沟通与合作，及时了解监管政策动态，确保区块链应用符合法律法规要求；另一方面，主动设计并提升监管友好型功能，如数据报告功能等，为监管机构提供必要的支持和协助，共同促进区块链市场健康稳定发展。此外，该架构注重生态建设与人才培养。通过构建开放、包容的区块链生态系统，吸引更多的开发者、企业和机构参与进来，共同推动区块链技术的创新与应用。同时，加强区块链人才培养和引进工作，提升整个行业的专业水平和创新能力。

参考文献

［1］贺颖、王治钧：《开放式同行评议区块链系统框架研究》，《中国科技期刊研究》2023 年第 3 期。

［2］胡翠华等：《基于区块链的审计监管云平台构建》，《科技管理研究》2022 年第 14 期。

［3］张凌云：《基于区块链的可监管数据共享方案设计》，贵州大学硕士学位论文，2023。

［4］周颖玉等：《基于区块链的开放政府数据"链上链下—双存储"共享模型研究》，《情报杂志》2023 年第 9 期。

［5］吴花平、刘自豪：《基于区块链加密技术的云会计数据安全探究》，《重庆理工大学学报》2024 年第 4 期。

B.8
区块链与人工智能融合应用研究

应臣浩　郭尚坤　骆源　李颉　斯雪明*

摘　要： 在数字化转型的浪潮中，区块链和人工智能作为两项关键技术，正逐步融合以实现更高效和安全的数据管理。区块链以去中心化和不可篡改的特性，提供了可靠的数据安全保障；人工智能则通过强大的分析能力，推动智能化决策。本报告介绍了两项技术创新融合的研究概况，从区块链和人工智能的融合应用、区块链赋能人工智能、人工智能赋能区块链三个方面阐述了对两者融合研究的现状，深入探讨了两者在金融、工业互联网、车联网、智慧城市等领域的融合应用情况，分析了区块链和人工智能融合在提高数据可信度、增强隐私保护和提高优化流程效率方面的优势。本报告旨在为相关领域的从业者和研究者提供深入的洞察和启发，促进区块链和人工智能融合应用进一步发展和创新。

关键词： 区块链　人工智能　智能合约　车联网　智慧城市

在数字经济时代，区块链和人工智能技术被广泛应用于金融、工业互联网、智慧城市等领域，已成为前沿代表性技术。区块链被广泛认为是一种生产关系，其去中心化、不可篡改和透明性的特点可以为系统日志、数字化信息、实体信息等一切可记录的数据提供安全存储和可信共享的保障；人工智能则被认为是一种生产力，围绕算力、算法和数据三大要素特征，为智能化决策和自动化流程的实现提供强大支撑，二者对数据的处理与分析具有不同的价值。

---

* 应臣浩，上海交通大学；郭尚坤，无锡市区块链高等研究中心；骆源、李颉、斯雪明，上海交通大学。

区块链与人工智能的创新融合将翻开数字化、自动化和信任化时代的新篇章，它们之间的协同作用促使各行业进行新的应用场景和商业模式变革。将人工智能集成到区块链应用程序中，可提供数据分析和智能化的决策支持，提高区块链的共识、可扩展和互操作效率，赋能区块链产业，实现网络智能化，促进跨行业创新和协作。同时，区块链为人工智能提供了可靠的数据来源和交易机制，可提升大数据模型的透明性，优化算力资源的调度，有助于构建一个安全可信的数据网络，两者融合将推动数字化转型，赋能未来社会和经济发展。

一　政策现状

区块链技术和人工智能的融合与发展，为数字化和智能化时代提供了创新驱动力。2022 年，科技部等六部门发布《关于加快场景创新以人工智能高水平应用促进经济高质量发展的指导意见》，旨在推动人工智能"数据底座"在城市和行业间的建设和开放，提出采用区块链、隐私计算等新技术，保障数据的安全与可信，塑造人工智能典型应用场景。2023 年，国家数据局等 17 部门发布《"数据要素×"三年行动计划（2024—2026 年）》，明确提出加快新型工业化、数字经济建设，促进人工智能产业应用的发展落地。2024 年，《国家发改委　国家数据局　财政部　自然资源部关于深化智慧城市发展 推进城市全域数字化转型的指导意见》印发，强调区块链融合人工智能技术发展的重要性和创新性，致力于构建具备国际竞争力的数字产业集群。2023 年，欧盟基于通用人工智能特点迅速修改《人工智能法案》并达成初步协议，意图在人工智能新技术治理领域重现"布鲁塞尔效应"；2024年 3 月 13 日，欧洲议会正式通过《人工智能法案》。2023 年 10 月 30 日，美国总统拜登签署《安全、稳定、可信的人工智能行政令》，以确保美国在人工智能领域的发展和在管理风险方面处于领先地位。目前，各国政府都在积极推动区块链和人工智能技术的融合与发展，同时在监管方面不断完善相关法规。中国的政策倾向于通过顶层设计推动技术创新和产业发展，美国则在监管方面寻求构建清晰的框架，而欧盟则侧重于对伦理和法律的规制。这些政策的出台，无疑将为区块链和人工智能的融合发展提供更加坚实的政策保障，推动相关技术更好地服务于社会经济发展。

二　研究概况

当前，区块链和人工智能都已成为国内外技术持续创新和产业高速发展的重点方向。本报告通过对"区块链+人工智能"领域的技术探索和产业应用的调研，检索近五年区块链与人工智能创新融合方面已发表的国际与国内学术论文、白皮书等相关资料，总结得到两个方面的最新研究成果，如图1所示，从技术融合以及产业应用融合两个方面分析可以发现，二者的融合发展态势十分显著。

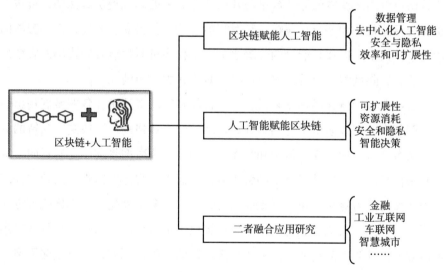

图1　区块链与人工智能融合研究的分类

资料来源：谷歌学术。

从技术融合的角度来看，区块链与人工智能具有很高的协同互补性。人工智能被广泛认为是一种有效的数据管理工具，通过大量数据训练模型，提高了数据分析和模式识别能力，但海量的高质量数据面临被统一、高效共享和管理的问题，同时，异构网络中对多源异构复杂数据的处理以及跨域共享与聚合多设备协同训练模型中缺乏可信的训练环境，衍生出部分数据的不安全性并影响整体智能模型的准确性，导致人工智能辅助决策的可信性无法被验证。作为一种分布式数据库，区块链能够高效收集、共享和存储各节点的数据，为人工智能提供可信的去中心化平台，解决多源异构网络跨域共享与聚合模型的可信交互问题，此外，区块链的匿名性、不可篡改性为人工智能所需训练的数据在交易过程中的安全性和隐私性提供保障；区块链在系统可追溯方面有绝对优势，通过记录人工智能算法处理数据和辅助决策的每个环节，可以提高人工智能辅助决策的可信性和可追责性。作为数字经济时代的重要底层支撑技术，区块链技术的共识算法、数据加密、智能合约等对系统的可扩展性和系统的能耗有巨大的影响，针对海量数据交易，人工智能的优化策略可以为区块链的分片数量与片内节点数量的调优提供最优解，可进一步实现智能化的动态分片策略；针对智能合约的代码安全审计，人工智能的代码审计模型可以在智能合约部署之前帮助程序员对智能合约代码的安全性进行检查，降低智能合约的安全风险，减少人力资源消耗。

从产业应用融合的角度来看，人工智能和区块链技术在各领域展现出强大的创新力，正以前所未有的速度和广度重塑产业格局。区块链以独特的分布式账本技术、加密安全机制和智能合约功能，为数据管理、交易透明度提升和信任机制构建带来了全新的解决方案。而人工智能凭借强大的数据处理能力和深度学习算法，正在推动决策自动化、服务个性化和效率优化等方面发展。一方面，人工智能为区块链应用提供了更多可落地的应用场景及应用增值服务，其智能分析能力能够优化区块链的性能，例如，通过预测网络负载，动态调整矿工奖励，或者利用机器学习算法优化共识机制，提高交易速度和降低能源消耗。另一方面，区块链为人工智能提供了一个安全、可信的数据交换和存储平台，解决了人工智能发展中的数据隐私和安全性等关键问题，同时，通过区块链的智能合约，可以自动进行数据交易和使用权管理，促进数据市场健康发展。在金融、工业互联网、车联网、智慧城市等众多领域，区块链与人工智能的融合应用正在逐步显现出价值，如金融交易的自动化处理、医疗数据的安全共享、智慧城市的跨部门协同交互等，这些应用提升了效率，降低了信任成本，进而促进交易、运营、管理等成本降低，同时，通过两项技术的融合，构建了一个更加安全、透明和高效的产业生态系统。

三 区块链与人工智能融合研究现状

对前沿性论文的研究结果显示，随着数字经济的提出，以及"区块链+人工智能"的广泛应用，特别是 ChatGPT 等一些生成式人工智能技术的出现，近几年，研究应用呈爆发式增长，图 2 显示了 2018~2022 年有关区块链与人工智能融合研究的论文的发表数量。

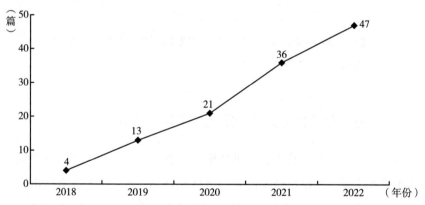

图 2 2018~2022 年有关区块链与人工智能融合研究的论文的发表数量

资料来源：谷歌学术。

本报告的检索工具包括但不限于 Google Scholar、Semantic Scholar、DBLP、Aminer、Web of Science、IEEE Xplore、中国知网等。人工智能与区块链融合研究可以追溯到 2014 年和 2015 年，由调研一定范围的文献可知，当前"区块链+人工智能"的研究热点主要集中于基于区块链和人工智能技术融合的应用、区块链技术赋能人工智能技术以及人工智能技术赋能区块链

技术。本报告将调研文献按照研究热点进行划分，具体分布情况如图 3
所示。

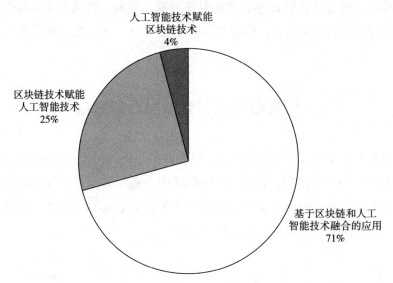

图 3　2018~2023 年"区块链+人工智能"研究热点分布情况

资料来源：谷歌学术。

（一）基于区块链和人工智能技术融合的应用

区块链和人工智能技术正在迅速融入日常生活中，改变各行各业的应用
模式和产业价值。根据贝哲斯发布的《区块链 AI 行业发展态势》市场研究
报告，全球基于区块链与人工智能技术融合的应用市场在 2024 年的规模达
到 3.9 亿美元，预计到 2032 年将增长至 35.4 亿美元（见图 4）。这一增长
反映了基于区块链和人工智能技术融合在多个行业中的应用潜力和市场需求
的增加，北美市场目前是基于区块链与人工智能融合应用市场的主导区域，
预计到 2032 年美国市场规模将达到 9.2 亿美元，亚太地区也具有重要地位，
中国、日本和韩国等国家是亚太地区的主要发展区域。同时，2024 年，预
计全球基于区块链融合人工智能技术的应用在市场的增长速度为 22.9%。
就区块链技术而言，据 Global Blockchain in Telecom Market 预测，全球区块

链市场规模将从 2024 年的 5.6401 亿美元激增至 2030 年的 24.7535 亿美元，复合年均增长率约为 27.9%。基于现有产业市场规模分析，区块链与人工智能的融合应用正在快速发展，市场规模预计将在未来几年内显著增长，为相关行业带来创新和转型的机遇。

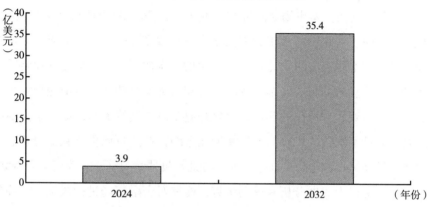

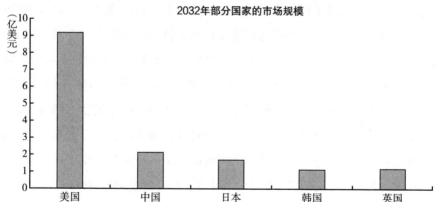

图 4　全球及部分国家的基于区块链与人工智能技术融合的应用市场规模

注：图中 2032 年数据为预测数据。

资料来源：《区块链 AI 行业发展态势》，贝哲斯，2024 年 5 月 29 日，https://www.globalmarketmonitor.com.cn/market_ news/2918183.html。

　　根据现有案例分析，基于区块链与人工智能技术融合应用的模式主要体现在基于区块链的数据治理上，通过构建去中心化的数据存储机制，保证数

据来源的可信性，并将这些数据参数服务于人工智能的模型训练，使人工智能能够在安全、去中心化的环境中进行训练和学习，同时，人工智能将学习结果反作用于区块链应用以智能化辅助决策。这一融合应用模式主要集中在金融、工业互联网、车联网、智慧城市等领域。

在金融方面，根据中研普华产业研究院和 IDC 的预测，2023 年，中国供应链金融科技解决方案市场规模为 22.6 亿元，到 2027 年将增长至 42.0 亿元，增幅约为 86%。区块链与人工智能的融合正在改变金融业务的面貌，区块链最早是伴随中本聪提出的"比特币"产生的，构建了一个零信任的比特币金融系统，区块链的分布式账本、智能合约和加密安全功能，为金融交易提供了透明、可追溯、自动化的环境，简化跨境支付与结算流程，提高了交易的安全性，降低了洗钱的风险。人工智能在金融行业中更侧重于数据分析、风险管理、智能风控和预防欺诈等方面，特别是机器学习算法、深度学习网络、神经网络，通过大数据分析和模型训练，能够对金融市场进行快速、准确的分析，为多种应用场景提供服务。将区块链与人工智能融合，可以构建更安全的金融数字体系，人工智能通过智能算法分析为区块链金融应用提供精准的安全预警和应对方案，同时，区块链为人工智能提供安全的数据处理环境。此外，基于区块链和增强梯度的机器学习算法，可以构建智能化保险系统，帮助检测欺诈性索赔，提高理赔服务效率；区块链结合深度学习网络可以建立去中心化的信用评价体系；区块链结合神经网络可以优化金融投资，帮助审计和简化结算流程等。区块链和人工智能在金融行业的应用正在重塑传统金融模式，为提供更高效的金融服务和实现更广泛的金融包容性创造机会。

作为信息技术与制造业深度结合的产物，工业互联网正在全球推动产业数字化转型。赛迪顾问发布的《2023—2024 年中国工业互联网市场研究年度报告》显示，全球工业互联网市场在 2023 年的估值达到 9793.3 亿美元，年均增长率为 5.4%，在中国的市场估值达 9849.5 亿元，年均增长率为 13.9%。区块链技术可以为工业数据的可信流通提供坚实的基础，确保数据安全与透明。人工智能智慧算法通过分析海量工业数据，实现生产优化、故障预测和质量控制，可以提升工业互联网的智能化水平和生产效率。两者的结合，不仅解决了数据确权和安全问题，更在解决数据孤岛问题、提升生产效率、强化设备维护预测性等方面展现出巨大潜力，实现了产业供应链的高效协同，使工业互联网的供应链管理、设备维护、质量控制等关键环节发生巨大的变革。

在车联网领域，根据中商产业研究院发布的《2023-2028年中国车联网专题研究及发展前景预测评估报告》，中国车联网市场规模在2022年达到3878亿元。2017~2022年，该市场以33.67%的复合年均增长率快速增长，并预计在2024年达到5430亿元的市场规模。通过构建基于车联网的可信数据共享平台，车辆、基础设施与服务提供商之间可以安全地交换信息，如位置数据、行驶状态及环境感知数据，有效提升交通效率与安全水平。人工智能技术的引入，能够实现对海量车联网数据的深度分析与智能决策，优化交通流量管理，预测车辆故障，还能通过学习驾驶员行为模式，提供个性化的驾驶建议与服务，如智能导航、安全驾驶辅助，甚至支持自动驾驶车辆的决策过程。区块链与AI结合，解决了车联网数据的隐私保护与权限管理问题，可以实现车辆之间安全的数据交换，确保数据使用的透明度与合法性，使用户能够控制自己的数据权限，增强用户对数据安全的信任，例如，智能化车辆都要接受自动驾驶、无人驾驶等功能的单独训练，每辆汽车在自动驾驶调优的过程中都要重复学习与记忆，汽车生产商可以将汽车接入一个共享的分布式账本平台，每辆汽车可以在平台中共享训练数据和模型，以形成更大的可信数据源，减少单独训练的复杂任务。

智慧城市能够将广泛的信息技术融入日常生活的各方面，以提高人民的生活质量，优化资源利用效率，改善城市环境。中国智慧城市市场正在快速扩张，并朝着数字化、智能化和绿色化方向发展。根据中商产业研究院发布的《2024-2029年中国智慧城市行业市场前景预测与发展趋势研究报告》，2022年，该市场的规模达到24.3万亿元，到2023年，市场投资规模超过8700亿元，智慧城市在中国的发展不仅快速，而且规模庞大。区块链融合人工智能应用在智慧城市方面主要体现在加强数据安全与隐私保护、优化城市管理与服务效率两大方面。区块链技术以去中心化和加密特性，为智慧城市的数据提供了安全的存储与传输环境，有效解决了数据共享中的信任与隐

私问题。人工智能通过智能决策与自动化执行，显著提升了城市资源的分配效率与公共服务质量。以智慧交通为例，"区块链+人工智能"可实现更精准的交通流量预测与信号优化，不仅缓解了城市交通拥堵，还提升了公众出行体验。此外，二者的融合促进了跨部门数据共享，增强了城市治理的协同与高效，为智慧城市的可持续发展奠定了坚实的技术基础。

（二）区块链技术赋能人工智能技术

传统集中化架构训练本地数据模型，在多方协作模式下面临数据可靠共享、算力资源调度等难题，2016年，谷歌提出的联邦学习提供了解决思路，但其在多参与方协同学习的模式下仍然面临数据来源可信性问题。区块链技术赋能人工智能技术，主要通过确保数据的透明度、安全性和不可篡改性，为其提供一个更加可靠和高效的数据环境，同时，基于智能合约的计算模型同步和全链路记录上链，保证了学习模型的透明性和可信性。

具体而言，区块链的分布式账本技术能够提供大量真实、多样的数据集，对于训练 AI 算法至关重要。同时，智能合约的应用可以自动化数据的共享和交易过程，降低数据的获取成本，加速 AI 模型的迭代和优化。更重要的是，区块链的加密特性保护了数据的隐私，使 AI 能够在不泄露敏感信息的前提下处理个人或企业数据，增强了用户信任。例如，Covalent（CQT）通过加密技术构建了包含多条区块链的结构化数据集，这些数据集为人工智能模型提供了训练和创建产品的基础，推动 Web 3.0 与 AI 创新。Oasis Labs 提出了将人工智能等计算密集型应用与区块链结合的解决方案，旨在提高交易处理的效率和安全性，同时强调数据隐私保护的重要性。此外，区块链与人工智能的结合在比特币的 Layer2 技术中找到了新的应用，Bitsat 平台利用 ZK Rollup 技术构建了比特币的 Layer2 解决方案，为 AI 应用提供了安全、高效的发展环境，也为区块链生态系统注入了新活力。

（三）人工智能技术赋能区块链技术

人工智能赋能区块链主要聚焦如何利用人工智能的先进算法来优化区块

链的性能、安全性、智能化水平，以及对智能合约代码进行安全审计，以提高区块链技术的可扩展性、安全性和隐私性，减少对系统资源的消耗，提升智能决策能力。

可扩展性是区块链广泛应用中的巨大挑战，核心在于提高区块链网络的交易速度和增加吞吐量。人工智能可以结合数据分片的区块链，通过参数调优动态地为区块链的节点数量、共识算法、数据或共识分片的数量、分片内节点数量、区块大小，以及出块时间的配比选择最优策略，提高数据存储和共识效率，进而提升区块链的可扩展性。

在资源能耗方面，传统的区块链挖矿需要大量的算力和电力资源，据统计，比特币每年的耗电量约为 25.5 亿瓦，对全球能源的消耗量巨大。基于此，有学者提出将人工智能中的模型训练任务作为有效工作量证明，只有生成合适的学习模型，矿工才可达成共识，进而产生新的区块。

在安全和隐私方面，区块链的共识协议面临被恶意篡改等问题，同时智能合约的安全审计也面临安全挑战，链上数据的透明性对数据的隐私性带来阻碍。机器学习大模型可以帮助识别智能合约和检测代码漏洞，提高系统的安全性，结合联邦学习可以对链上数据进行处理，做到可用不可见，提高了系统的安全性和隐私性。

在智能决策方面，人工智能大模型可以根据历史的区块链平台数据，预测区块链平台的加密货币的价格、交易确认的时间，以及区块链分叉的概率，可以为加密货币投资者提供加密货币价格变换趋势，预测交易时间进而动态调整系统策略，减少系统分叉。

四　区块链与人工智能创新融合展望与建议

（一）展望

1.技术创新融合发展

生成式 AI 的兴起，加快了区块链与人工智能融合发展的速度，目前，

对该领域的研究较少，研究面临数据确权难、数据可信性低和可追溯性差等问题，因此，要进一步创新研发底层技术，特别是对同态加密、安全多方计算、差分隐私等基础密码学技术，共识机制、激励机制等区块链内嵌协议，以及高效智能模型训练架构等的研究与创新，加快数字化可信体系建设，构建可信数据流通网络，以及进行高效智能模型训练架构等的研究与创新，同时设计混合密码技术应用，切实提升"区块链+人工智能"技术的安全水平、性能、效率。

2. 市场需求和产业落地

"区块链+人工智能"技术在工业互联网、智慧城市、金融管理、车联网等多个产业领域应用落地，市场需求逐步增加，然而，这两项技术的门槛较高，为此，建设"区块链+人工智能"的底层研发平台有助于"区块链+人工智能"产业应用落地，促进工业产业、智慧农业、智慧工厂等数字化转型和智能化发展，带来更高效、更安全、更可靠的服务和产品，推动经济社会可持续发展，为企业和社会带来更多的机遇和进行创新。

3. 政策法规聚焦，科学指导落实

区块链与人工智能的融合正逐渐成为全球政策制定者关注的焦点，但是，由于二者融合领域的专项扶持政策和监管条例以及技术标准存在不足，因此可以立足《数字中国建设整体布局规划》进行顶层设计，加快出台"区块链+人工智能"领域的专门性政策，聚焦以区块链、人工智能为技术底座的 Web 3.0、元宇宙等未来技术。通过政策的引导和支持，可以更好地推动区块链和人工智能两项技术的协同创新与安全应用，对经济、社会和环境产生积极的、包容性的影响。

（二）建议

1. 由高等院校和研究机构主导，加大对底层相关技术研究与创新力度

由高等院校和科研机构主导，聚焦研究基于区块链技术的数据隐私安全保护机制，在保证数据可验证性的前提下，实现数据的匿名性和保密性。创新融合差分隐私、安全多方计算、同态加密等多种密码学工具，提升数据与

模型流转过程中的隐私安全水平。同时，设计基于分片的区块链共识机制，提升智能模型构建效率。此外，利用博弈论、契约理论、优化理论等，设计安全可靠的激励机制，增加分布式参与用户数量，加快模型构建速度。

2. 由高新技术企业与新型研发机构主导，加快相关技术应用落地与产业孵化

由高新技术企业与新型研发机构主导，推动区块链和人工智能技术在不同产业间的合作与应用，建立跨行业的合作机制和平台。制定区块链和人工智能技术应用的行业标准和规范，确保技术的互操作性和兼容性。加大对区块链和人工智能技术的培训力度，培养更多的专业人才。选择医疗健康、供应链金融、智慧城市等具有代表性的行业和领域，建设区块链和人工智能技术的试点示范项目，积累经验并进行推广应用。构建基于区块链和人工智能技术的创新生态系统，促进技术、资本和市场有机结合。

3. 由国家及省区市地方政府主导，加强相关政策与法律的出台与实施

由国家及省区市地方政府主导，以《中华人民共和国国家安全法》和《中华人民共和国数据安全法》为依据，制定严格的数据隐私保护法律法规，确保数据在区块链和人工智能应用中的安全性和进行隐私保护。以《区块链和分布式记账技术参考架构》为基础，制定"区块链+人工智能"标准和规范，确保系统的互操作性和兼容性。建立有关区块链和人工智能应用的安全保障和风险管理框架，确保系统的安全性和可靠性。出台支持区块链和人工智能技术创新的政策和激励措施，鼓励企业和科研机构加大研发投入力度。

参考文献

［1］ M. Alaeddini, M. Hajizadeh, P. Reaidy, "A Bibliometric Analysis of Research on the Convergence of Artificial Intelligence and Blockchain in Smart Cities," *Smart Cities*, 2023, 6 (2).

［2］ Y. Zuo, J. Guo, N. Gao et al., "A Survey of Blockchain and Artificial Intelligence for

6G Wireless Communications," IEEE Communications Surveys & Tutorials, 2023.

[3] D. Ressi, R. Romanello, C. Piazza et al. , "AI-enhanced Blockchain Technology: A Review of Advancements and Opportunities," *Journal of Network and Computer Applications*, 2024.

[4] S. Kumar, W. M. Lim, U. Sivarajah et al. , "Artificial Intelligence and Blockchain Integration in Business: Trends from a Bibliometric-content Analysis," *Information Systems Frontiers*, 2023, 25 (2).

[5] G. M. Gandhi, "Artificial Intelligence Integrated Blockchain for Training Autonomous Cars," 2019 Fifth International Conference on Science Technology Engineering and Mathematics (ICONSTEM), 2019.

[6] H. Taherdoost, "Blockchain Technology and Artificial Intelligence Together: A Critical Review on Applications, " *Applied Sciences*, 2022, 12 (24).

[7] A. Kuznetsov, P. Sernani, L. Romeo et al. , "On the Integration of Artificial Intelligence and Blockchain Technology: A Perspective about Security," IEEE Access, 2024.

[8] D. Bhumichai, C. Smiliotopoulos, R. Benton et al. , "The Convergence of Artificial Intelligence and Blockchain: The State of Play and the Road ahead," *Information*, 2024, 15 (5).

[9]刘权主编《区块链与人工智能：构建智能化数字经济世界》，人民邮电出版社，2019。

[10] R. Markets-Store, Global Blockchain in Telecom Market by Provider (Application Providers, Infrastructure Providers, Middleware Providers), Organization Size (Large Enterprises, SMEs), Application—Forecast 2024 – 2030, https: //www. researchandmarkets. com/report/telecommunication−blockchain#rela3−5025113.

[11]《区块链 AI 行业发展态势：预计到 2032 年全球市场规模将增至 35.4 亿美元》，贝哲斯咨询网站，https: //www. globalmarketmonitor. com. cn/market_news/2918183. html。

B.9
面向互联网3.0的扩展现实技术与 AI 应用

毋宗良 等*

摘　要：　扩展现实（XR）技术将互联网3.0带入沉浸式体验中。用户可以在一个三维虚拟环境中通过 XR 与去中心化的网站和服务互动。本报告首先综述扩展现实（包括 VR、AR、MR）领域的主要挑战与技术趋势，包括人机交互技术、逼真有效的渲染技术、超逼真的虚拟形象技术、XR 全息传送技术、数字孪生技术、XR 生态系统、云 XR 趋势、元宇宙 XR 趋势，及 AI 赋能 XR；接着详述 AI 在 XR 领域的主要应用，包括增强互动感与沉浸感（通过自然语言处理和语音识别、手势和身体运动识别、眼动追踪和情感识别、神经全息技术等）、实时环境理解与适应（包括对象和场景识别、空间映射和场景重建、上下文感知等）、内容创建（自动化 3D 建模和动画制作等）、行为分析和生物反馈、个性化体验、无障碍性辅助技术、零售和营销，及 AI 驱动的虚拟形象和数字人。

关键词：　扩展现实　互联网 3.0　沉浸式体验　AI　数字人

一　扩展现实（XR）与互联网3.0

互联网3.0旨在实现一个去中心化、智能化和用户主权的数据生态系

---

*　毋宗良、胡伯源，凌云光技术股份有限公司；祁杰、陈溥、刘博文、熊伟，北京元客视界科技有限公司。

统。扩展现实（XR）是一个涵盖了增强现实（AR）、混合现实（MR）和虚拟现实（VR）的总称，通过技术手段将现实和虚拟环境结合在一起，形成了一种增强、混合或完全虚拟的体验。XR 技术使用户能够沉浸在虚拟世界中，或通过增强现实将数字内容叠加在现实世界中。AR 将数字信息叠加到现实世界（例如，Pokémon GO 等游戏将数字对象添加到用户的周围环境中）。MR 无缝地融合数字和物理元素（例如，Microsoft HoloLens），并且允许虚拟与现实世界的元素之间互动，从而创造更无缝的数字和物理体验。例如，用户可以玩一个虚拟视频游戏，并使用现实世界中的物体与游戏互动。VR 使用户沉浸在完全数字化的环境中，屏蔽物理世界。VR 的特点包括：头戴式显示器提供高分辨率的显示屏和进行动作跟踪；使用 3D 建模、动画和游戏引擎创建 VR 内容。XR 的应用场景广泛，包括游戏、娱乐，文旅，培训，教育、远程协作、医疗保健，零售与电子商务，房地产，运载工具设计和模拟等。

（一）沉浸式互联网体验

沉浸式 Web 3.0 平台：扩展现实技术旨在为 Web 3.0 带来沉浸式体验。通过 XR，用户可以在一个三维虚拟环境浏览去中心化的网站、使用去中心化应用（DApp）、参与虚拟社区和市场。这种体验超越了传统的 2D 浏览器交互，为用户提供了一个更加直观和互动的互联网入口。

虚拟社交与元宇宙：Web 3.0 强调用户在虚拟环境中的身份和数据主权，这与扩展现实中的虚拟社交密切相关。XR 技术通过创建虚拟空间（如元宇宙），允许用户在这些空间进行社交并互动、交易虚拟资产，保持对个人数据的控制权。元宇宙中的每个用户都可以拥有一个独特的、基于区块链的数字身份，这个身份贯穿整个虚拟世界。

（二）去中心化与数字资产管理

虚拟资产与非同质化代币（NFT）：Web 3.0 的一个重要特性是通过区块链技术创建和管理 NFT。XR 技术使这些虚拟资产得以在 AR 和 VR 环境中展示和交易。用户可以在 AR 环境中展示虚拟收藏品，或者在 VR 世界中使用这些资产进行游戏、创作和交易。

去中心化市场与虚拟经济：借助 Web 3.0 的去中心化特性，XR 环境中的虚拟市场可以实现无边界交易。用户可以在去中心化的平台上交易虚拟物品、数字土地、服务等。

（三）智能合约与自动化服务

智能合约在 XR 中的应用：XR 可以利用 Web 3.0 的智能合约来自动化各种流程。例如，在 VR 中的房地产市场，用户可以通过智能合约自动完成土地或房产的买卖和租赁，保证了透明度和安全性并避免了传统交易中的烦琐手续。

自动化内容生成：Web 3.0 的智能合约和 AI 技术可以在 XR 环境中实现动态内容生成。用户可以基于自己的需求和偏好自动生成定制化的虚拟环境、场景和互动内容，从而增强个性化体验。

目前，浏览去中心化的网站主要还是通过传统的浏览器界面，沉浸式的 Web 3.0 还处于概念与探索阶段。但 XR 本身已经取得了许多非常实用的进展。下文将综述 XR 领域的主要挑战与技术趋势、AI 在 XR 领域的主要应用，及 AI 驱动的虚拟形象和数字人制作技术。

二　XR 领域的主要挑战与技术趋势

（一）人机交互技术

其包括头部、手部和眼动跟踪技术与触觉反馈、脑机接口、自然语言处理等技术。这些技术为 XR 互动添加了动作、神态、体姿、触觉、脑波及自然语言驱动等，使用户能够在虚拟世界中获得沉浸式体验。

（二）逼真有效的渲染技术

三维渲染技术的进步（令人惊叹的视觉效果、栩栩如生的纹理和沉浸

式环境，模糊了的虚拟世界与现实世界之间的界限）使逼真与沉浸式的 XR 体验成为可能。

（三）超逼真的虚拟形象技术

虚拟形象正在超越基本的表现形式。通过捕捉面部表情、肢体语言和情感，超逼真的虚拟形象、数字人能充分增强 XR 空间中的社交互动和协作。

（四）XR 全息传送技术

XR 全息传送将用户自己的形象传送到虚拟空间中，能够实现与他人的实时 3D 沟通，超越物理界限。

（五）数字孪生技术

数字孪生用数字格式表示现实世界的实体或系统。随着 XR 的普及，对逼真环境的需求不断增加。全球开发人员正在创建复杂的数字孪生，密切模仿现实生活中的物体、环境和互动。

（六）XR 生态系统

XR 生态系统包括硬件、软件、内容创作工具和分发平台。这些相互关联的元素制约或推动 XR 的采用和创新。

（七）云 XR 趋势

基于云 XR 解决方案允许无缝协作、远程渲染和可扩展性，XR 体验可利用云资源而具有更好的性能和可访问性。

（八）元宇宙 XR 趋势

元宇宙是 Web 3.0 技术的应用场景之一。元宇宙创建了一个虚拟的沉浸式的数字世界，是一个去中心化、可扩展且自治的虚拟宇宙。元宇宙通过

XR 与 AI，创造了一个真实与虚拟结合的环境，使用户能够在虚拟世界中获得沉浸式体验。

（九）AI 赋能 XR

AI 正在被用于上述各项技术中，并通过个性化内容、预测用户行为和实现动态互动来增强 XR 体验。基于 AI 的 XR 应用正蓬勃发展。

三　AI 在 XR 领域的主要应用情况

AI 正在彻底改变 VR、AR、MR 技术，提升用户体验，简化内容创建，并推动各个行业的新应用发展。以下是 AI 如何被集成到这些技术中的概述，以及对该领域一些国外领先公司的产品与技术的案例分析。

（一）AI 在 XR 领域的主要应用

1.增强互动与沉浸感

（1）自然语言处理（NLP）和语音识别（SR）：AI 使用户能够通过语音指令与虚拟环境互动，使互动更加自然和沉浸。这些技术依赖 AI 语言模型（如 LLM）来理解和处理人类语言。这些模型能够解析语音输入，将其转化为计算机可以执行的命令。

Meta Quest 2 和 Meta Quest 3 集成了语音助手功能，使用户能够通过语音控制游戏和应用，或者与虚拟助手互动。这不仅简化了用户的操作，还使与虚拟世界的互动更加流畅和直观。

亚马逊的 Alexa 语音助手已被集成到一些 AR 和 VR 应用中，例如，在智能家居控制或虚拟购物体验中使用语音命令来导航和选择物品。

（2）手势和身体运动识别（Gesture and Body Motion Recognition）：AI 可以分析和解释手势和身体动作，使 VR、AR 和 MR 环境中的控制更加直观。手势和身体运动识别依赖计算机视觉和深度学习算法，来实时分析用户的身体动作和手势。对于通过摄像头捕捉到的图像数据，AI 可以识别用户的手

部动作、身体姿态，从而在虚拟世界中触发相应的操作。

Meta Quest 2 和 Meta Quest 3 通过内置摄像头和 AI 算法，实现手势追踪功能。用户可以使用手势在虚拟环境中进行操作，如抓取物体、选择菜单项等，而无须传统的控制器。

Microsoft HoloLens 2 利用手部追踪技术，使用户可以直接通过手势与虚拟对象进行交互。例如，工业工程师可以通过手势来放大、旋转 3D 模型，进行更直观的操作。

（3）眼动追踪和情感识别（Eye-Tracking and Emotion Recognition）：AI 驱动的眼动追踪和情感识别技术可以检测用户的目光方向并评估其情绪状态，从而实现个性化和响应性更强的体验。眼动追踪技术通过红外摄像头或传感器监测用户的眼球运动，确定用户的注视点。这些数据可以用来优化渲染效果，或者提供更直观的交互方式。情感识别技术则通过分析面部表情或生物信号（如心率、皮肤电反应）来推测用户的情绪状态。

PlayStation VR2 集成了眼动追踪功能，能够根据用户的注视点动态调整图像渲染的焦点，在提升画面质量的同时减轻硬件负担。这项技术还可以用在多人游戏中以使角色的眼神互动更加自然。

Tobii 的眼动追踪技术被整合到 VR 和 AR 设备中，用于呈现个性化内容和增强用户体验。通过了解用户的目光方向，系统可以更好地预测用户意图，从而提供更贴心的交互体验。

（4）神经全息技术（Neural Holography）被用来增强显示效果：斯坦福大学计算成像实验室的研究人员利用 AI 改进 VR 和 AR 的 3D 显示技术。神经全息技术旨在通过解决散斑失真问题和模拟现实世界的物理现象，创造更逼真的全息图像。之前的显示技术往往在感知真实感方面有所欠缺，但 AI 驱动的技术正在弥合模拟与现实之间的差距。

2. 实时环境理解与适应

（1）对象和场景识别：AI 算法可以识别和标注现实环境中的对象，增强 AR 应用。比如，在导航应用中，AR 应用可以在用户视野中显示路标、指示箭头或地标，引导人们到达目的地。在教育应用中，AR 可以将虚拟信息叠加到现实世界中，例如，在博物馆中解释展品，或在教室中增加学习材料。

（2）空间映射和场景重建：AI 增强 XR 中的空间理解能力，使虚拟对象在现实世界中的准确放置成为可能。

（3）建筑和设计：在虚拟建模中，AI 可以帮助精确定位虚拟建筑元素，如家具、墙壁和装饰品。

（4）虚拟展示：零售商可以使用 AR 来测试虚拟商品陈列情况，以便在实际展示之前进行优化。

（5）上下文感知：AI 系统可以理解用户环境和活动的上下文，从而实时提供自适应内容，增强 XR 体验的真实性和功能性。比如，VR 和 AR 游戏可以根据用户的位置和动作调整虚拟世界中的内容；虚拟会议应用可以根据与会者的位置和活动自动调整虚拟会议室的布局。

3. 内容创建

生成式 AI 可以彻底改变 XR 中的内容创作方式。它依赖现有数据，能够为每个用户生成独特、量身定制的虚拟环境，增强沉浸感和丰富创意。

自动化 3D 建模和动画制作：利用 AI 从 2D 图像或视频中自动生成 3D 模型。相关算法通常依赖深度学习技术，如卷积神经网络（CNN）、生成对抗网络（GAN）及 Transformer，能够从少量输入数据中推断出物体的 3D 结构。AI 还可以根据用户输入的简单草图或描述生成复杂的 3D 场景，这在游戏设计、建筑和影视制作中尤为重要。

高效快速：3D 建模 AI 能够在短时间内完成大量 3D 模型生成任务，省去了人工制作的烦琐过程，提高了生产效率。

高精度准确：通过分析海量 3D 数据，AI 生成准确的 3D 模型，减少人为误差。

多领域适用：无论是游戏、影视、建筑还是虚拟现实等领域，3D 建模 AI 都能提供定制化的解决方案。

实际例子如下。游戏设计：AI 快速生成游戏场景和角色模型，以满足不断变化的玩家的需求。影视特效：AI 高效地生成逼真的特效场景和角色

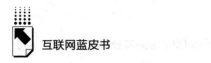

模型，提高制作效率和作品质量。建筑行业：建筑师利用 AI 快速生成建筑模型，进行结构分析和优化。NVIDIA Omniverse：使用 AI 加速 3D 内容的创建和协作。通过 Omniverse 中的 AI 工具，如 GANverse3D，用户可以将 2D 图像转换为高质量的 3D 模型。这简化了传统的 3D 建模流程，大大提高了内容制作的效率。Autodesk Revit：对于在建筑设计中与 AI 驱动的工具和技术相结合，基于平面图或简单的 2D 设计，使用 AI 技术自动生成包含建筑结构和内饰的 3D 模型。这使建筑师能够快速从设计概念过渡到具体的 3D 展示，优化设计流程。

4. 行为分析和生物反馈

AI 驱动的分析与洞察功能帮助 XR 开发者更好地理解用户行为模式和情感状态，并通过生物反馈机制调整虚拟环境，XR 开发者可以创建更加个性化和动态调整的虚拟体验，进一步提高用户的参与度和满意度。

（1）用户行为分析

AI 依赖大数据和机器学习技术，通过捕捉用户在虚拟环境中的交互数据，如视线跟踪、手部动作、场景选择、停留时间等，能够构建用户行为模型。深度学习算法（如 RNN、LSTM）可用于分析这些时序数据，从中提取行为模式和趋势。基于这些分析，系统可以实时优化内容呈现方式，增强用户体验。比如，Meta Quest 3 可以让开发者获取用户在 VR 应用中的详细互动数据，包括用户的使用时间、特定场景中的停留时间、常见的交互模式等。通过分析这些数据，开发者可以调整游戏难度，优化界面设计，提升用户的沉浸感。

（2）生物反馈

生物反馈技术利用 AI 实时分析用户的生理数据，如心率、皮肤电反应（GSR）、面部表情等。这些数据通过传感器收集，并由 AI 算法（如情感计算模型）实时处理，从而判断用户的情绪状态和生理反应。基于这些分析结果，虚拟环境可以动态调整，例如，改变虚拟场景的氛围、调节声音和光照强度等，以增强用户的沉浸感和情感共鸣。

（3）实际应用

NeuroSky 和 Emotiv 头带：专注于脑电波（EEG）和生理信号检测与分

析。在 VR 环境中，通过分析用户的脑电波和心率，AI 系统可以调整在虚拟环境互动的难度和强度。例如，在放松训练或冥想应用中，系统可以根据用户的心率变化调整背景音乐或环境光线，增强放松效果。

VR 治疗与心理健康：在一些心理健康应用中，如用于治疗焦虑或创伤后应激障碍（PTSD）的 VR 程序，AI 会监测用户的心率和呼吸频率。当用户的焦虑水平升高时，系统可能会减缓虚拟环境的节奏，或者引导用户进行深呼吸练习，以帮助其平复情绪。

5. 个性化体验

通过收集和分析用户在虚拟环境中的互动数据，如浏览记录、选择偏好、互动历史，AI 可以预测用户的需求并提供量身定制的内容。深度学习算法，如协同过滤（Collaborative Filtering）和基于内容的推荐系统，通常用于进行个性化内容的推荐。实际例子如下。内容推荐：基于用户历史行为，AI 推荐相关的 3D 模型、虚拟场景或其他内容。交互体验：根据用户的喜好，调整虚拟环境、角色或其他元素，提升用户参与度。娱乐：流媒体平台根据用户观看历史，推荐个性化的 VR/AR 内容。教育：虚拟学习环境根据学生的学科偏好和学习进度，提供定制化的教育体验。虚拟购物：在虚拟购物场景中，AI 通过分析用户的购买历史、浏览行为和偏好数据，进行个性化的产品推荐。系统会动态调整展示的商品，确保每个用户看到的都是最符合其喜好的产品。

6. 无障碍性辅助技术

AI 驱动的 VR 应用可为残障人士提供定制化的解决方案。例如，AI 可以实时解释手语或创建适合行动不便的用户的 VR 环境。

7. 零售和营销

企业利用 AI 驱动的 VR 创建个性化和沉浸式的购物体验，包括虚拟试穿和互动式产品展示，以帮助消费者做出更明智的购买决策。

8. AI 驱动的虚拟形象和数字人

创建能够与用户互动的 AI 驱动的虚拟形象和数字人是一个不断增长的趋势，其被用于营销、游戏、虚拟会议、医疗领域。

AI 已开始深度集成到 XR 技术的发展中，通过加强用户与数字环境的互动、创造更个性化和沉浸式的体验，推动各个行业创新。随着 AI 的不断演变，其在这些技术中的作用将进一步扩大，带来更复杂的应用和产品。

（二）AI 驱动的国外 XR 产品与技术案例分析

1. Meta Quest 2和 Meta Quest 3

将 AI 集成到 VR、MR 头显中，以增强互动，这包括手部追踪、语音指令和 AI 驱动的虚拟形象，这些虚拟形象可以更准确地模仿用户的表情和动作。Meta AI 能够理解并回复其阅读及由视觉和听觉器官所感知到的任何内容。用户可以通过自然语言与 Meta AI 进行互动，询问任何感兴趣的问题。

（1）计算机视觉和跟踪

手部跟踪（Hand Tracking）：头显利用 AI 驱动的计算机视觉进行手部跟踪，使用户可以使用手部而无须物理控制器与虚拟环境互动。深度摄像头：利用多个摄像头和传感器捕捉手部动作和手势的详细信息。机器学习模型：AI 算法处理摄像头数据，实时识别和跟踪手部位置和手势。在 VR 应用程序中实现更直观的交互，例如，操控虚拟对象或使用手势进行控制。

内置跟踪（Built-in Tracking）：使用头显的外部高分辨率立体摄像头来跟踪用户和环境的位置和运动。机器学习模型分析摄像头数据，确定头显在物理空间中的位置和方向。支持对用户运动的准确跟踪和与 VR 环境的互动，减少延迟，提高整体体验。

（2）自然语言处理

语音命令和交互：AI 驱动的语音识别使用户可以通过语音命令控制 VR 头显并与虚拟环境互动。使用 NLP 模型对语音命令进行设备内处理。AI 算法解释命令的上下文和意图，提供相关的响应或操作，实现免手操作的控制和交互，例如，启动应用程序、导航菜单或执行 VR 应用程序中的命令。实时语言翻译：利用 AI 进行实时语言翻译，使具有不同语言背景的用户可以无缝互动。AI 模型可以实时处理和翻译口语或书面文本。

（3）机器学习和自适应系统

个性化体验：AI 模型分析用户行为和偏好，进行个性化 VR 体验和内容推荐。机器学习算法跟踪和分析用户互动和偏好。AI 根据用户行为调整 VR 体验，例如，推荐新内容或修改互动方式。自适应性能优化：AI 算法基于实时分析动态调整性能设置，以优化 VR 体验。持续监测系统性能，这包括帧率和资源使用情况。调整分辨率、刷新率和图形细节等设置，以确保提供一致且高质量的 VR 体验。

2. 苹果 Vision Pro

通过眼动追踪、手势识别和空间理解，提供高度沉浸的 XR 体验。

（1）计算机视觉

实时对象识别：利用计算机视觉算法实时识别和跟踪用户环境中的对象。这一能力使应用程序能够与物理对象互动，并无缝集成虚拟元素；采用高分辨率摄像头和深度传感器捕捉周围环境的详细信息；通过将数字信息叠加到现实世界的对象以增强 AR 体验。场景理解和空间感知：理解和解释复杂场景，这包括对象之间的空间关系和房间布局。深度传感：使用 LiDAR 测量距离，并创建环境的 3D 位置图像。映射算法：采用算法实时构建和更新空间地图，允许在物理空间中准确放置虚拟对象；支持沉浸式导航等应用，在现实环境中叠加虚拟路径或进行标记。

（2）自然语言处理

语音命令和交互：集成 NLP 技术，允许用户通过语音命令控制设备和与应用程序互动。利用设备上的语音识别技术将口语转化为文本，确保命令执行快速、可靠。AI 模型能够理解用户命令中的上下文和发现细微差别，使交互更直观。实现免手操作控制，例如，启动应用程序或调整设置，并支持与虚拟助手的自然对话。

（3）上下文感知响应

根据用户环境和活动的上下文生成响应和动作，分析环境数据和用户输入情况，提供相关和及时的信息或建议。与其他 AI 系统服务合作，增强响应的相关性和准确性。提供个性化推荐和进行调整，例如，根据用户当前的

任务或所处的环境建议使用相关应用程序。

（4）机器学习模型

设备内处理和隐私保护：利用设备内机器学习模型在本地执行 AI 任务，加强隐私保护和减少延迟。实现个性化用户体验和自适应界面的功能，同时保持高度的数据安全性。

与云模型的集成：除了设备内处理之外，苹果 Vision Pro 还可以与云端 AI 模型集成，以处理更复杂的任务和进行更新，以及支持需要大量计算资源的高级 AI 功能，例如，大规模数据分析和高级自然语言理解。

3. Microsoft HoloLens 2

使用 AI 进行实时空间映射、对象识别和上下文感知，使其非常适合用于工业应用、培训和远程协作。感知和交互：Microsoft HoloLens 2 使用 AI 感知用户的手势、眼神等，使用户能够自然地与虚拟内容进行交互。例如，用户可以通过手势调整或重新定位悬浮在眼前的全息图像。智能边缘计算：Microsoft HoloLens 2 智能边缘设备具备 AI 能力，即使在没有可靠互联网连接的情况下，也能收集和处理数据，并在连接时与智能云共享数据。这使头戴式设备能够实现更智能、更高效的计算。跨语言协作：Microsoft HoloLens 2 结合 Azure 云平台的 AI 能力，使不同语言、不同地点的人能够共同协作，共享虚拟空间中的知识和信息。

4. Magic Leap 2

通过 AI 技术，该设备具备强大的感知、交互和内容生成能力，能够提供更加智能、个性化和沉浸式的 AR 体验。

（1）空间计算（Spatial Computing）与环境感知

利用 AI 实现高度精确的空间计算和环境感知。通过摄像头和传感器，设备能够实时捕捉用户周围的物理环境，并使用 AI 算法来理解和分析这些数据。场景理解：AI 帮助设备可以分析用户所在环境的三维结构，识别墙壁、家具等，并在这些物体表面准确地放置虚拟内容。物体识别：Magic Leap 2 使用计算机视觉和深度学习技术识别并追踪物体。它允许虚拟对象与现实世界的物体互动。

（2）自然用户界面（Natural User Interface）

利用 AI 技术改进自然用户界面，使用户能够通过自然的手势、语音和眼动控制与设备互动。AI 算法用于识别用户的手势，这样用户可以直接用手在空中操控虚拟对象，而无须使用传统的控制器。而其集成的自然语言处理技术，允许用户通过语音命令与设备互动，AI 在后台处理语音数据，以进行准确的语音识别和命令执行。

（3）虚拟助手与智能体验

支持由 AI 驱动的虚拟助手和智能体验，为用户提供个性化的建议和进行交互。AI 驱动的虚拟助手可以帮助用户应用导航程序、执行任务、提供信息，甚至可以通过理解上下文来进行更合适的回应。基于用户的行为和偏好，AI 可以推荐个性化的内容和体验，增强用户的沉浸感和提高用户的参与度。

（4）内容创作与开发者支持

通过 AI 技术为开发者提供强大的工具和平台，支持其创作更复杂和智能的 AR 内容。

生成式设计：开发者可以利用 AI 生成复杂的 3D 模型和场景，这些内容可以根据需求自动优化和调整。

实时内容调整：AI 可以根据用户的实时反馈或环境变化动态调整内容。

（5）医疗与企业应用

通过 AI 技术实现实时数据分析、远程协作和虚拟培训等功能。AI 可用于帮助医生在增强现实中实时看到病人体内的"三维模型"，辅助医生进行精确的手术。AI 和 AR 技术结合可以提供沉浸式的培训环境。

5. Google ARCore

Google ARCore 使开发者能够在 Android 设备上创设 AR 体验。它使用 AI 进行环境理解、运动追踪和光照估算，无缝地将虚拟内容与现实世界融合。

感知和交互：Google ARCore 使用 AI 技术感知用户的手势、眼神等，使用户能够自然地与虚拟内容进行交互。

环境理解：Google ARCore 通过 AI 算法分析和处理传感器数据，以便更

好地定位设备、识别平面、跟踪物体等，并利用 Google 地图等对现实世界进行理解。

四　AI 驱动的虚拟形象和数字人制作技术

数字人是元宇宙生态系统的关键组成部分之一。这些虚拟化身不仅提供了与用户交互的方式，还通过丰富的视觉和行为表现来增强沉浸感，使元宇宙中的体验更加生动和富有表现力。随着 AI 技术的进步，数字人逐渐呈现高度的智能化和个性化特征，可以更好地适应不同的应用场景，包括社交娱乐、教育培训、虚拟助手和营销等。

（一）3D 建模与动画驱动

3D 建模：数字人的制作传统上依赖精细的 3D 建模技术。通过几何面片模型和纹理贴图，设计师可以创建高度逼真的虚拟形象。尽管这种方法能够产生高质量的视觉效果，但其制作过程复杂，时间成本和人力成本较高。

动画驱动：在 3D 模型构建完成后，动画驱动技术使数字人做出逼真的动作和表情。这通常涉及复杂的骨骼系统和关键帧动画。AI 在这个过程中扮演越来越重要的角色，利用机器学习算法优化动画的生成和表现，可使动画更加流畅和自然。

（二）动作捕捉与行为驱动

动作捕捉（Motion Capture）技术通过捕捉真实人物的运动数据并将其应用于虚拟角色，使这些角色能够做出高度逼真的动作和表情。

动作捕捉系统通常由一系列高精度摄像头和传感器组成，这些设备可以捕捉人体在空间中的运动。

传感器记录下每个关节的位置信息，然后将与这些信息相关的数据转换为针对虚拟角色的动画指令。通过软件处理，这些数据可以被应用到 3D 模型上，使虚拟角色在虚拟环境中做出与真实人物相同的动作。

动作捕捉技术被广泛应用于电影、动画、游戏（最新的案例是《黑神话：悟空》）以及元宇宙中的虚拟社交场景中，尤其是在需要高度真实感的场景中。凌云光-元客视界公司的 FZMotion 技术可以实时捕捉复杂的肢体动作和面部表情，并将这些动作映射到虚拟形象中，使虚拟角色的表现更加生动和逼真。这一技术不仅提高了数字人的真实性和互动性，还可以与 AI 技术结合，进行更加复杂的行为模拟和自动化驱动。

FZMotion 技术的另一个功能是实时行为驱动。这一功能允许虚拟角色根据实时捕捉的动作数据做出即时反应，从而实现实时互动。这体现在以下两个方面。

实时性：动作捕捉数据被即时处理，并应用于虚拟角色的动画生成中。这一过程需要强大的硬件支持和优化的算法，以确保数据处理的速度和精度，避免延迟和动作失真。

交互性：实时动画驱动不仅适用于单向的动作表现，还可支持双向互动。例如，用户可以让虚拟形象在 VR 世界中与其他虚拟角色互动，所有动作和反应都是实时发生的。

这一技术被广泛应用于虚拟会议、虚拟演出等场景，提升了虚拟互动的真实感。FZMotion 动作捕捉系统的关键技术和功能包括以下几个方面。

（1）高精度三维定位跟踪测量：FZMotion 动作捕捉系统能够实时跟踪、测量并记录三维空间内点的轨迹、刚体运动姿态以及人体动作，其精度可以达到亚毫米级别（0.01mm），另外，其还可以记录运动速度、加速度、角速度等基础运动信息。

（2）高速测量：FZMotion 动作捕捉系统适用于碰撞实验、震动实验、工程实验等高速场景下的目标物形变测量和运动分析。

（3）大空间多人动捕：FZMotion 动作捕捉系统支持 90 米有效捕捉空间，适用于大空间多人交互仿真实训室、CAVE 追踪交互、眼镜/手柄/头盔等道具与虚拟内容的交互操控。

（4）虚实融合拍摄功能：FZMotion 动作捕捉系统可以进行人体运动捕捉和 XR 虚实融合拍摄，被广泛应用于影视动画、游戏娱乐、虚拟现实、工

业仿真、教育等领域。

（5）虚拟演播与游戏动漫：FZMotion 动作捕捉系统支持对数字人驱动、全身运动、面部表情、手指的精准捕捉。在 XR 虚实融合制作中，其对虚拟摄像机多机位进行高精度同步追踪定位，支持头盔、手柄等道具的六自由度（6 DoF）数据，以及获得人体全身动作数据。

FZMotion 动作捕捉系统在无人机室内定位、仿生机器人及其运动规划、机械臂示教学习、气浮台位姿验证、水下运动捕捉等领域得到广泛应用。

（三）AI 与数字人制作

自动化建模与渲染优化：AI 技术通过自动化建模工具和深度学习算法，大大简化了数字人的制作流程。例如，AIGC（AI-Generated Content）技术能够快速生成高质量的 3D 模型、动画内容和短视频，从而降低制作成本，提高效率。

行为模拟与个性化：AI 可用于模拟数字人的行为和情感表现，通过自然语言处理和情感计算，使数字人能够更智能地与其周围的数字人、物、场景及用户互动。例如，AI 可以根据用户的语言和动作调整数字人的反应，使其呈现更加个性化和情感化的特征。

AI 驱动的虚拟形象和数字人制作技术正在快速发展，逐步改变我们与虚拟世界互动的方式。AI 与 FZMotion 等先进技术的结合将进一步提升数字人的表现力和智能化水平，在各个应用场景中提供更加丰富和逼真的体验，推动虚拟世界进一步发展。

五　结语

扩展现实技术为用户提供了沉浸式体验，而互联网 3.0 则确保了这些体验的去中心化、智能化和数据自主性。XR 和 Web 3.0 技术的融合即将带来全新的数字生态系统，如元宇宙的崛起、去中心化虚拟市场的繁荣，以及个性化、智能化的数字服务的发展。然而，目前，沉浸式的 Web 3.0 还处于概念确定与探索阶段，其发展进程也伴随着技术整合的复杂性（去中心化网络和区块链的高计算要求与 XR 设备的性能和实时处理能力有矛盾）、用户体验的优化需求（如何在虚拟环境中提供直观且易于使用的去中心化服务仍是一个挑战），以及任何虚拟现实技术都必须面对的法律和监管等问题的挑战。但随着 AI 在 XR 中的应用的创新，XR 与 Web 3.0 的融合将逐渐发展并成熟，逐步塑造人们互动、娱乐、学习、生活和工作的方式。

参考文献

［1］ "Meta Quest 2," https：//www. meta. com/quest/products/quest-2/tech-specs/.

［2］ "Microsoft HoloLens 2," https：//www. microsoft. com/en-us/hololens.

［3］ "PlayStation VR2," https：//www. playstation. com/en-us/ps-vr2/.

［4］ "Global Leader in Eye Tracking—Discover Our Diverse Range of Offerings," https：//www. tobii. com/.

［5］ "Stanford Researchers Are Using Artificial Intelligence to Create Better Virtual Reality Experiences," https：//news. stanford. edu/stories/2021/11/using - ai - create - better-virtual-reality-experiences.

［6］ "Design, Develop, and Deploy the Next Era of 3D Applications and Services," https：//www. nvidia. com/en-us/omniverse/.

［7］ "Apple Vision Pro," https：//www. apple. com/apple-vision-pro/.

［8］ "Magic Leap Brings Together Industry-Leading Optics, Scalable Production, and AI Capabilities for Immersive AR Experiences," https：//www. magicleap. com/.

［9］ "Google AR Core," https：//developers. googleblog. com/en/google-ar-at-io-2024-new-geospatial-ar-features-and-more/.

［10］《FZMotion 光学运动捕捉系统》，凌云光网站，https：//www. lusterinc. com/FZMotion/。

B.10
面向互联网3.0的隐私计算技术应用

闵新平 李庆忠 苏岳瀚 肖宗水 王 浩[*]

摘 要: 互联网3.0时代，数据成为推动社会与经济发展的核心，但其爆炸式增长与复杂化对隐私保护提出严峻挑战。隐私计算技术应运而生，旨在高效、安全地处理数据，但面临处理能力、效率提升及跨界融合等难题。为实现这一目标，需探索新算法与架构，如分布式计算、边缘计算，并深度融合区块链、人工智能等技术，构建安全智能生态。同时，标准化与规范化成为关键，需多方合作推动，确保技术互联互通。在合规驱动下，隐私计算需严格遵守法律法规，守护数据安全底线。市场需求则推动技术迭代与产业化，促进其在金融、医疗、政务等领域的广泛应用。未来，隐私计算技术将在法律与技术双重保障下，为用户提供更安全、私密的互联网体验，助力数字经济繁荣，推动社会迈向更加美好的未来。

关键词: 隐私计算 规模化应用 去中心化 合规

一 互联网3.0中隐私计算技术的重要性

互联网3.0是一个安全、开放的分布式互联网络，主张共建共治，构建去中心化的价值互联网，为数据流通及其交易提供了安全可信支持。

随着互联网的深入发展，用户对于数据隐私保护的意识日益增强。在互联网3.0时代，这种需求将达到前所未有的高度。用户不再仅仅满足于数据

---

* 闵新平，山东大学；李庆忠，山大地纬软件股份有限公司；苏岳瀚，山东大学；肖宗水、王浩，山大地纬软件股份有限公司。

被存储和处理的基本安全，更加关注自己对数据的控制权和使用权，希望能够在享受互联网服务的同时，确保自己的隐私不被侵犯。这种需求的升级，对现有的数据隐私保护机制构成严峻的挑战，也催生了更加先进和全面的解决方案。

面对用户日益增强的数据隐私保护需求，现行的解决方案主要集中在法律和技术两个层面。法律层面，通过立法手段明确数据使用的合法边界，为数据隐私保护提供了法律保障。各国政府和组织纷纷出台相关法律法规，如 GDPR 等，对数据处理者的行为进行严格规范，让使用者意识到盗用用户数据是严重的违法行为，从而加大了法律对数据隐私的保障力度。

然而，法律手段虽然重要，但并非万能的。在技术的快速发展下，单纯依靠法律往往难以应对所有挑战。因此，隐私计算技术的引入成为解决数据隐私保护问题的关键。技术层面，隐私计算技术包括同态加密、安全多方计算、可信执行环境等，以独特的优势，在保障数据有效性的同时，实现了数据在使用过程中的明文不可见性，为数据处理提供了前所未有的隐私保护。

隐私计算技术的应用，为用户带来了更加安全、私密的体验。在互联网3.0 时代，用户能够更加放心地在网络上流通和使用自己的数据，无论是参与社交互动、进行在线购物还是享受个性化服务，都不必担心个人隐私被泄露或滥用。这种信任感的建立，将极大地促进数据的流通与交易，推动数字经济快速发展。

二 互联网3.0中隐私计算技术的特点

在这个去中心化、高度互联且数据驱动的新时代，隐私不再仅仅是个人权利的象征，更是数字经济健康发展的基石。在互联网 3.0 时代，隐私应该被视为机密和匿名的，包括数据隐私、身份隐私和计算隐私等方面。经过几十年的发展，数据隐私与身份隐私的解决方案在参与方有

限、资源充足的情况下发挥了不可替代的作用；在计算隐私方面，对技术水平的要求较高，发展进展相对缓慢，这也是一个需要探索和深入挖掘的竞争领域。

互联网3.0开放、安全、共建共治的特点对现有隐私计算技术提出了更高的要求，具体如下。

（一）更高的去中心化程度

在互联网3.0时代，随着分布式账本技术的广泛应用，数据交互与服务的提供不再局限于传统的中心化平台，而是逐渐朝着去中心化、多节点参与的方向发展。这种转变要求隐私计算技术必须具备更高的去中心化程度，以确保数据的存储、处理与传输不依赖单一控制点，从而减少单点故障风险，提升系统的整体稳定性和安全性。为了实现这一目标，隐私计算技术不仅需要优化内部算法、架构与流程，还需要与分布式账本、智能合约等技术融合，确保数据的拥有权和管理权更加分散，同时提升系统的整体稳定性和安全性。

（二）更强的保密性

面对互联网3.0时代数据量的爆炸性增长和参与方的多元化，隐私保护成为不可忽视的挑战。隐私计算技术需要具有更强的保密性，以应对数据关联分析、算法攻击等潜在威胁。这要求技术能在加密状态下完成数据的计算、分析和共享，确保数据在使用过程中不被泄露给未经授权的第三方。同时，随着算法的不断升级和优化，隐私计算技术还需具备动态适应性，能够灵活应对新的攻击手段，保护数据的全生命周期安全。

（三）更强的健壮性

互联网3.0的网络环境更加复杂多变，涉及大量的分布式节点、异构系统以及高并发场景，这对隐私计算技术的健壮性提出了更高要求。健壮性不仅体现在系统能够稳定运行、抵抗网络攻击和故障等方面，还要求在面对计算任务复杂多样、数据量巨大时，依然能够保持高效、准确的计算性能。为此，隐私计算技术需要采用更加高效的数据处理算法、优化计算资源分配策略，并引入容错机制、负载均衡等技术手段，确保系统在高负载、高并发环境下依然能够稳定运行。同时，增强系统监控和故障预警能力，及时发现并处理潜在问题，提升系统的整体健壮性。

（四）更低的资源需求

互联网3.0致力于将个体、企业等所有主体紧密连接，推动各类活动全面线上化，这要求隐私计算技术必须在保证安全性的前提下，尽可能降低资源需求，提升性能。降低资源需求不仅意味着减少对计算资源、存储资源的占用，还包括降低网络通信成本、提高计算效率等方面。为实现这一目标，隐私计算技术可以采用轻量化算法设计、优化数据结构、压缩数据传输量等手段，减少计算过程中的资源消耗。同时，利用云计算、边缘计算等分布式计算资源，实现计算任务的灵活调度和高效执行，进一步提升系统性能。此外，通过算法优化和智能调度策略，还可以根据实际需求动态调整资源分配，确保系统在不同负载下都能保持高效运行。

（五）更友好的监管

在互联网3.0时代，合规性成为企业和个人参与数字经济活动的重要前提。隐私计算技术不仅需要保护用户隐私，还需要支持监管机构的合规审查与监督。为此，隐私计算技术需要设计更加友好、透明的监管接口和机制，允许监管机构在必要时获取数据访问权限和审计日志，以确保数据使用的合法性和合规性。同时，通过区块链等不可篡改的技术手段记录数据流转和使用情况，为监管机构提供可信的证据支持。此外，隐私计算技术还可以与合规性框架相结合，为不同行业制定具有针对性的合规标准和指南，促进整个行业健康发展。在保障隐私与合规之间找到平衡点，是推动互联网3.0持续发展的重要保障。

三 互联网3.0中隐私计算关键技术

互联网3.0中隐私计算主要包含安全多方计算、同态加密、零知识证明、联邦学习等技术，具体如下。

（一）安全多方计算

安全多方计算（Secure Multi-Party Computation，SMC）是一种密码学协议，允许一组互不信任的参与方在保护各自隐私数据的前提下，共同执行计算任务并得出结果。该技术由计算机科学家姚期智教授于1982年提出，旨在解决多方协同计算中的隐私保护问题。

安全多方计算广泛应用于金融欺诈风控、联合建模、医疗数据共享等领域。在金融领域，它可以确保银行和其他金融机构在共享客户信息时不会泄露敏感数据。在医疗领域，不同医院可以共同分析患者数据以改进治疗方案，同时保护患者隐私。

尽管安全多方计算在保护隐私方面表现出色，但其计算性能仍是一大挑战。随着应用规模的扩大，如何在保证隐私安全的同时，实现高效的计算成为亟待解决的问题。此外，安全多方计算中的去中心化特性与Web 3.0的核心理念相符，但在实际应用中，如何构建稳定且高效的去中心化计算网络仍需进一步研究。

（二）同态加密

同态加密（Homomorphic Encryption，HE）是一种允许在加密数据上进行计算，并且在得到的结果解密后与基于原始数据直接计算的结果相同的加密方法。这种加密技术使数据在加密状态下依然可以进行各种数学运算，从而保护数据的隐私性。

同态加密在金融、医疗、云计算等领域被广泛应用。在金融领域，它可以保护用户的交易数据不被泄露，同时允许银行进行必要的计算和分析。在医疗领域，医生可以在不接触患者原始数据的情况下，对加密的医疗记录进行诊断和分析。

同态加密虽然能够保护数据的隐私性，但其计算效率低下和资源消耗大的问题限制了其在实际系统中的广泛应用。在 Web 3.0 环境中，随着数据量的急剧增加和计算需求的复杂化，如何提高同态加密的计算效率成为一大难题。此外，同态加密的安全性也需要进一步验证，以确保其能够抵御各种攻击手段。

（三）零知识证明

零知识证明（Zero-Knowledge Proof，ZKP）是一种密码学协议，允许证明者向验证者证明某个论断是正确的，同时不泄露任何除论断真实性以外的额外信息。这种证明方式在保护隐私的同时，也确保了验证的可靠性。

零知识证明在区块链、匿名支付、身份认证、可验证计算等领域被广泛应用。在区块链领域，零知识证明可以实现交易的匿名性和隐私性，同时确保交易的合法性和可追溯性。在匿名支付领域，用户可以在不暴露自己身份的情况下完成交易。

零知识证明在保护隐私和确保验证可靠性方面表现出色，但其实现复杂度和计算成本较高。在 Web 3.0 环境中，随着用户数量的增加和交易频次的提高，如何降低零知识证明的计算成本和提高实现效率成为亟待解决的问题。此外，零知识证明的安全性需要不断验证和完善，以确保能够抵御各种新型攻击手段。

（四）联邦学习

联邦学习（Federated Learning，FL）是一种分布式机器学习技术，它允许多个数据持有者在本地训练模型，并通过加密的方式共享模型的更新信息，从而实现跨机构或跨设备的数据共享和模型优化。

联邦学习在金融、医疗、政务等领域被广泛应用。在金融领域，它可以实现多家银行共同训练反欺诈模型，提高模型的准确性和泛化能力。在医疗领域，不同医院可以共享患者的医疗记录数据，共同训练疾病诊断模型。

尽管联邦学习在数据共享和隐私保护方面表现出色，但其在实际应用中仍面临诸多挑战。首先，如何确保参与方的诚实性和数据的真实性是联邦学习面临的重要问题。其次，联邦学习中的通信开销和计算成本较高，特别是在跨设备应用场景中，如何降低这些成本成为亟待解决的问题。此外，联邦学习的安全性和稳定性需要进一步验证和完善，以确保其能够应对各种复杂的应用场景和攻击手段。

四 互联网3.0中隐私计算技术重点发展方向

在互联网3.0时代，数据的增长速度之快、规模之大前所未有，这对隐私计算技术的处理能力和效率提出了极高的要求。传统方法在处理海量数据时往往显得力不从心，如何在保证数据隐私性的同时，实现快速、精准的数据处理，是隐私计算技术必须攻克的难题。为此，研究人员需不断探索新型算法与架构，如分布式计算、边缘计算等，以提升系统的并发处理能力和加快响应速度，确保数据处理的及时性和有效性。

（一）大规模节点互联协同

当前，安全多方计算技术虽然能够在多个参与方之间安全地执行计算任务，但其支持的节点数量有限，难以有效应对互联网3.0时代万级乃至更高量级节点的互联需求。随着节点数量的增加，计算复杂度急剧上升，通信成本显著增加，同时还需要保证数据的安全性和计算的准确性，这对现有技术构成严峻挑战。

其中，经典MPC与联邦学习因在原理上要求参与方实时在线，并且这两类技术对带宽的需求会随着参与方的增加进一步提高。现有实践通常建议MPC的参与方数量小于5，否则在非局域网环境下，其稳定性和训练时长将面临挑战。垂直联邦学习也存在和MPC类似的问题，但由于其部分计算能够在本地完成，其性能相较MPC而言更高，在垂直场景下，通常建议参与方数量小于10。Cross-silo的水平联邦学习能支持的数据提供方数量更多，但具体数量与模型大小、模型压缩率、聚合频次和 client 采样率等多个因素相关，其上限在百级至万级浮动。

因此，需要实现大规模节点的高效互联协同，构建可扩展、高性能的隐私计算网络，进一步提升节点间通信效率，降低通信成本；进一步优化计算协议，降低计算复杂度；进一步增强系统的容错性和可扩展性，以确保在节点数量大幅增加时仍能稳定运行。

（二）资源约束下的性能提升

隐私计算技术在实际应用中往往受到资源约束的限制，包括计算资源、存储资源和网络资源等。现有技术在追求高安全性的同时，往往牺牲了计算效率和资源利用率，导致在实际部署中面临高昂的成本和复杂的运维挑战。

从效率方面来讲，各个参与方之间的算力、存储、带宽等资源悬殊，将导致协同计算的效率降低。算力较弱的一方可能拖慢整体计算进度，带宽受限、存储效率则会影响数据传输速率，进而影响任务完成时间。

从安全性方面来讲，资源较少的参与方在隐私保护能力上处于劣势地位，容易成为攻击的目标，受到攻击后容易造成连带性质的后果。资源雄厚的一方若存在恶意，则可能会试图推断或窃取资源匮乏方的隐私数据，造成隐私数据泄露的风险。

因此，需要在资源有限的环境下，提升隐私计算技术的性能，减少资源消耗，形成高效、经济的隐私保护解决方案。

（三）隐私与可信融合

隐私计算与区块链技术的融合虽然能够提升系统的可信度和透明度，但两者在技术上存在诸多不兼容之处，如数据隐私保护机制与区块链公开、透明特性的冲突、计算效率与区块链共识机制的矛盾等。

因此，需要实现隐私计算与区块链技术的深度融合，构建既保护隐私又高度可信的分布式计算平台，进行更复杂的隐私保护数据交易和分析，例如，供应链金融、医疗数据共享、联合征信等。

（四）复杂网络情况下鲁棒运行

在复杂网络环境下，隐私计算系统面临诸多挑战，如网络延迟、丢包、节点故障、安全攻击等，这些因素都可能影响系统的稳定性和可靠性。特别是在执行大规模任务时，如何保证节点可靠稳定运行成为亟待解决的问题。

这些挑战不仅源自网络层面的固有难题，如网络延迟的不可预测性、数据包丢失的常态性以及节点故障的偶发性，还涉及数据处理过程中对于隐私保护的严苛要求，使系统的设计与实现难度显著增加。因此，构建能够在复杂网络环境下稳定运行、具备高容错性和鲁棒性的隐私计算系统，需要在技术创新、系统架构设计、算法优化等多个方面持续努力，不断探索与实践。

（五）异构算法与产品互联互通

目前，隐私计算领域存在多种算法和产品，它们之间往往缺乏统一的标准和接口，导致异构算法难以有效集成，不同产品之间难以实现互联互通。这限制了隐私计算技术在跨行业、跨领域应用中的灵活性和可扩展性。

因此，需要构建一套完善的标准化体系，以实现异构算法与产品的标准化、模块化与互操作性。在技术层面制定统一的数据格式、通信协议、安全标准等，确保不同算法与产品之间能够无缝对接，实现信息的自由流通与资源的优化配置。同时，推动算法与产品的模块化设计，将复杂系统拆解为可独立开发、测试、部署的模块单元，提高系统的可维护性、可扩展性与可重用性。

五　总结与展望

在当今这个日新月异的互联网时代，随着技术的不断进步，尤其是互联网3.0的兴起，数据已成为驱动社会进步与经济发展的核心要素。然而，随着数据量的爆炸式增长以及计算任务的日益复杂化，如何在保护个人隐私的同时，高效、安全地处理与利用这些数据，成为摆在我们面前的一个重大挑战。隐私计算技术，作为这一时代背景下的关键解决方案，虽已取得了显著进展，但仍面对诸多挑战与机遇，其发展前景既充满希望，也布满荆棘。

（一）跨界融合，构建安全智能生态

隐私计算技术并非孤立发展，而需要与区块链、人工智能等前沿技术深度融合，共同打造一个更加安全、智能、高效的互联网生态。区块链以去中心化、不可篡改的特性，为数据交易提供了可靠的信任基础；人工智能则通过对大数据的深度分析，挖掘出隐藏在数据背后的价值。隐私计算与这些技术的结合，不仅能在技术上实现互补，更能在应用场景上拓宽边界，为金融、医疗、政务等多个领域带来革命性的变革。

（二）标准化与规范化，通往协同发展的桥梁

在隐私计算技术蓬勃发展的同时，标准化与规范化的问题日益凸显。由于缺乏统一的标准和协议，不同厂商、不同平台之间的技术难以互联互通，这不仅增加了技术应用的复杂性和成本，也限制了隐私计算技术的普及和推广。因此，制定统一的标准和协议，促进不同技术之间的互联互通和协同发展，成为未来发展的重要方向。这需要政府、企业、学术界等多方共同努力，形成合力，推动隐私计算技术的标准化进程。

（三）合规驱动，守护数据安全的底线

在当前全球范围内，隐私保护已经成为不可逆转的趋势和共识。互联网3.0时代的数据流动更加频繁、广泛，因此必须更加注重隐私保护。隐私计算技术在应用过程中，必须严格遵守《中华人民共和国网络安全法》《中华人民共和国密码法》《中华人民共和国数据安全法》《中华人民共和国个人信息保护法》等相关法律法规，确保数据处理和传输合法合规。通过构建合法合规的解决方案，既能保护用户的个人隐私权益，又能为技术的发展提供坚实的法律基础。

（四）需求驱动，技术迭代与产业化并进

市场需求是推动技术发展的强大动力。隐私计算技术也不例外。只有深入洞察市场需求，不断突破技术瓶颈，才能实现技术的持续迭代和产业化发展。在这个过程中，需要密切关注金融、医疗、政务等领域的实际需求，积极探索性能扩展、安全性证明等关键技术，不断提升隐私计算技术的成熟度和产业化能力。同时，加强与产业链上下游企业的合作，共同推动隐私计算技术的普及和应用。

总之，互联网3.0时代的数据隐私保护需求将推动隐私计算技术不断向前发展。在法律与技术的双重保障下，用户将能够获得更加安全、私密的互联网体验，而数据的流通与交易也将在保障安全可信的前提下实现更大的价值。这将为数字经济的繁荣注入新的动力，推动人类社会向更加美好的未来迈进。

参考文献

［1］《隐私计算法律与合规白皮书》，中国信通院云计算与大数据研究所、蚂蚁集团等，2022。

［2］《隐私计算产品通用安全分级白皮书（2024年）》，蚂蚁科技集团股份有限公司等，2024。

［3］《全球Web3技术产业生态发展报告（2022年）》，中国信息通信研究院，2022。

［4］《Web3.0前瞻研究报告（2022年）》，可信区块链推进计划，2022。

［5］《隐私计算白皮书（2022年）》，中国信息通信研究院，2022。

［6］《Web3.0模式分析及中国应用创新探索》，德勤，2023。

［7］ D. Feng, K. Yang, "Concretely Efficient Secure Multi-party Computation Protocols: Survey and More," *Security and Safety*, 2022, 1.

［8］ P. Kairouz, H. B. McMahan, B. Avent et al., "Advances and Open Problems in Federated Learning," *Foundations and Trends in Machine Learning*, 2021, 14（1-2）.

［9］ B. D. Manh, C. H. Nguyen, D. T. Hoang et al., "Homomorphic Encryption-Enabled Federated Learning for Privacy-Preserving Intrusion Detection in Resource-Constrained

IoV Networks," 2024.

[10] M. A. Hidayat, Y. Nakamura, Y. Arakawa, "Privacy-Preserving Decentralized Machine Learning Framework for Clustered Resource-Constrained Devices," Proceedings of the 22nd Annual International Conference on Mobile Systems, 2024.

[11] Y. Jia, B. Liu, X. Zhang et al., "Model Pruning-enabled Federated Split Learning for Resource-constrained Devices in Artificial Intelligence Empowered Edge Computing Environment," ACM Transactions on Sensor Networks, 2024.

B.11
互联网3.0下的数据资产流通
服务平台体系

李 颖 王 冠*

摘 要： 互联网经历了从1.0到3.0的演变。互联网1.0主要以HTTP和HTML为核心，支持基础的内容交互。进入互联网2.0时代，SNS和RSS技术促进了用户间的互动，强化了网络的社交和协作功能。互联网3.0标志着智能网络的兴起，核心技术包括人工智能和区块链，强调数据的去中心化和用户数据所有权的归还。在这一阶段，智能合约和区块链技术提高了数据资产的流通安全性和透明度，推动了数据资产的确权和高效流通。未来以数据资产为代表的数据资产流通服务平台将进一步重视去中心化、用户隐私保护及跨链技术，以提高数据资产的市场效率和用户体验，驱动数据经济发展。互联网的每次技术更新都极大地推动了信息社会的进步，这预示着未来将更加智能化和人性化。

关键词： 区块链 数据资产 智能合约 互联网3.0

2023年5月27日，北京市科委、中关村管委会在中关村平行论坛——"互联网3.0：未来互联网产业发展"平行论坛上发布了《北京市互联网3.0创新发展白皮书（2023年）》（以下简称《白皮书》），从互联网3.0内涵、体系架构、国内外发展现状、北京发展现状和发展建议等方面进行了系统分析和阐述。本报告对于互联网3.0的理解与《白皮书》类似，认为

---

* 李颖、王冠，深圳数据交易所有限公司。

其强调去中心化、数据主权和智能化应用，其中，以数据资产为代表的数字资产成为核心。用户对自己数据的控制增强，推动数据隐私水平和安全性提升。通过区块链等技术，数据资产实现透明、安全的管理和交易，促进数据货币化，为用户和企业创造新的价值和收益模式。互联网3.0的发展使数据不仅是信息载体，更是经济活动的关键资产。

需要指出的是，本报告将从数据资产的角度切入，将数据资产作为一类新兴的数字资产看待，不将数字资产限定于数字版权、数字藏品等领域。同时，本报告较少涉及数据资产通证化的阐述，而是聚焦区块链、人工智能等技术层面以对流通服务体系的技术创新进行介绍与展望。

一 互联网发展阶段及特质

（一）互联网1.0——互联互通的内容网络

互联网诞生于20世纪60年代的冷战时期，起源于美国的军事需求。美国国防部将包括犹他州立大学和斯坦福大学在内的四所高校的计算机通过网络连接，创建了早期的阿帕网，这标志着互联网的初步形成。到了1990年，蒂姆·伯纳斯-李发明了万维网（通常称为Web），这一发明极大地降低了普通用户使用网络的技术门槛，推动了网络应用的普及。1992年，美国克林顿政府倡导提出"信息高速公路计划"，旨在通过政府资金支持，加强学术界和产业界的合作，开发新的网络技术和带宽技术，以支持多媒体信息的传输。此后，英国、德国、中国、日本等多个国家相继启动各自的网络技术发展计划，为全球互联网的连接打下了重要的基础。随着网络技术的不断进步，商业资本开始涌入互联网领域，大公司如微软、英特尔、雅虎、思科、苹果、谷歌、Meta和阿里巴巴等迅速崛起，推动了互联网在信息发布、通信、数据检索和社交服务等多个方面的快速发展，并从中获得了巨大的经济利益。

（二）互联网2.0——交互集成的服务网络

2004 年，第二代互联网即互联网 2.0 开始兴起，其基础技术包括社会关系网络（SNS）、信息聚合（RSS）和信息标签（TAG）。互联网 2.0 着重于用户的参与、在线网络协作及数据的网络化存储。在这个阶段，用户不仅可以与网络服务器互动，还能在同一网站内实现不同用户间的交流，甚至在不同网站之间进行信息互动。互联网 2.0 的出现打破了信息从网站向网民单向流动的局面，将网站转变为高效的网络协作平台。在这个体系中，互联网的控制权由少数资源控制者把握变为依靠广大用户的集体智慧和力量维持，控制方式由原来的自上而下转变为自下而上。在社交网络领域，微博和微信等成为互联网 2.0 的代表性应用。而在生产服务领域，小米公司、抖音平台、知乎网站和维基百科等则是典型的应用案例。这些平台和应用的发展标志着用户参与和网络协作的新时代的到来。

（三）互联网3.0——个性便捷的智能网络

进入互联网 3.0 时代，这一阶段的互联网以数字资产为核心，并通过算法与信息的互动来生成和分配这些资产，从而使资产流转的成本趋近于零。依托区块链等新兴数字技术，互联网 3.0 在确保合规性的基础上促进了数字资产产权的确认和流转，这种数字产权经济将推动数字经济模式的发展和变革。互联网 3.0 主要体现在三个核心价值上。

首先，互联网 3.0 创建了一个全新的技术体系，其中，数据所有权由中心化平台转移到用户，实现数据的自主管理。此外，所有算法均为开源，支持基于数字权益的共同治理，通过区块链技术减少了数据垄断并促进了跨应用的数据共享。

其次，互联网 3.0 通过去中心化改善了互联网的发展模式和产业结构，解决了中心化平台的垄断和不平衡的利益分配问题。同时，它还建立了一个开放的、可互操作的、人人可参与的商业生态系统，促进技术和应用创新，并推动创作者经济发展和全球数字内容流通。

最后，互联网 3.0 引入了一个新的经济模式，通过区块链技术确保数据权益的交易和流转，解决了数据价值流通的难题。这种新经济模式建立了一个数字原生的社会，形成了一个闭环的价值系统，推动了数字原生经济的发展，使用户能够参与到生产、消费和再生产的循环经济中。

互联网 3.0 的体系建设分为基础设施、交互终端、平台工具和应用四个层面。基础设施涵盖人工智能、区块链、算力芯片等技术；交互终端提供全息影像、脑机接口等技术支持；平台工具涉及数字内容制作、数字孪生等；应用则服务于消费娱乐、工业制造、政务等领域。数字人、虚拟空间和数据资产流通平台是互联网 3.0 的典型应用，而城市、工业、产业和消费是其主要应用场景。

互联网 1.0 到互联网 3.0 技术变迁状态见表 1。

表 1　互联网 1.0 到互联网 3.0 技术变迁状态

	互联网 1.0	互联网 2.0	互联网 3.0
核心技术	HTTP、HTML	TAG、SNS、RSS	AI、BG、BC
使用终端	电脑	电脑、手机	多种终端
交互程度	弱交互	强交互	智能交互
信息流动方式	从网站到用户	用户间自由流动	用户间智能流动
代表性应用	新浪、搜狐	维基、微信	iGoogle、思智浦

资料来源：《从 web1.0 到 web3.0，信息技术重塑数字时代》，光明网，https：//kepu. gmw. cn/2024-05/22/content_ 37336608. htm。

二　互联网3.0下的数据资产流通服务平台

在互联网 3.0 的背景下，数据资产流通服务平台将更加强调去中心化、用户隐私保护以及数据所有权的透明管理。互联网 3.0，通常被称为语义网或 Web 3.0，强调利用区块链、分布式账本技术、智能合约以及更高级的人工智能和机器学习技术，打造更加开放、连接和智能的网络环境。

（一）数据资产的概念

数据资产并没有一个统一的概念，不同的法规文件可能有不同的理解和表述。但是，我们可以从表2来把握数据资产的基本内涵。

表2　不同法规文件对数据资产的定义

法规文件	对数据资产的定义
《信息技术服务　治理 第5部分：数据治理规范》（GB/T 34960.5—2018）	数据资产，是组织持有和控制的能够产生效益的数据资源
《电子商务数据资产评价指标体系》（GB/T 37550—2019）	其是以数据为载体和表现形式，能够持续发挥作用，并且带来经济利益的数字资源。数据资产能够为组织带来潜在价值和实际价值；数据资产能够估值、交易（以货币计）；数据资产包含结构化数据、非结构化数据和半结构化数据
《信息技术服务　数据资产　管理要求》（GB/T 40685—2021）	数据资产，是合法拥有或者控制的，能进行计量的为组织带来经济和社会价值的数据资源
《信息技术 大数据 数据资产价值评估（征求意见稿）》	数据资产，是以数据为载体和表现形式，能进行计量的，并能为组织带来直接或者间接价值的数据资源
中国资产评估协会发布的《数据资产评估指导意见（征求意见稿）》	数据资产，是由特定主体合法拥有或者控制的，且能够带来直接或间接经济利益的数据资源
浙江省地方标准——《数据资产确认工作指南（征求意见稿）》	数据资产，是会计主体过去的交易或事项形成的，由会计主体拥有或者合法控制的，能进行可靠计量的，预期会给会计主体带来经济利益或产生服务潜力的数据资源

资料来源：笔者根据相关法规文件整理。

数据资产的定义尚未统一，不同的组织和学者对其有不同的解释和描述。然而，我们可以通过几个核心方面来理解数据资产的基本含义。数据资产是一种资源，记录数据的形式可以是物理的或电子的，包括数字信息、文字记录、图像、语音以及数据库等。数据资产也是一种资产，被特定的主体合法拥有或控制，并能在将来为该主体带来经济收益。此外，数据资产还是一个关键要素，与土地、资本、劳动和技术一样，在生产和业务活动中扮演不可或缺的角色。综合这些方面，数据资产可以定义为：由特定主体合法拥有或控制，能够为其带来未来经济利益的，以物理或电子形式记录的数据资源，是生产和业务活动中的关键要素。

（二）区块链技术赋能数据资产可信流通

传统的资产记录通常存储在中心化的数据库中，这种方式容易受到攻击，从而影响资产的安全性。此外，中心化数据库中的数据容易被复制和传播，使资产的权属难以确认，所有者难以从中获得应有的经济回报。区块链技术提供了一种解决方案，能够确保数字资产的权属清晰。利用区块链的数字签名、共识机制、智能合约和时间戳等功能，可以实现对数字资产的确权。区块链示意图见图1。这使数据资产的所有者、生产者和使用者都可以成为区块链网络中的关键节点，共同构建一个安全可靠的身份认证系统和责任分配机制。此外，区块链还能够实现对数字资产在传输、使用、交易和收益分配等方面的全周期管理和追溯，为数字资产流通提供坚固的技术支持。

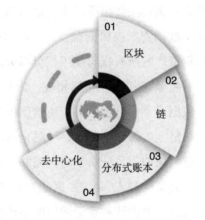

图1 区块链示意

资料来源：邵奇峰等《区块链技术：架构及进展》，《计算机学报》2018年第5期，第969~988页。

1. 打破"数据孤岛"

1969年，美国国防部创建了阿帕网（ARPANET），这一事件是互联网的起源。从那时起，互联网一直以"开放、平等、协作、快速、分享"为追求的核心理念。然而，基于TCP/IP协议的传统互联网并未完全贯彻这些理念，反而逐渐背离初衷。这主要是因为TCP/IP协议仅支持计算机之间的

连接，而每台计算机生成的数据都被市场主体所控制，并存储在各自独立的数据库中。随着数据变成关键资产，合理的个体通常不会主动分享自己的数据，导致数据在单个单位内部累积，而跨单位流通则异常困难，形成了所谓的"数据孤岛"。特别是那些具有第三方保证资质的银行、政府机构和大型企业，它们在"马太效应"下积累了大量数据资源，而中小企业和普通公众则拥有较少的数据资源。这种现象使社会上的数据资源高度集中在少数人手中，大多数人难以从中受益，互联网因此偏离了其原始目标。区块链通过分布式账本技术，实现了底层数据库的互联互通，从根本上解决了传统互联网中由 TCP/IP 协议引发的"数据孤岛"问题，推动互联网向一个新的发展阶段迈进。

2. 数据资产确权

数据资产的确认分为三类：法律角度、市场估值与交易角度及会计核算角度。区块链技术加强了数据资产权属的确认。（1）区块链技术特性与数据资产确权相契合。数据资产的所有权与使用权可以分离。数据资产确权涉及内容、采集和分析，三者紧密相连，相辅相成。内容体现了数据的产权，是数据资产价值归属。数据采集和分析是其产生价值的途径，体现了数据的所有权和使用权。在区块链上的每一个节点，经过全网验证的数据信息通过算法及密码技术被记入数据块中，系统赋予时间戳并生成数字签名，形成新的区块。谁拥有该区块谁就是产权人。（2）区块链技术逻辑是数据确权的天然条件。链上数据无须第三方确认和登记即可明确产权人，形成了数据确权的基本路径：数据生产者（产权人）—数据处理者（增值产权人）—数据使用者（使用权人）。基于区块链技术逻辑，数据资产的上链过程就是区块链系统形成的数字通证，系统赋予的权益性证明就是数据资产的产权证。数据交易系统具有区块链支付功能，在交易中，买方将货款支付给系统，无须第三方支付平台参与。数据资产经过加密后由卖方传输给买方，数据资产的使用权就转给了买方。系统会将交易信息记入区块，赋予时间戳后信息不可篡改但可以溯源。（3）区块链为数据资产的确权提供技术支持。区块链数据资产平台包括采集、处理和应用三层结构：数据采集，主要涉及原始数据记录、数据序列、数据聚合、加密和路由协议等数据与网络组织协议，包括涵盖数据区块，链式结构、时间戳、哈希函数、默克尔树、非对称加密等的数据层，以及涵盖 P2P 网络、传播机制、验证机制的网络层；数据处理，主要包括涵盖 PoW、PoS、DPoSPBFT、混合证明机制等的共识层，以及涵盖发行机制和分配机制的激励层；数据应用，主要包括涵盖脚本代码算法机制、智能合约的合约层，以及涵盖可编程会计、财务、企业和社会的应用层。

3. 数据资产真实性和可信度

随着数字技术的不断进步，传统的纸质票据正在向数字票据转变。数字票据目前面临的主要问题包括票据真实性的难以验证、违规交易的频发以及逾期违约的风险。区块链技术中的 NFT 可以有效应对这些问题，通过建立一个新的、连续的"背书"机制，在多个参与节点之间确保票据权利转移的真实性。一旦数据被记录在区块链上，全节点共同维护一个统一的账本，每个节点都可以充当备份，这样就杜绝了单点违规的可能性。此外，通过加密技术确保节点身份可验证，以及数字签名和多种加密算法可应用，保证了区块链数据的真实性和不可篡改性，从而在多方之间建立了信任。这使数字票据能够更灵活和方便地进行拆分与重组。

4. 数据资产流通安全

区块链技术利用加密技术进行数据的采集、传输、存储和访问。在其分布式共享机制中，单个节点的故障不会威胁整个系统的稳定运行。仅当超过半数的节点验证信息后，才能形成新的区块，并且每个区块都会被赋予一个独特的时间戳。未经过 51% 的节点验证，信息将无法被篡改。区块链的分布式记账、数字签名和共识机制等核心技术显著提升了数据处理的效率和质量，并确保了信息的安全。全网的数据备份与互相验证进一步增强了安全性。时间戳和信息的时序性赋予了数据不可逆的特性，减少了数据被篡改的风险。区块链的数据可追溯性为数据管理、内部控制和风险管理提供了坚实的技术支持。区块链技术在提升数据资产运营安全性方面具有以下四个关键特性。

非对称加密：每个节点使用一对公钥和私钥进行签名，公钥公开于整个网络，私钥由用户私密保管。这种机制允许用户生成数字签名，而其他知道公钥的用户可以进行验证。这种加密确保了只有私钥的持有者才能生成签名，如果使用公钥加密数据，则需用私钥解密，反之亦然，从而避免了密钥截取的风险。

时间戳技术：每个区块都明确标记了数据被记录的时间，其不可逆性保证了数据一旦写入便不可更改或撤销，增加了数据的可追溯性。

分布式记账：区块链本质上是一个基于共识机制的分布式记账系统。信息（或计算结果）由一个节点发起，经全网公开后，每个节点接受并验证，随后通过时间戳创建新的区块。这种方式确保了记账的公开性和一致性。

全网共识：区块链的共识机制包括工作量证明等，允许分散的网络节点达成一致。这种机制将人为的信任转变为技术上的信任，形成了一个无须第三方确认的信用系统。在网络层和共识层，通过共识机制和节点分级权限来实现数据的共享和安全访问；在数据层，通过分布式存储和有效索引提高查询效率；在合约层，实现数据的智能化管理；在应用层，通过交易信息的加密提高数据的安全性。

（三）人工智能技术支撑数据资产流通

数据需求方涉及公共服务、影视娱乐、交通、医疗、金融、广告营销等众多领域。数据的使用是数据发挥真正价值的关键阶段。在人工智能等技术的支持下，数据要素产业链有望迎来重塑，主要表现为高质量数据需求快速增长和数据使用门槛降低。

1. AI算力已成为数据中心算力的主要需求之一

中国市场在AI服务器的出货量和渗透率方面都显示出增长趋势。根据IDC的统计，2019年，中国的服务器总出货量达到319万台，其中，AI服务器的出货量为7.9万台，渗透率达到2.5%，相比2018年增长了0.9个百分点。预计未来随着AI模型的训练和应用需求增加，对AI功能的服务器和芯片的需求将继续增长。

英伟达的数据中心业务在最近几年显著增长，2022 年第一季度的营收达到 37.5 亿美元，同比增长 83.1%，占总营收的 45%（见图 2），超过了游戏业务的 36.2 亿美元。2016~2021 年，英伟达数据中心业务的复合年均增长率达到 66.5%，营收比重从 12.0% 增至 39.4%，其成为公司增长的关键驱动力。

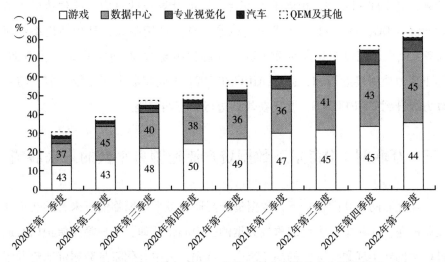

图 2　2020 年第一季度至 2022 年第一季度英伟达业务营收情况

资料来源：笔者根据英伟达官网发布的《财务报告》中相关数据整理而成。

英特尔也在数据中心智能算力领域进行了重要布局，开发了多款 AI 芯片以应对快速增长的需求。英特尔在 2015 年收购了 Altera 公司而进入 FPGA 芯片市场；2019 年，又收购了以色列的 AI 芯片公司 Habana，进一步拓展 ASIC 芯片的布局。目前，英特尔已推出包括数据中心 GPU、FPGA 和 ASIC 在内的多款 AI 芯片产品，这些产品主要应用于云游戏、媒体处理、虚拟桌面基础设施和 AI 视觉推理等多个场景。例如，其在 2022 年 5 月推出的数据中心 GPU ATS-M 和 AI 训练专用芯片 Gaudi 2，都显示出在性能指标上的显著提升。

2. 各地政府正积极开展人工智能数据中心（AIDC）的建设

AIDC 在全国各地迅速建设并投入使用，其中许多已建成的中心的算力

利用率迅速接近饱和。AIDC 主要依靠 AI 芯片提供专用的模型训练和推理算力，并配备一定的通用算力以完成数据预处理等任务。得益于新基建政策的推动，一些地方政府正积极推进 AIDC 建设。据悉，从 2021 年 1 月到 2022 年 2 月，全国已有超过 20 个 AIDC 被规划、建设或投入使用，其中，8 个位于不同城市的 AIDC 已经建成并开始运营。这些中心的算力规模普遍达到或计划达到 100PFLOPS，相当于 5 万台高性能计算机的算力。已建成的中心如武汉 AIDC，自 2021 年 5 月运营以来，算力利用率高，日均使用率超过90%，吸引了超过 100 家企业入驻，并孵化出超过 50 种场景化解决方案。鉴于算力使用接近饱和，武汉 AIDC 在 2021 年底完成了第二期扩容，将总算力提升到 200PFLOPS，并正在规划进行第三期扩展。

三　互联网3.0背景下数据资产流通服务平台的未来展望

在互联网 3.0 的背景下，数据资产流通服务平台面临前所未有的变革和发展机遇。这些平台将更加重视数据的去中心化处理、用户隐私保护以及通过技术创新实现数据资产的高效流通。首先，去中心化将是数据资产流通服务平台未来发展的核心特点。借助区块链技术，这些平台能够实现数据存储和交易的透明化，确保数据交易的可追溯性和不可篡改性。去中心化不仅提高了数据的安全性，还降低了对中心化管理机构的依赖，有效减少了单点故障的风险。其次，隐私保护技术的应用将成为数据资产流通服务平台的另一个发展重点。随着用户对个人数据隐私越来越重视，平台需要采用先进的隐私保护技术，如同态加密和零知识证明，来确保在不泄露用户敏感信息的情况下进行数据验证和处理。这种技术的应用不仅能保护用户隐私，还能增强用户对平台的信任，从而吸引更多用户参与数据交易。此外，智能合约将在数据资产流通服务平台中扮演越来越重要的角色。通过智能合约，数据的购买、使用和转让可以自动化执行，确保交易双方的权益得到保障，并显著提高交易效率。智能合约还可以帮助实现复杂的交易逻辑，如基于数据使用频率的动态定价机制。数据资产的代币化也是未来展望的一部分。通过将数据资产转化为数字代币，可以在全球范围内轻松交易，极大地提高了数据资产的流动性。此外，通过智能合约和分布式账本技术，保障数据的安全、透明流通。基础设施建设层面，通过发展统一的数据要素标准化协议，支持数据资产的跨平台流通。同时，跨链技术的发展将使数据资产流通服务平台能够实现更广泛的互操作性。数据资产可以在不同的区块链平台之间自由流动，这不仅扩大了数据的可用范围，也进一步提升了平台的市场竞争力。

总之，互联网3.0背景下的数据资产流通服务平台将更加智能、安全和用户友好。通过技术创新，这些平台将能够提供更高效、更透明、更符合用户需求的服务，推动整个数据经济发展。

参考文献

［1］刘光强、干胜道、王晓燕：《区块链数据资产可靠性研究》，《财会月刊》2024年第11期。

［2］李佳、刘蕾：《互联网3.0时代的平台经济模式与发展策略》，《企业经济》2021年第1期。

［3］刘雪峰、李傲远、吴祖鹏：《人工智能行业深度报告：AI算力需求快增长，平台化基础设施成焦点》，腾讯网，https://new.qq.com/rain/a/20220608A01Z8C00。

［4］邱泽奇、张树沁、刘世定等：《从数字鸿沟到红利差异——互联网资本的视角》，《中国社会科学》2016年第10期。

［5］黄浩：《匹配能力、市场规模与电子市场的效率——长尾与搜索的均衡》，《经济研究》2014年第7期。

［6］汪旭晖、张其林：《平台型网络市场"平台—政府"双元管理范式研究——基于阿里巴巴集团的案例分析》，《中国工业经济》2015年第3期。

［7］董维刚、许玉海、孙佳：《产业间平台合作下的双边定价机制研究——基于对固有收益影响的分析》，《中国工业经济》2011年第7期。

［8］《北京市互联网3.0创新发展白皮书（2023年）》，北京市科学技术委员会、中关村科技园区管理委员会，2023。

场景应用篇

B.12
基于区块链的可信算力碳效评价体系

董 宁 徐少山 樊期光 郭忆帆*

摘 要： PUE 指标及其相关评价体系更适合传统能耗管理，既无法提供设备自身算力能效的信息，也不能适应当下碳排放"双控"的新要求，还给数据中心带来更大的建设运营压力。经过对 PUE 和部分新的能效评价指标的研究，本报告提出了可信算力碳效评价体系，主要针对碳排放和算力两大考量因素，对算力基础设施进行评价，并收集部分数据中心的数据进行实测。同时，在该评价体系中引入"信任度"概念，基于区块链技术确保数据源及数据流转过程真实可信。

关键词： PUE 算力 数据中心 碳达峰碳中和 区块链

---

* 董宁，中国移动通信有限公司研究院；徐少山，中国质量认证中心；樊期光、郭忆帆，中国移动通信有限公司研究院。

一　数据中心碳排放评估面临的问题和挑战

随着云计算、大数据、人工智能等技术的快速发展，数据中心的重要性日益凸显。传统的数据中心规划、建设和运维技术已经不能完全满足业务需求，全面的数字化和智能化已成为迫切的需求。同时，国家"双碳"目标的推进，进一步对数据中心提出绿色、低碳的要求。然而，作为评价数据中心能效的重要指标，在碳排放"双控"的新形势下，PUE 的局限性及问题逐渐显露出来。

（一）PUE 指标

PUE 是 2007 年美国绿色网格组织（The Green Grid，TGG）提出的评价数据中心电能利用效率的一种指标，即 Power Usage Effectiveness 的缩写，是数据中心消耗的所有能源与 IT 负载消耗的能源的比值。

PUE＝数据中心总能耗/IT 设备能耗。PUE 值越高，数据中心的整体效率越低；PUE 值越接近于 1，表示数据中心的绿色节能程度越高。多年来，PUE 被国内外数据中心行业广泛使用，是评价数据中心能源效率的最基本和最通行的指标之一。但是，业界认为 PUE 指标仅考虑电力有相当的局限性，甚至是非常片面的。例如，一台老旧服务器更换为一台新的、更节能的服务器，在提供同样算力的情况下，IT 设备的用电量会降低，但是，在这种情况下，PUE 值反而会升高。近年来，PUE 有被严重商业化的趋势，业界甚至出现在评测过程中人为操纵 PUE 值的现象。不少数据中心称其 PUE 值已低于 1.2 甚至 1.1，然而，这些公司并未给出具体采用的节能措施、测量方式和计算数据等细节，或者在室外温度、设备使用率及用户在线数等都是极值的特殊情况下进行测量。这些都不能从根本上解决数据中心节能降碳的问题。

在 PUE 体系下，数据中心运营方在节能降碳方面面临较大挑战。一是 PUE 要求越来越高，给生产运维人员带来的压力越来越大。2021 年 11 月 30

日，国家发改委等四部门发布的《贯彻落实碳达峰碳中和目标要求 推动数据中心和5G等新型基础设施绿色高质量发展实施方案》提出，到2025年，数据中心运行电能利用效率和可再生能源利用率明显提升，全国新建大型、超大型数据中心平均电能利用效率降到1.3以下，国家枢纽节点进一步降到1.25以下，有序推动以数据中心为代表的新型基础设施绿色高质量发展，助力实现"双碳"目标。这些要求无疑给数据中心现网运营和新建规划带来不小的压力和较大的成本。二是尽管中国近十年来针对数据中心PUE指标拼命追赶，但PUE体系源于欧美，相关国际标准设立和修订的话语权几乎被欧美国家所垄断。2016~2017年，ISO/IEC联合技术委员会发布ISO/IEC 30134-X Information technology-Data centres-Key performance indicators（"信息技术-数据中心-关键性能指标"）系列标准；2019年，美国ANSI/ASHRAE Standard发布90.4-2019 Energy Standard for Data Centers，即《数据中心能源标准》；2021年10月，ISO/IEC发布三个由TS版升级为正式版的数据中心IS国际标准ISO/IEC 22237-1-2021。随着中国数字经济的繁荣、"双碳"目标的深入以及国际政治经济形势的发展变化，中国必须在算力基础设施评价体系有所发声，以在国际标准领域抢占更大的话语权。

（二）其他评价体系和改进方法

近十年来，各个研究机构、大型企业对PUE体系提出了改进建议和替代方案，其中就包括很多取代PUE来对数据中心进行评估的其他指标，像pPUE、EEUE、CUE等。

pPUE：TGG和ASHRAE都在PUE概念基础上给出了pPUE定义，即某区间内数据中心总能耗与该区间内IT设备能耗之比。这里的区间或者范围可以是实体，如集装箱、房间、模块或者建筑物，也可以是逻辑上的边界，如设备或对数据中心有意义的边界。pPUE只适用于数据中心区间能耗的研究。

EEUE：2016年，中国发布了《数据中心 资源利用 第3部分：电能能效要求和测量方法》（GB/T 32910.3—2016）。该国家标准参照PUE，重新定义了 EEUE（Electric Energy Usuage Effectiveness）。该标准在充分考虑中国国情的基础上，根据数据中心的制冷技术、使用负荷率、安全等级和所处地域的不同，制定了能源效率值调整模型。

CUE：TGG 于 2010 年创造的碳利用效率 CUE（Carbon Usage Effectiveness），已经成为绿色数据中心受关注的指标之一。CUE 是指数据中心 CO_2 总排放量与 IT 负载能源消耗的比值，得出的结果是每千瓦时产生多少二氧化碳。CUE 计算公式为：CUE＝二氧化碳总排放量/IT 负载能耗。最完美的 CUE 值是 0.0，这意味着在数据中心运营中没有产生任何碳排放。CUE 是测量和计算数据中心碳使用率的方法，为降低数据中心碳排放、提高资源使用效率奠定了基础。

（三）新型算力基础设施由能耗"双控"向碳排放"双控"转变

在中国全面从能耗"双控"向碳排放"双控"转型的大背景下，新型算力基础设施建设依然面临高排放、低算效等问题，我们希望能够针对数据中心等算力基础设施的业务发展和节能降碳需求，提出更加合理的评估指标，这就需要综合考虑各方面的因素。

1. 算力

2023 年 10 月 8 日，工业和信息化部等六部门联合印发的《算力基础设施高质量发展行动计划》指出，开展绿色低碳技术、算力碳效模型等研究，开展绿色低碳算力园区评价，发布算力设施绿色低碳发展年度报告；构建算力中心、算力应用"碳中和等级"能力指标体系，开展算力设施、算力应用碳效核查与评估。算力是集信息计算力、网络运载力、数据存储力于一体的新型生产力，主要通过数据中心等算力基础设施向社会提供服务，包括逻辑运算能力、并行计算能力、神经网络计算能力以及新涌现出的移动计算、边缘计算、超算数据中心/云计算集中式 AI 算力等。

2. 碳排放及碳补偿

中国信息通信研究院发布的《数据中心白皮书（2022 年）》指出，2022 年，中国数据中心每产生 1 美元的收入，同时会产生 4.2 千克的碳排放。在"双碳"背景下，国家有关数据中心的各项政策从关注 PUE 节能逐步转向数据中心运营可量化碳排放指标，绿色低碳乃至零碳是数据中心当前发展趋势。因此，在数据中心规划、设计、施工及运营的各个环节，对数据中心进行碳排放核算核查和低碳能力评估，成为行业发展和碳排放"双控"管理的发展需求。除了数据中心使用新能源等手段来节能降碳之外，中国通信标准化协会颁布的《数据中心碳中和技术要求和评估方法》指出，可以通过已认证的碳补偿方式来进行一部分抵消，其方式包括绿电、绿证、CCER 项目、VCS 等。这些碳补偿抵消项目，应由独立第三方机构进行核查和验证，并在相关机构公布其使用和注销信息。

3. 数智化技术应用水平

2022 年 3 月，生态环境部公布了一批碳排放数据弄虚作假行为，暴露出排放企业伪造报告、篡改数据，咨询机构制作虚假送检样品，个别第三方检验检测机构编造虚假检测报告等问题。2023 年 12 月 31 日，国家数据局会同中央网信办、科技部、工业和信息化部等多部门联合印发《"数据要素×"三年行动计划（2024—2026 年）》，选取工业制造、绿色低碳等 12 个行业和领域，从提升数据供给水平、优化数据流通环境、加强数据安全保障三方面，强化保障支撑。计划还鼓励应用区块链、物联网、隐私计算等数智化技术，提供数据采集、计算、存证和共享等能力，帮助碳排放核算—上报—核查—交易全过程完整取证、可信核算、及时存证。

物联网、人工智能、5G 通信、区块链等数智化技术，在"双碳"治理领域都具备良好应用前景。物联网是"眼睛、耳朵"，通过传感器实时采集生产现场的基本信息和碳排放的原始数据；人工智能是"大脑"，利用管理部门所掌握的海量碳排放数据，进行碳排放发展趋势推演、碳减排路径规划以及投资决策，是"双碳"工作的"晴雨表"；5G 通信是"经脉"，可用于进行电力、制造、钢铁、石化、矿山、港口等封闭或半封闭场景的高速网络覆盖，是实现高带宽、海量设备接入以及低时延、高可靠的通信基础设施。特别是区块链技术，就像"免疫系统"，以监管部门、排放单位和第三方核查机构为节点，让核算、报送、履约、核查、报告等过程产生的碳数据要素通过区块链进行可信流转，帮助管理部门实现碳排放治理的数据共享和工作协同，也为像"算力网络"这样新型双碳应用场景提供高度信任的数据环境。

区块链等数智化技术为数据中心等基础设施全面掌握碳排放情况提供数据支撑，为精准把握碳排放发展走势提供技术手段，为碳资产管理和流通提供协作平台，进而形成互联互通、降本增效的"双碳"治理体系。第一，数智化技术可以帮助摸清自身碳排放"家底"，有利于全面掌握碳排放管理数据；第二，数智化技术可以帮助分析和预测碳排放发展情况，有助于精准把控"双碳"进程走势；第三，数智化技术可以帮助整合现有资源，有助于优化社会协作机制。因此，数据中心对数智化能力的应用程度，是衡量"双碳"治理水平和效率的关键因素。基于区块链的碳排放全生命周期穿透式监管示意见图1。

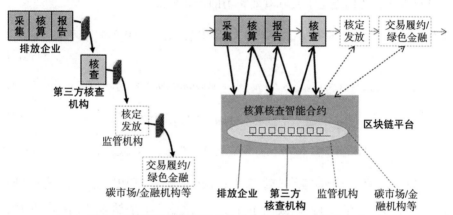

图1 基于区块链的碳排放全生命周期穿透式监管示意

资料来源：笔者自制。

二 算力碳效

（一）单位算力碳效（CEOC）

基于数据中心节能降碳的核心考量要素：碳排放量和算力，我们首先提

出了一个"单位算力碳效"指标 CEOC（Carbon Efficiency of Computing），来计算单位有效算力下的碳排放量，计算公式如下：

$$CEOC = 碳排放量/实时有效算力 = CO_2 emitted/（有效算力×使用率）\qquad(1)$$

CEOC 指标通过碳排放数据和有效算力结合，可以避免多个真实业务性能测试所带来的单位不统一、描述过于复杂等局面，有助于进行定量、对比性分析数据中心算力和碳排放的关系。其中，碳排放量的核算依据全国及地方碳排放统计核算制度、行业企业碳排放核算机制、重点产品碳排放核算方法等；而作为数据中心对信息处理后实现输出的一种能力，算力按重要性依次排序为 CPU、内存、硬盘（外存）等。从普遍意义讲，算力是一个由计算、存储等多个选项组成的衡量数据中心能力的综合指标。通过大量的实测与计算推导，我们提出了实际有效算力的计算公式：

$$CP_{reality} = \exp(0.65 \times \ln(EP_{CPUreality}) + 0.3 \times \ln(EP_{memoryreality}) + 0.05 \times \ln(EP_{harddiskreality}))$$
$$(2)$$

$$EP_{CPUreality} = (N_{PowerKernel} \times Frequency \times FloatingPoint) \times T_{CPU}/EP_{CPUbaseline}\qquad(3)$$

$$EP_{memoryreality} = (N_{DIMM} \times C_{DIMM}) \times T_{memory}/EP_{memorybaseline}\qquad(4)$$

$$EP_{harddiskreality} = (N_{harddisk} \times C_{harddisk}) \times T_{harddisk}/EP_{harddiskbaseline}\qquad(5)$$

其中，$CP_{reality}$ 为实际有效算力；$EP_{CPUreality}$ 为 CPU 实际有效性能；$EP_{memoryreality}$ 为内存实际有效性能；$EP_{harddiskreality}$ 为存储实际有效性能；$N_{PowerKernel}$ 为 CPU 算力核数；$Frequency$ 为单核主频；$FloatingPoint$ 为 CPU 单周期浮点算力值；T_{CPU} 为 CPU 使用率；$EP_{CPUbaseline}$ 为 CPU 基准有效性能；N_{DIMM} 为内存条数量；C_{DIMM} 为内存条容量；T_{memory} 为内存使用率；$EP_{memorybaseline}$ 为内存基准有效性能；$N_{harddisk}$ 为硬盘数量；$C_{harddisk}$ 为硬盘容量；$T_{harddisk}$ 为存储使用率；$EP_{harddiskbaseline}$ 为硬盘基准有效性能。该有效算力计算综合了 CPU、内存、存储的性能，并通过实测法来确定了 CPU、内存、存储的关键影响因子，而且考虑了实时使用率，可以反映数据中心实时运营时的算力状态。

该公式一方面统筹考虑了 CPU、内存、硬盘的综合有效算力，另一方面解决了实测法仅能测试空服务器，无法反映正在运行的数据中心服务器的实时状况的问题。

（二）数据中心数据实测

根据单位算力碳效 CEOC 指标，我们以某数据中心为例，采集了从 2023 年 7 月 11 日到 8 月 10 日的运维系统和能耗系统数据，具体如下：

数据中心或机房服务器的 CPU 有效算力 $CP_{CPUreality} = 16 \times 2.3 \times 32 \times 4.58\% = 53.93$GFLOPS；

数据中心或机房服务器的 CPU 算力核数 $N_{PowerKernel} = 16$；

数据中心或机房服务器的 CPU 单核主频 $F_{CPU} = 2.3$GHz；

数据中心或机房服务器的 CPU 单周期单精度浮点算力值 $FP_{CPU} = 32$；

数据中心或机房服务器的 CPU 使用率 $P_{CPU} = 4.58\%$；

数据中心或机房服务器的内存有效算力 $CP_{memoryreality} = 24 \times 16 \times 83.05\% = 318.912$GB；

数据中心或机房服务器的内存条数量 $N_{DIMM} = 24$；

数据中心或机房服务器的内存条容量 $C_{DIMM} = 16$G；

数据中心或机房服务器的内存使用率 $P_{memory} = 83.05\%$；

数据中心或机房服务器的存储有效算力 $CP_{harddiskreality} = 10 \times 1920 \times 73.47\% = 14106.24$GB；

数据中心或机房服务器的硬盘数量 $N_{harddisk} = 11-1 = 10$（备注：raid5 磁盘阵列）；

数据中心或机房服务器的硬盘容量 $C_{harddisk} = 1920$GB；

数据中心或机房服务器的硬盘使用率 $P_{harddisk} = 73.47\%$。

另外，本模型中的基准服务器配置如下。

CPU：1 x Intel Celeron CPU G1101 @ 2.26GHz。

内存：4 x 2GB PC3L-10600E DIMMs。

硬盘：1 x SATA 80GB 7200rpm 3.5" HDD connected to an onboard SATA controller。

根据基准服务器配置信息，通过计算可得到基准服务器的 CPU 有效算力、内存有效算力、存储有效算力：

$$CP_{CPUbaseline} = N_{PowerKernel} \times F_{CPU} \times FP_{CPU} = 2 \times 2.26\text{GHz} \times 32 = 36.16\text{GFLOPS}$$
$$CP_{memorybaseline} = (N_{DIMM} \times C_{DIMM}) \times P_{memory} / CP_{memorybaseline} = 4 \times 2\text{GB} = 8\text{GB}$$
$$CP_{harddiskbaseline} = (N_{harddisk} \times C_{harddisk}) \times P_{harddisk} / CP_{harddiskbaseline} = 1 \times 80\text{GB} = 80\text{GB}$$

因此，该服务器的有效算力为：

$$CPserver = 0.65 \times CP_{CPUreality} / CP_{CPUbaseline} + 0.3 \times CP_{Memoryreality} / CP_{Memorybaseline} + 0.05 \times CP_{harddiskreality} / CP_{harddiskbaseline} = 21.745$$

这只是某一台服务器的实际有效算力分值，按照该方法计算得出整个数据中心的实际有效算力分值为 5942，而该数据中心机房根据相关标准进行如下核算：

机房服务器平均每小时产生的碳排放量 $Cserver = 114913\ \text{gCO}_2$；

机房制冷耗电平均每小时产生的碳排放量 $Crefrigeration = 8555\ \text{gCO}_2$；

机房恒湿机耗电平均每小时产生的碳排放量 $Chumidity = 1711\ \text{gCO}_2$；

机房照明耗电平均每小时产生的碳排放量 $Clighting = 1663\ \text{gCO}_2$；

机房其他用电设施（员工办公设施除外）平均每小时产生的碳排放量 $Crest = 0\ \text{gCO}_2$；

因此，机房平均每小时产生的碳排放量 $Ccrpower = 126842\ \text{gCO}_2$，代入模型公式后得到机房的 $CEOC = Ccrpower / CPtotal = 21.3\ \text{gCO}_2$。

三　基于区块链技术的可信算力碳效评价体系

数据中心等算力基础设施节能降碳的核心考量要素，包括碳排放和碳补偿、算力及算力效能、数据要素以及区块链等数智技术应用水平等，在

"单位算力碳效"（CEOC）的基础上，我们提出了基于区块链的可信算力碳效评价体系，其数学表达式如下：

$$T - CEOC = CEOC \times T \times I = \frac{T \cdot C_{DI} + \Delta C}{\sum (S \cdot U)} \cdot (1 - \alpha \cdot I) \tag{6}$$

其中，C_{DI}是包括数据中心在内的算力基础设施碳排放量，ΔC代表碳补偿；分母中S代表算力，U是算力系统实时利用率，而在碳排计算周期对实际算力进行汇总，即该周期总算力。此外，T是信任度，其数值为0或1，表示是否应用区块链技术并通过可信测评；最后，引入T和I作为数智系数和智能度，评估整个系统数智能力水平，数智化程度越高，对监控和降低碳排放发挥的作用越大。信任度（T）保证了算力数据与碳数据的准确性、可追溯性，而智能度（I）支撑算力基础设施的高效、智能运行，进而减少间接碳排放。这两个参数的出现，首次创新性地将数智化水平体现在数据基础设施评价中，也符合新型数据基础设施的发展趋势。

该评价体系根据第三方认证规范，设计包括基础级、优秀级、卓越级三个等级。

基础级：碳排放+标称算力。根据$CEOC$的计算方法，对C_{DI}进行核算，根据数据中心设备标称参数计算算力S，进而得出基础单位碳效，并以此进行认证。

优秀级：在基础级之外进行碳补偿，在计算算力时根据实时利用率和设备效率来计算算力。目前，很多绿色数据中心通过建造新能源发电设施、购买碳配额和碳汇等方式，实现对数据中心碳排放进行抵消，进而实现"零碳"。另外，根据$CEOC$计算方法，需要基于U得到实时有效算力，使算力评估更加科学精准。

卓越级：在优秀级之上，实现对含信任度（T）的碳排放可信数据源的评测，并补充对智能度（I）的评测。

其中，评价碳排放可信数据源的信任度（T）参数主要应用区块链技术来保障，由物联网传感器设备向区块链提交数据以实现可信性要求（见图2）。

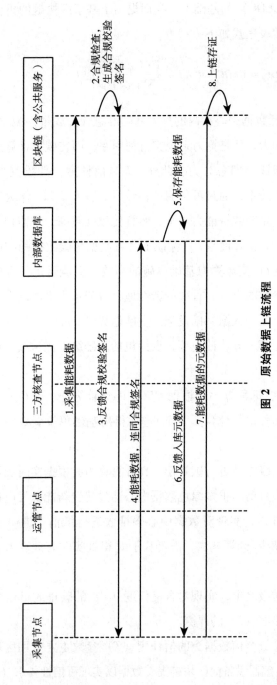

图 2　原始数据上链流程

资料来源：笔者自制。

在上述流程中，采集节点采集到能耗数据后，到区块链（含公共服务）生成合规签名，元信息及合规签名上链存证，然后，能耗数据才能验签存证。而后续运管节点会从区块链获取能耗数据的元数据，然后，从数据库取出能耗数据，由区块链（公共服务）实施核算。根据该流程，信任度（T）因素可归纳为如表1所示的评估选项。

表1 信任度（T）评估选项

序号	评估选项	作用价值
1	数据可选采集	支持通过不同的碳排放监测模块（模组）直接获取碳数据，如物联网设备、传感探头等，并支持3种以上标准化通用协议，如 MQTT、CoAP、XMPP、Modbus、Profibus、S7、DDS、OPC、TCP、WebSocket、HTTP、FTP、SCP等，以及 IEC61850、IEC61970 等通信控制协议
2	监测系统数据采集管理	支持通过监测系统获取碳数据
3	大规模数据存储能力	支持不少于10TB数据规模的稳定存储
4	碳排放因子可信管理增强能力	支持通过区块链、隐私计算等技术，可信获取外部碳排放因子数据，并具备一定的管理功能
5	可信数据质量验证机制	支持对数据进行定期检查和清理，保证数据的准确性和完整性，并具备数据可信验证机制
6	区块链技术支持能力	支持将系统中的关键进行链上存储
7	基于数据接口的数据共享能力	提供开放的 API 接口，使不同的用户和应用可以通过标准的接口访问和获取数据

资料来源：笔者自制。

四 总结与展望

综上所述，PUE产生的局限性，使其已经不再适应新型算力基础设施高质量发展的需要，需要由更加科学、更符合发展趋势的评价体系取代。可信算力碳效评价体系（T-CEOC）参考了之前各类能效改善指标，结合近期

国家政策、行业标准以及发展趋势，提出了一种包含碳排放和算力两大要素的新指标，并结合实时使用率给出计算方法。

（一）完善T-CEOC中"智能度（I）"相关指标

智能度在数据基础设施中主要体现在数据的全生命周期管理（采集方式、规模、完整性、多样性等）、智能分析能力以及衍生各类应用场景等多个方面。目前，由于智能度的测评数据并不完整，其尚未在本报告描述的评价体系中被试点采用。未来人工智能的发展和数据要素的完善，势必会和现有的区块链等技术进行融合，对算力基础设施的数字化和智能化发展大有裨益。

（二）完善T-CEOC评价模型及相关评价细则

数据包络分析（DEA）方法是运筹学中用于测量决策部门生产效率的一种方法，它是评价多输入指标和多输出指标的较为有效的方法，将多输入指标与多输出指标进行比较，得到效率分析和业绩评价结果。可以通过DEA方法依据 T-CEOC 模型对数据中心进行相对评价：

$$\max h_{j_0} = \frac{\sum_{r=1}^{s} u_r y_{rj0}}{\sum_{i=1}^{m} v_i x_{ij0}} \quad r = 1,2,\cdots,s; i = 1,2,\cdots,m; j = 1,2,\cdots,n$$

$$\text{s. t.} \quad \frac{\sum_{r=1}^{s} u_r y_{rj}}{\sum_{i=1}^{m} v_i x_{ij}} \leqslant 1, j = 1,2,\cdots,n$$

$$u \geqslant 0, v \geqslant 0 \tag{7}$$

假设我们想评价计算中心 j_0 的效率，其中，x_{ij} 表示第 j 个数据中心第 i 种碳排放源，即（C_{server}，$C_{refrigeration}$，$C_{humidity}$，$C_{lighting}$ C_{rest}），而 y_{rj} 则是第 j 个数据中心第 r 种算力贡献（$[CP]\_CPUreality$，$[CP]\_memoryreality$，$[CP]\_harddiskreality$），v_i 和 u_r 是第 i 种类型投入与第 r 种类型产出的权重系数。

以上就是4种投入和3种产出的DEA模型，根据该方法和 T-CEOC 各关键指标可以对提升数据中心算力碳效的各因素进行优先级排序，并制定相关评价规则。

（三）形成"数智碳网"技术体系

算力和数智技术是新型信息基础设施的重要组成部分，用于实现科技创新、数智赋能、绿色低碳等特点的高质量发展，必将成为从能耗"双控"迈向碳排放"双控"的重要动能。在 $T-CEOC$ 评价体系的基础上，进一步发展"数智碳网"，即围绕碳排放数据要素，利用数智化技术，构建网络化、穿透式、智能化双碳治理的可信体系架构。这样一方面，充分发挥数字技术融会贯通的作用，解决业务互联互通难题；另一方面，强化数据中心从源头到中央管理平台的数据共享和信息穿透式监测，形成数字技术赋能的新型算力基础设施，成为数据中心等业态零碳升级的"助推器"。

（四）互联网3.0下的双碳社会化大协作

互联网3.0是连接实体世界和元宇宙的桥梁，是推动社会化大协作的新经济机制，是向跨网络、跨地区、跨组织的元宇宙演进的巨大动力。很多公司在逐步探索互联网3.0模式，借助区块链、物联网等技术，在分布式协议上构建应用程序，这样就不会被困在现有互联网的桎梏中而是向更高维度的下一代互联网模式进化。

在"双碳"治理领域，互联网3.0的跨链、跨地域、跨组织属性将助力数智碳网建立信任网络，同时碳资产和碳排放数据要素推进了"虚实融合"，将形成围绕数字资产的"双碳元宇宙"价值网络。互联网3.0提供了基于区块链的元宇宙经济范式，强调数据可信、数据所属和价值互联，基于互联网3.0的一切价值（实体和数据要素）皆可被资产化，在价值网络中高效、智能化地组合、转化、流转和分配，并在可见的未来，对元宇宙的经济金融活动、社会协作以及隐私保护等方面产生革命性影响。对于"碳中和"的各类活动，互联网3.0模式会进行业务形态、技术架构、组织模式、

价值创造、分配规律、利益相关者、商业模型、决策机制等一系列分布式价值改造，进而实现全面的变革和超越。

当然，无论是"数智碳网"还是"互联网3.0"的建设，都任重而道远，不能毕其功于一役。因此，建议相关管理部门，充分发挥政策和标准的引导作用，一边着眼急需解决的紧迫问题，另一边制定围绕"双碳"目标的中长期规划，久久为功，积极稳妥地推进"双碳"工作。

B.13
互联网3.0政务服务应用
——跨应用可监管的政务智能交互应用

何双江　赵慧娟　喻莉　婧娟　张书东*

摘　要： 中国数字政府建设持续提升服务质量，许多省区市通过区块链技术解决了数据流通中的安全和效率问题。然而，随着社会治理职能的转变，在服务型治理模式下，以"人"为中心的政务服务亟须进行跨应用的安全监管和提供更加智能高效的交互体验。因此，一方面，需要通过"互联网+监管"实现行政审批中的数据的安全可信流通与应用的可监管，确保安全高效。另一方面，人工智能、人机物联等技术的融合，提升了政务系统的智能化水平，使政务服务更具温度，兼具情商和智商。本报告通过分析互联网3.0在跨应用监管与联动、社区智能养老和云上人才链等方面的应用案例，探讨这些技术趋势如何优化政务体验与促进效能提升，推动政务服务从传统基于经验的人力服务型向为数据分析驱动的人机交互型转变。

关键词： 互联网政务　区块链　人工智能　跨应用监管　情智交互应用

一　引言

在新一代信息技术快速普及的背景下，全球各国加快了数字政府建设进程。中共中央、国务院紧扣新一代科技革命和产业变革的趋势，精准把握全球数字化建设和智能化发展的方向，提出了一系列重大战略部署和决策安

---

* 何双江、赵慧娟、喻莉，华中科技大学；婧娟、张书东，武汉烽火信息集成技术有限公司。

排。2023 年发布的《数字中国建设整体布局规划》明确了数字中国的发展战略，强调要构建高效协同的数字政府，以全面改革视野推动政务数字化和智能化水平提升，从而助推中国式现代化进程。

进入 21 世纪，随着互联网技术的发展，中国电子政务逐渐从内部管理转向对外服务，政务服务理念从单纯的行政管理拓展到提升公众服务质量[①]。回顾中国电子政务近 40 年的发展历程，从"在政府管理中应用计算机"到"最多跑一次"，再到政务上网与服务转型升级[②]，电子政务的发展路径清晰可见。这一过程推动了服务型政府建设，成为政府治理现代化的重要一环[③]。

当前，各地政府运用云计算、大数据、区块链等高新技术，解决了多场景政务服务中的数据高效流通和安全问题，实现了"数据多跑路，百姓少跑腿"的目标[④]。诸如一网通办、一事联办、跨市通办、社区养老、一码亮证一码游、一键移车、码上购药等智慧应用，已融入人民群众的日常生活，大幅提升了人民的获得感和幸福感。

然而，随着信息技术的深入应用，政务服务虽然在效率和质量上显著提升，但仍面临诸多挑战。跨应用安全监管困难问题和审批与监管分离导致的业务不连贯问题，限制了政务服务的进一步拓展。此外，现有政务系统的交互性较弱，在线服务响应慢且缺乏温度，尤其在适老服务、人才服务等创新政务领域。这些问题凸显了用人工智能、虚拟现实等互联网 3.0 技术满足不断增长的在线政务服务需求的重要性和迫切性。

① 王莲：《行政审批事项事中事后"互联网+监管"存在的问题及对策研究》，山西师范大学硕士学位论文，2023。
② 肖欣悦：《区块链政务服务赋能地方治理的价值逻辑与实践路径》，《湖北科技学院学报》2022 年第 1 期；刘艳：《"一网通办"式政务服务事项电子文件归档研究》，湖北大学硕士学位论文，2020。
③ 高国伟、田佳蕙：《基于区块链模式的政务主数据治理机制模型研究》，《图书情报导刊》2024 年第 5 期；《〈中国区块链创新应用发展报告（2023）〉发布：场景推动区块链技术加速落地》，《中国信息安全》2024 年第 2 期。
④ 张楠迪扬：《区块链政务服务：技术赋能与行政权力重构》，《中国行政管理》2020 年第 1 期；聂淑亮：《区块链技术推进数字政府建设的思考——以娄底为例》，《公关世界》2024 年第 7 期。

　　"互联网+政务"虽然推动了电子政务的巨大进步，但跨应用监管、情感智能交互等方面的局限性，制约政务服务进一步提升。互联网3.0技术的兴起，通过区块链、人工智能和虚拟现实的融合，为解决这些难题提供了新路径，为政务服务从传统基于经验的人力服务型向为数据分析驱动的人机交互型转变，提供了新思路。

二　电子政务应用现状与趋势

（一）国际应用现状

　　互联网3.0的核心技术之一区块链，以去中心化和防篡改特性，在身份管理、投票系统、供应链可追溯性和公共财政等公共治理领域展现出重要应用价值[①]。各国政府在寻求提高透明度、效率和安全性方面进行创新，区块链成为重塑行政流程的颠覆性力量，已被视为新一代IT基础设施的重要组成部分。同时，人工智能的快速发展推动政务服务从"人工阅卷"到"智能审批"转变，实现了行政管理、社会治理和民生服务等领域的效率提升。人工智能与区块链的结合为政务创新提供了强大技术支撑，使政府更高效地回应公众需求，提升整体服务水平。

　　传统集中式身份管理易引发盗用和隐私泄露风险，影响互联网公投的安全性。而区块链技术通过保障公民个人信息的安全，有效降低身份欺诈风险。在互联网选举系统中，区块链确保了选举过程的完整性和透明度，对维护民主制度具有重要意义。

　　在土地登记制度中，区块链技术能够降低财产纠纷和欺诈的风险，提供可靠和不可篡改的所有权记录。智能合约则可以使法律协议和流程自动化，减少中介需求，简化程序。在医疗保健领域，区块链能够有效保护和管理敏

---

① A. Anyanwu, S. O. Dawodu, A. Omotosho et al., "Review of Blockchain Technology in Government Systems: Applications and Impacts in the USA," *World Journal of Advanced Research and Reviews*, 2023, 20（3）, pp. 863-875.

感的健康数据。在政府采购流程中，区块链通过记录确保过程的透明度，减少腐败的可能性。

生成式人工智能的发展进一步推动政务创新。截至 2023 年 10 月，美国、葡萄牙、英国、爱尔兰、丹麦、澳大利亚、加拿大、阿联酋、卡塔尔、以色列、新加坡、日本、韩国、印度、马来西亚、柬埔寨等 18 个国家或地区已将大模型应用于政府管理，覆盖政务办公、民生服务、社会治理优化等领域。

总体而言，在美国和欧洲等电子政务发达地区，区块链、人工智能等互联网 3.0 技术已成为政务 IT 基础设施，广泛应用于公投选举、公共审计、电子合同、土地登记、医疗保健系统、民生服务、政府采购等政务及公共服务领域，为政务与公共服务的数字化、智能化发展提供了新动能。

（二）国内应用现状

互联网 3.0 是现代科学技术的集大成者，基于虚拟现实、人工智能、区块链等前沿技术，广泛应用于政务服务、城市管理、消费娱乐、工业制造等领域。这些技术的结合，不仅增强了用户体验的深度和广度，也为政务领域带来了全新的应用场景和创新服务模式。

在国内政务服务中，互联网 3.0 核心应用模式是"区块链+"政务赋能。如图 1 所示，在 2023 年国家互联网信息办公室发布的 3647 个境内区块链服务备案中，社会治理领域占比为 37%。近年来，《工业和信息化部　中央网络安全和信息化委员会办公室关于加快推动区块链技术应用和产业发展的指导意见》《区块链信息服务管理规定》等政策文件发布，推动区块链技术应用。国家标准化委员会成立全国区块链和分布式记账技术标准化技术委员会（TC590），为互联网 3.0 的发展提供了良好的发展环境。

各地政府积极推动互联网 3.0 的产业发展，北京、上海、湖北等地先后出台了相关政策，如《关于推动北京互联网 3.0 产业创新发展的工作方案（2023-2025 年）》《上海市培育"元宇宙"新赛道行动方案（2022-2025年）》，抢抓发展新机遇。湖北省"十四五"规划明确布局区块链产业，推动区块链与人工智能、大数据、物联网等技术深度融合。河南、山东、四川、云南、重庆等地也相继提出区块链基础设施建设计划，进一步夯实互联网3.0的技术基础，助力政务服务的创新与升级。

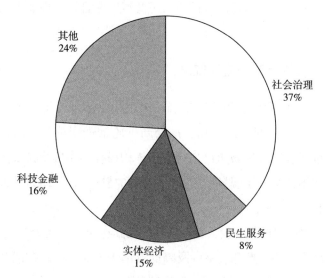

图1　境内区块链应用服务分布

资料来源：《中国区块链创新应用发展报告（2023）》，人民网，http：//download. people. com. cn/yunying2/twentyfive17086546441. pdf。

以湖北武汉为例，为应对行政许可改革带来的"审管脱节"及市、区、街"上下不协同"等问题。烽火承建的审管一体项目积极应用区块链和大数据技术，打通审管联动堵点，重塑审管联动流程，提升行政效能。项目聚焦城市管理、工程建设、生态环保等重点领域，推出了22个审管联动应用场景，信息交互量已达8.8万件。同时，武汉通过"城市大脑"和人工智能技术赋能智能养老服务，构建市、区、街道、社区四级联动的智能养老服务体系。其试点的人工智能养老社会实验涵盖慢性病管理、智能看护、应急呼叫、心理陪伴、智能助行、生活照料、娱乐社交等八大应用场景，有效降低了服务成本，并推动了服务型治理，形成了社区智能养老新模式。人才服务等创新型政务领域，武汉积极探索大模型和数字人引

擎技术的融合，打造人才数字人，实现 24 小时的在线人才服务，为招才、引才、用才提供了新思路。

总体来看，中国在推动互联网 3.0 技术发展上，正逐步形成全国范围的政策支持和产业布局，通过区块链与人工智能的融合，全面助力政务服务的创新与升级。

（三）情智交互政务应用前瞻

随着生成式 AI 大模型的快速发展，未来相关技术有望在各地数字政府建设和政务服务中得到广泛应用，推动新一轮治理变革。目前，北京、上海、武汉、杭州、深圳等城市已出台政策，积极推动大模型在政务领域的落地。这些应用不仅提升了服务的智能化水平和精准度，还助力城市治理的现代化和高效化。

政务交互服务目前仍有较大提升空间，尤其在如何实现 7×24 小时高质量服务、减少热线延迟、提升效率以及降低成本等方面，面临挑战和机遇。情智兼备的数字人与机器人技术研究作为 2024 年十大前沿科学问题之一，对通用人工智能的发展具有重要的意义。通过引入具备情感理解和智能交互能力的数字人，政务服务可以实现多场景、无间断的高效响应，减轻人工客服的负担，同时满足用户个性化需求，优化用户体验。此外，情智兼备的机器人在社会治理、社区管理和公共服务领域也展现出广阔的应用前景。这不仅可以提升服务质量，还能显著降低服务成本，为政府数字化转型提供新机遇。

第七次全国人口普查数据显示，中国 60 岁及以上人口达 2.64 亿人，占总人口的 18.7%。为应对人口老龄化挑战，上海市人民政府出台《上海市推进养老科技创新发展行动方案（2024—2027 年）》，推动研究 AI 技术在语音、人脸、情感、动作识别及环境感知等方面的应用，提升养老科技产品的感知、学习、决策和执行能力，推动"银发经济"迈入 AI 时代。北京已初步部署了 1 万台智慧照护终端，将老年人健康数据实时上传至区级养老平台。武汉市则依托城市大脑实现 24 小时动态管理和远程监护。同时，武汉探索虚实结合模式，光谷人才推出全国首批结合大模型与人才工作的数字人，实现云直播、线上社区、场景互联等智能交互。

当前，政务智能交互系统面临时间限制、专业需求众多、人力有限、智能不足和空间限制等难题，核心在于系统难以兼具仿生情智与个性化情感理解，且跨模态感知通道存在差异。未来，交互智能和具身智能将成为服务型治理新模式的重要技术支撑。

三 规划设计：政务场景的互联网3.0

（一）当前政务系统与提升方向

数字政府和智慧城市等项目的基础平台大多遵循国家和省区市的相关规划和总体设计，系统通常按照"1+4+6+3"模式进行构建。具体而言，如图2所示，这种模式包括一个城市基础数据归集服务、四大中枢、六大智慧场景以及三大支持体系，形成一套全面的城市智慧大脑架构。

当前的基础设施建设依托光纤骨干网络、无线4G/5G网络、物联网及政务网，将城市公共资源全面联通，形成上层网络应用的基础。这一体系将分散的城市监控、城市传感器、智能终端、卫星定位、数据中心、计算中心纳入统一管理，构建起统一的城市基础数据归集服务。应用支撑中枢、大数据中枢、人工智能中枢和区块链中枢共同形成四大核心基础服务。以海量数据为基础提供多维关联融合，精准可控共享服务，围绕数据资源的治理、开发、应用、开放进行数据资源的统一管理。以AI赋能为导向，依托模型和算力服务，基于混合专家系统构建便捷统一的AI访问入口，实现AI门户化、智能代理模式化、智能资源仓库化管理和算力平台统一化的模式。区块链技术则基于可信、可回溯、数据可加密、信息可共享、合约可自治的机制支持多种政务应用，构建可信接入、监测预警、链上互信共享、数字身份流通的基础架构，为应用中枢提供保障。

基于此基础架构的设计，可以实现"一网通办"、"一网协同"、"一网互联"、"一网统管"、"一网共治"和"一站直通"六大智慧应用场景的实

图 2 城市智慧大脑 "1+4+6+3" 设计模式

资料来源：参考中国信息通信研究院资料，结合武汉烽火信息集成技术有限公司项目实践，由何双江设计。

施。然而，尽管统一集中的应用模式已形成，但在集中管理与监管之间存在割裂，多应用场景下的监管鸿沟有待弥合。对于互联网3.0时代的交互从传统传播和人际互动转向数据流通驱动的智能互动，更多的智能交互场景亟须应用。

总体来看，跨应用可监管的互联网3.0情智交互政务服务，是服务型治理提升的重要方向。

（二）跨应用可监管优化设计

数字政府建设是一项全局性、战略性举措，旨在推动政府行政运行朝着开放、共享、协同、合作的系统化方向发展。然而，随着行政许可权的集中改革推进，部分场景出现"审管脱节"的问题。尽管现有集中管理模式在一定程度上满足了审批和监管需求，但在跨应用的数字身份流通安全、协同应用互信以及智能合约漏洞方面仍然面临挑战。

为应对这些问题，烽火在城市智慧大脑"1+4+6+3"设计框架的基础上，构建了面向协同的零知识证明数字身份合约可验证凭证认证和管理架构，以解决数字身份安全问题，实现数据资产在隐私保护前提下的安全审批。系统依托安全保障体系，结合安全多方计算与区块链技术，建立了可审计的可信机制，将参与者的可信度量化并存储于不可篡改的区块链中，形成可信矩阵以作为审计依据，提高透明度并减少欺诈。同时，在区块链智能合约上线前要对合约进行一致性检验与漏洞检测，确保系统安全。最终，在保证隐私数据安全的基础上，实现多方协同联动，促进政务信息的畅通和共享。

如图3所示，烽火提出了基于数字身份的安全多方计算与区块链结合的"互联网+监管"政务审管服务设计方案。该方案基于区块链构建数字身份体系，并在安全多方计算的支持下运行，形成满足审管一体需求的平台。该模式不仅满足了政务任务和事项的多方计算需求，还保障了身份隐私并提高了数据的利用率。通过数字身份、安全多方计算、智能合约等技术，构建了服务跨区域政务的数据安全体系。该模式有效融合了"分"和"合"的关系，降低恶意参与者带来的风险，并通过可信度检测机制抵抗潜在攻击，体现了可监管安全治理的观念。

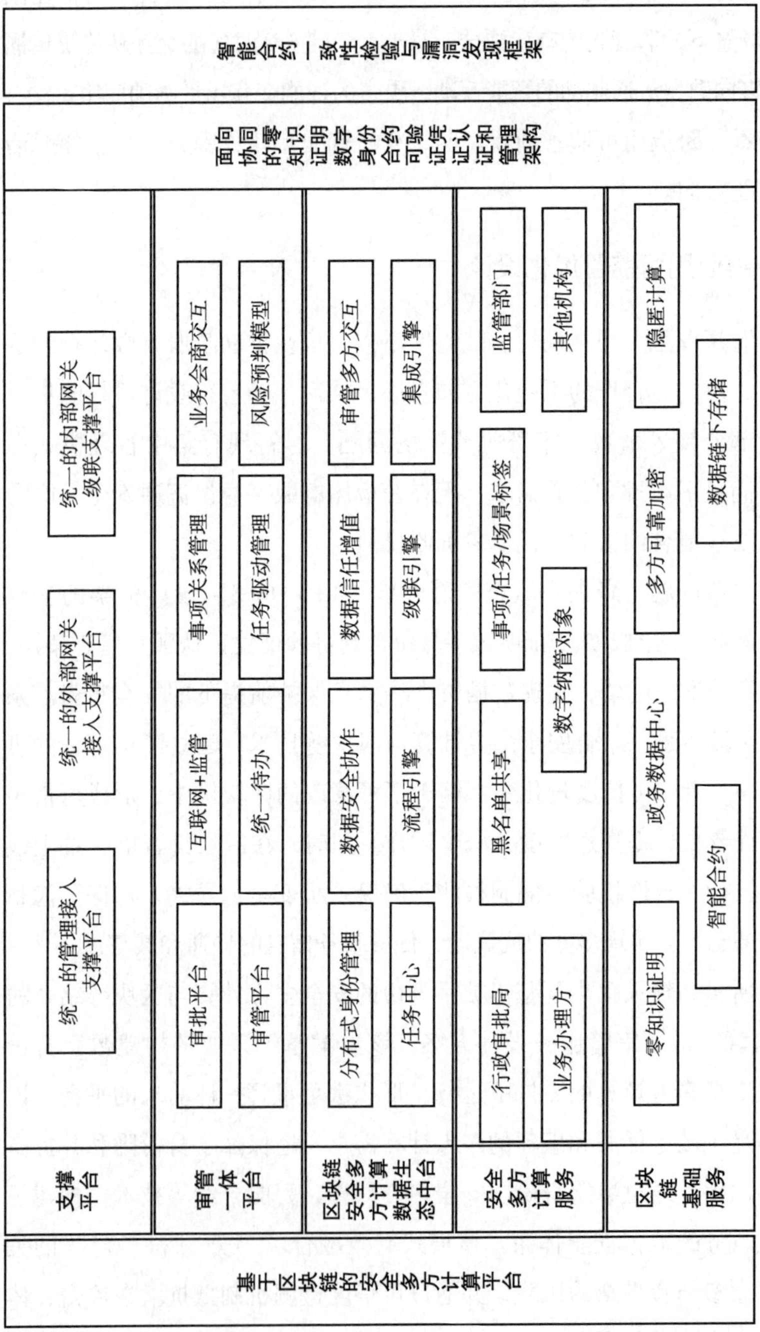
基于区块链的安全多方计算平台
支撑平台
统一的管理接入支撑平台
统一的外部网关接入支撑平台
统一的内部网关级联支撑平台
审管一体平台
审批平台
互联网+监管
事项关系管理
业务会商交互
审管平台
统一待办
任务驱动管理
风险预判模型
区块链安全多方计算数据生态中台
分布式身份管理
数据安全协作
数据信任增值
审管多方交互
任务中心
流程引擎
级联引擎
集成引擎
安全多方计算服务
行政审批局
黑名单共享
事项/任务/场景标签
监管部门
业务办理方
数字纳管对象
其他机构
区块链基础服务
零知识证明
政务数据中心
多方可靠加密
隐匿计算
智能合约
数据链下存储
面向协同的零知识证明数字身份合约可验证凭证认证和管理架构
智能合约一致性检验与漏洞发现框架

图 3 “互联网+监管” 政务审管服务设计方案

资料来源：参考武汉烽火信息集成技术有限公司项目实践，由何双江设计。

整体来看，这一优化设计旨在促进政务数据有序流通和跨应用共享，依托国家数据安全政策，以提升政务数据流通安全为目标，通过数字身份和安全多方计算实现审批流程和监管过程的数据安全开放，为综合行政审批改革中实施审管联动和大数据监督检查提供了有效的实践支持。

（三）互联网3.0下的情智交互设计

电子政务正由经验判断型向数据分析型转变，生成式人工智能和具身智能的应用和发展使其成为当前世界各国重点竞争的前沿高地之一。社区养老服务、人才服务等领域也成为以人为中心的服务型治理创新试点领域。进入互联网3.0时代，政务服务的智能交互由线上拓展至线下多终端，涵盖具身智能和人形机器人，形成了创新服务模式。

2019年，武汉被列为首批全国人工智能养老社会实验试点城市，借助5G和人工智能技术，探索智慧养老新模式。武汉基于城市主脑的建设思路，拓展多终端智能服务，依托政务基础设施推动智慧养老发展。

如图4所示，面向前沿，结合多模态大模型和具身智能技术，华中科技大学设计研发了面向服务型治理多场景的智能交互平台。社区通过智能化、适老化改造，为老年人提供健康管理、安全监控、应急呼叫、生活陪伴、智能交互等多项服务。华中科技大学进一步与烽火联合研发了基于智能健康监测设备的5G远程医疗系统，实现智能慢性病管理数据与各类养老设备及网

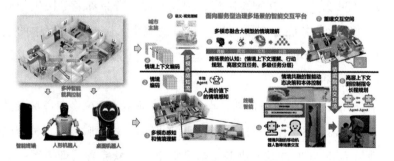

图4 面向服务型治理的多业务场景的智能交互设计方案

资料来源：华中科技大学喻莉教授团队设计。

络数据的无缝对接，并同步连接至区级平台。

未来，结合具身智能和人形机器人技术，将进一步探索多模态信息互补与协同效应，研究在不同情境下感知模态的灵活切换，提升机器人适应性与灵活性。同时，开发具备情感认知的算法与模型，实现对用户情感状态的识别、理解与响应，探索人机情感交互机制，提升交互体验质量与效果。通过智能决策机制的设计，使机器人能够根据不同情境和用户需求做出自然的智能决策，拓展至社区养老、医疗服务、政务咨询、教育服务等多种服务型治理场景。

（四）成效分析与下一步思路

以武汉市为例，其城市智慧大脑基于"1+4+6+3"的模式进行构建，支撑了多个城市治理和民生服务场景。数字政府的核心在于数据的共享、交换和有效利用。通过互联网3.0技术，实现了上链数据可溯源、不可篡改，确保可信流通，从而打破各委办局之间的信息孤岛，实现跨部门应用的无缝对接。为解决"审管脱节"问题，武汉市通过联动+监管模式解决审管分离问题，已形成22个审管联动应用场景，审管信息交互量已达8.8万件。

2023年，武汉市进一步加大公共服务投入力度，民生支出占财政支出比例达到78.8%。以市民满意度为核心评价标准，武汉城市码目前累计注册用户达4634万人，已在智慧医疗、智慧交通、智慧养老等民生领域打造了一系列数字化公共服务应用场景，并借助城市大脑数据中枢中的数据枢纽，汇聚数据资源143亿条，支撑城运中心、政策服务、安养链、基层治理等1000余个服务应用。

未来，武汉将围绕政务创新，设计面向服务型治理的多业务场景的智能交互模式，涵盖社区养老、医疗服务、政务咨询、教育服务等多种智能交互场景，满足7×24小时的政务服务型治理需求。不断完善治理体系，解决当前技术不足，推动数字政府持续进化。

四 跨应用可监管情智交互应用实践

（一）跨应用监管与联动

2022 年 6 月 6 日，《国务院关于加强数字政府建设的指导意见》发布，旨在提升城市治理效率。针对行政许可权的审批与管理分离导致的市、区、街道之间"上下不协同"和"审管脱节"等问题提出解决方案。

武汉市在实践中，整合城市的信息资源，建设了城市数字公共基础设施平台，汇聚公安、交管、城管、水务、应急等 14 个市直部门指挥信息系统，依托大数据、区块链、人工智能，构建高效协同治理体系。

为解决审管分离难题，烽火将安全多方计算（Secure Multi‑Party Computation，SMC）与零知识证明技术结合，确保数字身份在协议中的安全流转，防止身份伪造，并通过区块链实现审批任务的可追溯性，智能合约进一步保障系统安全。如图 5 所示，行政审批局和监管部门利用区块链和数字身份技术实现了多方协同审批，满足不同场景下的动态身份需求。底层架构采用去中心化的多方计算平台，确保数据在流动和共享过程中的安全性，同时贯穿始终的数字身份技术保障了信息可信性。

（二）社区智能养老

借助城市人工智能大脑，能够赋能医疗卫生、社区养老、智能家居等千行百业的场景应用。根据国家统计局统计，截至 2023 年末，全国 60 周岁及以上老年人口已达 2.97 亿人，占总人口的 21.1%，其中，独居空巢老人人数超过 1 亿人。社区养老问题已成为服务型治理的重大课题。

基于此，烽火与华中科技大学合作研发了基于 5G 康养边缘云的适老数据应用与产业平台（如图 6 所示）。通过对社区老人家居进行智能化改造，安装红外感应设备、智能床垫、一键呼救设备、智能终端设备（如智能屏、终端

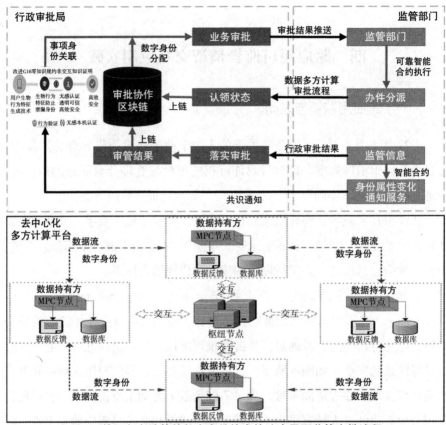

图5 基于多方计算的数字身份技术的跨应用可监管审批流程

资料来源：参考华中科技大学和喻莉教授团队设计与武汉烽火信息集成技术有限公司项目实践，由赵慧娟、婧娟设计。

机、桌面陪伴机器人等拟人服务），能够提供智能陪伴、慢性病管理①、远程看护、预约照护、智能交互②等能力。实现24小时智能看护，确保在关键时刻

---

① He Shuangjiang, Zhao Huijuan, Li Yu, Jing Juan et al., "Trusted Healthcare Smart Brain: Innovational Internet Architectures of Intelligent Collaboration of Multi-institution for the Healthcare Service," 2022 IEEE 25th International Conference on Computer Supported Cooperative Work in Design (CSCWD), IEEE, 2022, pp. 605-610.

② He Shuangjiang, Huijuan Zhao, Li Yu, "The Avatar Facial Expression Reenactment Method in the Metaverse based on Overall-Local Optical-Flow Estimation and Illumination Difference," 2023 26th International Conference on Computer Supported Cooperative Work in Design (CSCWD), IEEE, 2023, pp. 1312-1317.

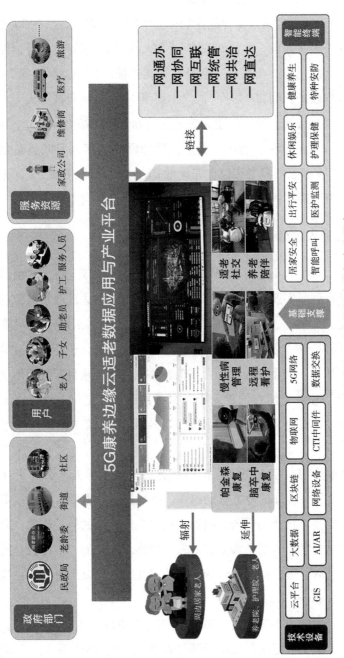

图 6　5G康养边缘云适老数据应用与产业平台

资料来源：参考华中科技大学和喻莉教授团队设计与武汉烽火信息集成技术有限公司项目实践，由何双江、婧娟设计。

197

迅速响应，让老人在第一时间得到救治。

自2021年武汉市启动人工智能养老社会实验试点以来，已在30个社区和5家机构开展相关建设工作。2022年，烽火的"5G康养边缘云辅助帕金森智能早筛数据应用与产业平台"已经在湖北省推广应用，可实现24小时动态管理和远程监护。到2024年，武汉市新增10个社区开展了人工智能养老社会实验。截至目前，武汉已建成5个街道养老服务综合体、8个社区老年人服务中心（站）、66个老年供餐点，特殊困难老年人家庭适老化改造426户，拥有274张家庭养老床位，完善"15分钟养老服务圈"。未来，武汉还将结合具身智能和人形机器人，提供更加智能化的养老服务。

（三）云上人才链

聚焦引才、荐才、用才等政策效用的充分发挥，武汉光谷人才通过一站式人才服务平台创新实践，汇聚国家、省区市碎片化的人才政策。依托人工智能、区块链、大数据、云计算等基础服务，实现人才工作"一网通办"。人才和企业只需登录一个网站，即可申请各类人才业务，包括人才政策、职称评审、人才基金、孵化投资、人力资源、路演对接、项目匹配、创业空间等"引育留服"业务，全方位覆盖服务需求，通过信息化手段优化工作流程和应对逻辑，提高办事效率，真正做到"数据和系统多跑路，人才和企业少跑腿"。

平台以大模型与数字人引擎，构建具有情智交互的人才服务交互系统（见图7），开创了一种新的政务互动模式。底层通过数据检索增强技术，将数据嵌入索引空间，优化编码向量约束，减少生成模型的幻觉现象。通过情智交互平台，结合数字人引擎和生成式人工智能双向赋能，实现云直播、线上社区、场景互联、线上招聘、云端会客、情智交互、政策解答、在线匹配等多种人才服务场景。

平台试运行期间，截至目前，注册用户达34000万人，企业超过2700家，总点击量突破150万次，城市码累计注册用户达4634万人，人才政策申报近8000件，人才安居房源上架2400多套，安居政策申请近5000件，

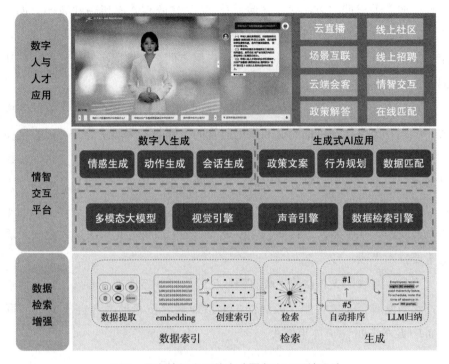

图7　具有情智交互的人才服务交互系统设计

资料来源：参考华中科技大学和喻莉教授团队设计与武汉烽火信息集成技术有限公司
项目实践，由何双江、赵慧娟设计。

数字人才卡授权 800 多张。系统已汇集 3000 多名光谷高层次人才以及 2700
多家企业信息，显著提升了人才服务的覆盖面和响应效率。

五　总结与展望

国内外政务互联网 3.0 应用依托可信的数据共享机制，显著提升了在线
政务的安全性和数据交互的效率。武汉市以"城市大脑"为设计目标，以
跨应用的数字身份安全技术为基础，构建四大中枢，以科学前沿问题为导
向，构建情智交互的智能体，取得了值得借鉴的显著成效。"互联网+监管"
方面已完成 22 个审管联动应用场景，截至目前，审管信息交互量已达 8.8

万件。服务型治理的适老服务方面，在 30 个社区和 5 家机构开展相关创建工作，智能健康监测设备、5G 远程医疗系统、情智养老智能体等已进入人工智能养老社会实验的社区。政务创新应用方面，人才服务实现注册用户达 34000 人，企业有 2700 多家，人才政策申报近 8000 件。

总的来说，互联网 3.0 是解决"互联网+监管"问题的安全高效的新模式。特别在解决数据可信流通和应用监管的方面有着天然优势，可以直接使用区块链提供基础服务以满足安全监管要求。在保障安全的基础上进一步提升数据利用率，减少现场办理次数，提升政务服务质量。面向社区治理、人才服务等创新政务领域，存在日益增长的政务服务需求与政务资源不足的矛盾。互联网 3.0 中的人工智能、虚拟现实、云上政务等是解决这一突出矛盾的重要技术手段。

当前，互联网 3.0 在数字政府领域已经取得一定成效。未来，新一代信息技术的发展，人工智能、区块链、虚拟现实等技术的融合会成为"互联网 3.0+政务"的主流应用模式。

参考文献

［1］王莲：《行政审批事项事中事后"互联网+监管"存在的问题及对策研究》，山西师范大学硕士学位论文，2023。

［2］肖欣悦：《区块链政务服务赋能地方治理的价值逻辑与实践路径》，《湖北科技学院学报》2022 年第 1 期。

［3］刘艳：《"一网通办"式政务服务事项电子文件归档研究》，湖北大学硕士学位论文，2020。

［4］张楠迪扬：《区块链政务服务：技术赋能与行政权力重构》，《中国行政管理》2020 年第 1 期。

［5］聂淑亮：《区块链技术推进数字政府建设的思考——以娄底为例》，《公关世界》2024 年第 7 期。

［6］高国伟、田佳蕙：《基于区块链模式的政务主数据治理机制模型研究》，《图书情报导刊》2024 年第 5 期。

［7］《〈中国区块链创新应用发展报告（2023）〉发布：场景推动区块链技术加速

落地》,《中国信息安全》2024 年第 2 期。

[8] Anthony Anyanwu, Samuel Onimisi Dawodu, Adedolapo Omotosho et al., "Review of Blockchain Technology in Government Systems: Applications and Impacts in the USA," *World Journal of Advanced Research and Reviews*, 2023, 20 (3).

[9] He Shuangjiang, Zhao Huijuan, Li Yu, Jing Juan et al., "Trusted Healthcare Smart Brain: Innovational Internet Architectures of Intelligent Collaboration of Multi-institution for the Healthcare Service," 2022 IEEE 25th International Conference on Computer Supported Cooperative Work in Design (CSCWD), 2022.

[10] He Shuangjiang, Zhao Huijuan, Li Yu, "The Avatar Facial Expression Reenactment Method in the Metaverse Based on Overall-Local Optical-Flow Estimation and Illumination Difference," 2023 26th International Conference on Computer Supported Cooperative Work in Design (CSCWD), 2023.

B.14
互联网3.0助力智慧医疗高质量发展

王黎琦　陈琪　赵添羽　陈超　刘文雯*

摘　要:　智慧医疗是医疗健康服务行业与信息技术深度融合的产物,得益于政府政策的支持、市场规模的扩大及应用场景的不断增多,近年来在中国迅速发展。Web 3.0 技术以去中心化、数据隐私保护等特点,为智慧医疗提供了新的发展机遇,包括增强患者数据主权、改善医疗数据共享、提升医疗流程效率等方面。同时,Web 3.0 技术在远程医疗咨询、辅助诊断、患者记录管理、智慧医院建设及个性化健康管理等方面展现出巨大潜力。即便面临技术成熟度、政策法规、数据隐私和标准化等多方面挑战,Web 3.0 基于各种技术整合创新,将为医疗行业带来更高效、便捷、个性化的服务,推动医疗服务模式的创新和医疗体系的转型升级,最终助力智慧医疗高质量发展。

关键词:　Web 3.0　智慧医疗　人工智能　智慧医院　健康管理

一　智慧医疗与 Web 3.0技术发展现状

随着信息技术的飞速发展,智慧医疗已成为医疗领域的重要发展方向。智慧医疗是一种利用先进的信息技术手段,使医疗服务朝着数字化、网络化、智能化方向发展的高新技术。其核心在于通过各种技术手段提高医疗服务的效率、质量和安全性,以更好地满足人们的健康管理需求。

---

* 王黎琦、陈琪、赵添羽,中国生物技术发展中心;陈超,北京伽罗华域科技有限公司;刘文雯,山东大学齐鲁医院。

Web 3.0 技术的出现为智慧医疗带来了新的变革，进一步推动医疗行业数字化转型。

（一）智慧医疗发展现状

智慧医疗是医疗健康服务行业与信息技术深度融合的产物，近年来在中国呈现迅猛的发展态势。

政策助力产业发展。近年来，中国政府高度重视智慧医疗的发展，并出台了一系列政策予以支持和规范。2015 年，《国务院关于积极推进"互联网+"行动的指导意见》对"互联网+"在医疗领域的建设和运用提出了指导性的意见和严格的要求。2021 年，国家发展改革委等 21 个部门联合印发的《"十四五"公共服务规划》明确指出，到 2025 年，公共服务制度体系更加完善，支持智慧医疗发展，符合条件的互联网医疗服务将被纳入医保支付范围。通过政策支持，各地智慧医疗取得了显著成效。

市场规模逐渐扩大。受到政府利好政策的推动以及医院对数字化需求的日益增长，中国智慧医疗市场规模增长显著。据中商产业研究院的数据，2023 年，中国智慧医疗行业市场规模达到 62.85 亿元，2019～2023 年复合年均增长率达 53.37%。中商产业研究院分析师预测，2024 年，中国智慧医疗市场规模将增长至 111.37 亿元；2023 年中国智慧医院市场规模达到 58.45 亿元，2018～2023 年年均复合增长率达 53.31%，预计 2024 年将增至 102.48 亿元；2023 年，中国智能药品研发市场规模达到 3.61 亿元，2018～2023 年年均复合增长率达 46.67%，预计 2024 年将增长至 6.03 亿元。

数字技术更新推动产业升级。数字技术为智慧医疗提供了强大的工具和数据支持，技术的不断更新、迭代推动了智慧医疗产业的升级发展，提升了医疗服务的效率和质量。通过深度学习算法对医学影像进行分析，能够帮助医生更早期、更准确地发现病变，降低漏诊和误诊的概率。云计算和大数据技术使得医疗资源的整合和共享变得更加容易。不同地区、不同层级的医疗机构能够通过数字平台共享患者信息和医疗资源，实现远程会诊和双向转诊，让优质医疗资源能够覆盖到更广泛的地区和人群，有助于缓解医疗资源

分配不均的问题，提高医疗服务的公平性和可及性。移动医疗应用和物联网技术的发展，让患者能够更方便地获取医疗服务。可穿戴设备和远程监测技术能够实时收集患者的健康数据，实现对慢性病患者的远程管理和健康监测，提高患者的自我管理能力和依从性。

应用场景不断拓展。智慧医疗的应用领域广泛且多元化，涵盖远程会诊、远程手术、远程超声、应急救援等远程医疗应用，以及智慧导诊、移动医护、人工智能辅助诊疗等院内应用场景。例如，部分医院引入人工智能陪诊师，为患者提供全天候的陪伴和指导，改善就医体验；电子病历的应用则提升了医生的工作效率，医生病历书写时间从 10 分钟缩减到 15 秒，小样本测试准确率为 90%。在临床诊疗方面，临床辅助决策系统、人工智能辅助诊疗等技术得到广泛应用，显著提升了医务人员的诊疗效率和质量。在医学影像诊断中，人工智能技术能够快速准确地识别病变部位，为医生提供参考。医疗健康管理也是智慧医疗应用的重要领域，实现对患者的健康监测和全程管理，包括疾病预防、健康教育、康复护理等，特别是在老年人和慢性病患者的健康管理方面，智慧医疗的应用可以更好地实现个性化和全面化的健康管理。

智慧医疗面临诸多挑战。一是数据安全与隐私保护方面。个人健康信息涉及隐私，需要政府制定法律和制度，完善监督管理体系。二是技术标准不统一。现有智慧医疗系统产品多数处于初级阶段，相关产品和技术标准不完善，新企业取得相关资质困难。三是医疗成本的增加。关键技术创新、突破与提升需要大量研发人员和资金投入，智慧医疗产业结构和链条复杂，需要整合利益关系。资源配置与协调缺乏有效手段，市场、技术资源分配缺乏约束与管理。四是医疗人才的技术能力不足。规范运营服务和管理面临压力，医疗从业者和机构需改变传统工作形态和服务方式。医疗知识普及与培训存在不足，人们对健康管理认识不够，信息不对称导致医患关系紧张。

（二）Web 3.0助力智慧医疗发展

Web 3.0 技术推动智慧医疗朝着更加高效、便捷和个性化的方向发展。

增强患者数据主权。在 Web 3.0 环境下，患者对自己的医疗数据拥有更大的控制权。通过去中心化的存储和加密技术，患者可以决定哪些医疗机构或研究人员能够访问其数据，确保数据的使用符合自己的意愿，同时更好地保护个人隐私。

改善医疗数据共享与协作。Web 3.0 能够打破医疗机构之间的数据壁垒，促进医疗数据流通和共享。不同医院、诊所和研究机构可以更安全、高效地共享患者数据，为疾病研究、临床诊断和治疗方案制定提供更全面的信息支持。例如，对于罕见病的研究，多个医疗机构可以共同整合分散的病例数据，加速对疾病的认识和治疗方法的探索。

智能合约提升医疗流程效率。借助智能合约，医疗费用的结算、保险理赔等流程可以实现自动化和智能化。减少烦琐的手续和人工干预，降低错误率，提高处理速度。同时，智能合约还可以用于确保医疗服务的质量和合规性。

分布式应用优化医疗资源分配。基于 Web 3.0 的分布式应用能够更公平地分配医疗资源。例如，通过区块链技术建立药品溯源系统，确保药品的质量和供应的可靠性，减少假药和药品短缺的问题。此外，还可以创建去中心化的医疗服务平台，让患者更容易找到合适的医疗资源。

激励患者参与健康管理。Web 3.0 中的通证经济模式可以激励患者积极参与健康管理。患者通过共享健康数据、完成健康任务等方式获得通证奖励，这些奖励可以用于支付医疗费用或换取其他健康服务，从而提高患者自我管理的积极性和主动性。

促进医疗创新。Web 3.0 提供了一个开放和创新的环境，吸引更多的开发者和创新者参与到智慧医疗的建设中。新的应用和解决方案不断涌现，为医疗行业带来新的活力和发展机遇。

然而，Web 3.0 在助力智慧医疗的过程中也面临一些挑战，如技术复杂性、法律法规不完善以及用户教育等问题。但随着技术的不断成熟和相关政策的逐步完善，Web 3.0 有望在智慧医疗领域发挥更大的作用，为改善全球医疗服务质量和提高效率做出重要贡献。

二 Web 3.0在智慧医疗的场景应用

（一）Web 3.0助力远程医疗咨询与辅助诊断

Web 3.0技术为智慧医疗领域带来了革命性的变化，特别是在远程医疗咨询与辅助诊断方面。通过区块链、人工智能、大数据分析等技术的综合应用，Web 3.0提供了一个去中心化、安全、高效的平台，使医疗服务不再受地理位置的限制。患者可以通过智能设备上传自己的健康数据，医生则可以远程访问这些数据，进行实时的咨询和诊断。

此外，Web 3.0的去中心化特性有助于保护患者的隐私，确保数据的安全和不可篡改。随着技术的不断发展，Web 3.0有望在智慧医疗领域发挥更大的作用，为患者带来更加便捷和高质量的医疗服务。

人工智能大模型预问诊。大模型也称大语言模型，天然具备流畅的对话能力。基于医学文献、临床指南、真实病例训练的医疗大模型，向无法方便访问医疗机构的患者提供便捷的远程医疗咨询服务，医疗大模型可以访问在线网络资源的实时信息和利用本地数据库的医疗数据，用户只需描述症状，医疗大模型就会像真人医生一样询问用户症状与体征，然后给出初步诊断和治疗建议。大模型预问诊的构建有两个重要的过程，分别是医疗大模型数据处理和模型训练评估。秉持数据的质量比数量更重要的理念，有效的数据清洗是提升医疗大模型性能的关键；通过有针对性的微调模型，可以更好地理解和生成医疗咨询对话；构建外部知识库，医疗大模型基于可靠的知识库生成响应准确性可以得到显著提高的基本原则。

医疗大模型解读心电图报告。心电图报告展示了患者在特定时间段内的心脏活动情况，经过训练的医疗大模型通过解读心电图报告可实现低成本、快速度、高精度地筛查心房颤动患者，尤其可提高无症状心房颤动患者的检出率。一方面，医疗大模型根据心电图报告中室性节律、心率、心率变异、室上性节律和房颤分析等多个方面的心电数据，可以对患者的心脏健康状况进行评估，如果患者的心率不在正常范围内，或患者有出现室性心动过速或其他严重的心律失常事件等，医疗大模型会给出分析结果，并建议需要医生介入以进一步观察和评估。另一方面，医疗大模型通过研究经历过心博骤停的人和没有经历过心博骤停的人的心电图，比传统的心电图风险评分能更准确地预测哪些人会经历院外心博骤停。

基于多模态数据的医学影像辅助诊断疾病。在一定情况下，将不同类型的医学图像相结合可以提高诊断的准确性和效率。例如，通过将 CT 图像与 PET/CT 图像相结合，可以更全面地评估患者的病情；利用小波变换技术对不同模态的医学图像进行融合，可以在保证准确率的同时减少运行时间，从而提高辅助诊断系统的效率。采用基于注意力机制的 Transformer 模型可以更好地提升医疗影像分析的性能，这种模型无须依赖传统的递归或卷积操作。

在癌症医学影像分析中，人工智能将组织病理学、乳腺成像以及超声扫描等整合分析，不仅能够帮助医生进行更精确的癌症诊断，还能通过自动化的方式提高诊断的速度和准确性。

（二）Web 3.0赋能智慧医院建设

在智慧医院建设及医院管理中，Web 3.0 技术通过其分布式、去中心化的特性，能够有效地优化资源配置并提高医疗服务效率。人工智能的应用极大地提高了数据处理的效率和决策的精度，能够从大量复杂的医疗和操作数据中提取有用信息，支持医院管理和运营决策。

人工智能在医院管理信息的统计分析中的应用通常包括资源优化、成本控制、患者流动性管理以及服务质量提升等方面。通过对历史数据的分析，人工智能可以帮助医院管理者识别资源使用的模式，预测未来的资源需求，从而优化医院的人力资源和提高设备利用率。例如，人工智能可以分析历史的病床使用率和手术室调度数据，预测未来的使用趋势，帮助医院更合理地规划资源分配。此外，人工智能技术也能通过分析患者的就诊历史和行为模式，优化患者的就医流程，减少等待时间，提高患者满意度。人工智能系统

可以自动调整患者的预约安排,以减少拥堵和等待时间,同时确保医疗资源的充分利用。

在成本控制方面,人工智能通过对医疗成本数据进行深入分析,帮助医院识别成本过高的区域,提供成本削减的建议。例如,通过分析不同治疗方案的成本效益,人工智能可以推荐更经济有效的治疗方法,从而在不牺牲治疗质量的前提下降低医疗成本。

智慧医院建设可以优化医疗资源配置。一是智能化医学资源库的构建,基于 Web 3.0 的医学资源库可以实现更高效的信息检索和数据共享。这种智能化数据库能够根据用户的查询历史和偏好提供个性化的搜索结果,从而提高资源利用效率和用户满意度。二是区域医疗资源共享体系,通过"互联网+"技术,可以建立一个覆盖整个区域的医疗资源共享体系。这不仅可以减少重复投资和建设成本,还能优化区域内的医疗资源配置,使资源在更广泛的区域内得到合理分配和使用。三是医疗信息的整合与共享,在 Web 3.0 环境下,医疗信息的整合和共享变得更加容易和高效。这包括医疗人力资源、医疗物资资源的整合优化,以及基于信息共享的医疗物资资源策略分析。信息共享是医疗资源整合的核心与基础,有助于提升配置合理性和整合效率。四是数字化医疗服务的技术基础,建立数据资源安全可控、数字身份可信、多边协同可达等数字化医疗服务的技术基础,是实现高效医疗服务的关键。这包括利用大数据管理分析、健康指标体系、决策支持等手段,完善疾病管理服务。

(三)Web 3.0助力患者记录管理系统建设

Web 3.0 技术可以通过分布式账本的特性,实现患者信息的安全存储和共享。在现有的电子病历档案系统中,虽然已经实现了信息资源共享和服务网络化,但这些系统往往依赖中心化的服务器或数据库,存在数据泄露和被篡改的风险。而 Web 3.0 技术的应用,可以将患者的医疗信息存储在多个节点上,从而大大降低了数据被非法访问或篡改的可能性。

Web 3.0 技术的去中心化特性,有助于提高患者记录管理系统的效率和可访问性。传统的患者记录管理系统通常需要患者亲自到医院或其他医疗机构进行查询和更新。而通过 Web 3.0 技术，患者可以随时随地访问自己的医疗记录，无须再受到地理位置的限制。这不仅提高了患者的满意度，也使医疗服务更加高效和便捷。

此外，Web 3.0 技术还可以促进不同医疗机构之间的信息共享和协作。在现有的虚拟患者记录框架中，虽然已经实现了地理分散的医疗信息整合和工作组的协作，但这些系统往往需要依赖中心化的协调和管理。而 Web 3.0 技术的应用，可以进一步简化这一过程，通过智能合约等技术自动执行信息共享和协作任务，从而提高整个医疗系统的运作效率。

Web 3.0 技术还可以为患者记录管理系统带来更多的创新应用。通过利用区块链的不可篡改性和透明性，可以开发出新的服务，如对患者健康状况的实时监控和分析，以及基于患者数据的个性化治疗建议等。这些创新应用不仅可以提高患者的健康管理能力，也可以为医疗机构创造新的价值。

Web 3.0 技术为去中心化的患者记录管理系统建设提供了强大的技术支持和广阔的发展前景。通过利用这一技术，可以构建一个更安全、高效、便捷和智能的患者记录管理系统，从而更好地服务于患者和医疗机构。

（四）Web 3.0赋能个性化健康管理发展

智能交互与知识共享。Web 3.0 通过智能计算机服务的互动，利用关于用户及其即时环境的知识，提供优先级和相关的信息支持决策和行动。这种智能化的服务能够促进不同学科的专业人士在不同地点进行更好的合作，并使临床医生与患者之间能够进行充分的信息共享和协作。

数据整合与个性化推荐。Web 3.0 的实现需要良好的语义资源协调，以连接虚拟团队并将其策略与实时、定制化的证据连接起来。这有助于将患者当前的情况与类似患者的成果进行比较，从而提出个性化的护理建议。此外，电子健康记录与生物医学科学研究成果及预测模型如虚拟生理人类的整合，加速了新知识向临床实践的转化。

多源健康数据的利用。在 Web 3.0 环境下，个性化健康管理的研究强调大数据、物联网、人工智能、区块链等新一代信息技术在健康医疗领域的应用，这些技术为智慧健康的创新和实践带来了巨大机遇。通过机器学习、区块链等智能化新技术，可以探索多源健康数据视角下的个性化健康管理问题，为合理高效配置有限的健康服务资源和促进个性化健康管理创新发展提供理论支撑和实践指导。

个性化健康信息定制系统。随着人们对专业化健康信息需求的快速增长，构建一个专业化的、个性化的健康信息定制系统成为医疗健康领域的重要任务。这样的系统能够满足人们日益增长的健康信息需求，通过整合医疗机构信息、互联网健康信息以及个性化健康信息定制技术，实现健康信息服务的全面性和个性化服务能力的强化。

网络健康信息精准服务模式。为满足网络用户日益增长的健康信息需求，网络健康信息精准服务模式随之兴起，包括个性化定制服务、信息推送服务、个性化互动式服务等。

（五）Web 3.0 推动医疗服务模式创新

随着各地"区块链+卫生健康"试点工作推进，区块链技术的去中心化、数据安全存储、可追溯等特性日益凸显，在提高医疗服务效率、妥善保管医疗健康大数据、改善医疗数据孤岛问题等方面发挥重要作用。在技术驱动与需求驱动下，Web 3.0 在医疗行业的应用场景不断拓展。例如，广东省开展的"区块链+肥胖糖尿病"防治项目试点工作，通过"粤糖胖"线上线下一体化慢性病管理平台，患者可建立基于区块链的自由健康档案，有效解决检查结果保存难、跨院诊疗重复检查等慢性病长期管理难题。通过人工智能、高清视频渲染、深度语音学习等技术创建与真实世界高度相似的医疗虚拟数字人，如虚拟数字医生、虚拟标准化病人，科普宣传、健康教育、教学培训、健康管理等线上线下互动更加智能化，多模式接触健康信息、大数据支撑的分众化精准传播等为医学内容输出和传播带来更多可能。

三 Web 3.0给医疗行业带来的机遇与挑战

（一）Web 3.0赋能医疗行业发展

随着技术的不断进步和应用推广，Web 3.0通过去中心化、数据隐私和用户权益保护、智能化和个性化服务等优势，为医疗数据管理、远程医疗、临床决策支持、医学科研合作、个性化医疗服务等带来了全新的发展机遇，展示出了变革传统医疗体系的巨大潜力。Web 3.0带动医学研究范式的转变，在大数据与人工智能驱动下，医学研究从现象驱动向数据驱动转变。一方面，Web 3.0的去中心化技术、智能合约等技术可以实现医疗数据的安全共享和传输，推进医疗标准化应用，激活医疗数据价值。另一方面，通过区块链存证、隐私计算、联邦机器学习等技术，将医疗数据保存在去中心化的网络中，避免数据泄露与被篡改，提供更可靠的数据支持。同时，知识图谱与多模态数据融合、深层次知识抽取等技术，为提升医疗数据处理效率与进行决策支持提供更多技术支持。

（二）Web 3.0助力智慧医疗面临的挑战

尽管Web 3.0给医疗行业带来了诸多颠覆性的变革和机遇，但在法律伦理等方面仍面临一些问题和挑战需要解决，以期更好地赋能医疗行业发展。

技术成熟度和应用普及。尽管Web 3.0在医疗行业中应用前景广阔，但其技术仍在不断发展，需要加强研发和创新，以提升安全性、可靠性、可扩展性、易用性和成熟度。同时，还需加强培训推广和宣传教育，提高用户对Web 3.0的认知和理解，逐步提升医疗机构和患者对新兴技术的接受度和适应性。

政策法规和合规性。从国家政策来看，近年来，多项政策出台加快推动健康医疗大数据规范应用，相关制度法规、技术规范越来越完善。作为

新兴技术，Web 3.0 的运用与传统法律规范的必然存在一定的冲突和问题，如个人信息的界定、监管方式等，为此迫切需要建立适合 Web 3.0 医疗行业发展的监管机制，解决新兴技术运用于医疗领域与现有制度规范之间的矛盾，在确保患者隐私和数据安全的前提下进行创新应用。

数据隐私和安全。数据安全是数据生态的底线与边界，尤其是个人健康隐私信息需要被妥善保护，Web 3.0 在医疗领域的应用涉及大量个人健康数据，需要加强数据保护和隐私安全的技术和制度建设，以确保用户数据的安全和合规使用。限制数据或技术"黑客"的风险，维护用户对新兴技术的信任，也是确保 Web 3.0 在医疗行业长期安全使用的关键。

互操作性和标准化。不同区块链平台和医疗系统之间的互操作性和标准化也是一大挑战，需要制定统一的技术标准、接口协议等，实现不同系统之间的数据互通和兼容。

综上所述，尽管面临技术、法规和标准化等挑战，Web 3.0 发展为医疗行业提供了更好的数据保护、去中心化合作、智能合约等支持，Web 3.0 智慧医疗的未来依然充满机遇。随着技术的不断发展和生态系统的完善，Web 3.0 必将引领智慧医疗的创新前沿，为医疗科技的创新和进步带来更加广泛和深远的影响。

四 Web 3.0赋能智慧医疗展望

（一）技术赋能：智慧医疗的创新引擎

Web 3.0 时代，人工智能、区块链、物联网等技术的深度融合，为智慧医疗提供了强大的技术支撑。人工智能的应用，将使医疗诊断更加精准高效，通过大数据分析和机器学习算法，辅助医生进行疾病筛查、诊断和治疗方案制定。同时，个性化治疗将成为可能，基于患者的基因信息、生活习惯等大数据，为患者提供量身定制的治疗方案和健康管理建议。

区块链技术将在医疗数据安全与隐私保护方面发挥重要作用。通过去中心化的数据存储和加密技术，确保患者医疗数据的安全性和隐私性，防止数据泄露和滥用。此外，区块链的可追溯性也将使医疗记录更加透明可信，提高医疗服务的整体质量。

物联网技术的广泛应用，将实现医疗设备与患者、医生之间的实时连接。远程医疗将成为可能，患者无须亲自前往医院，即可通过远程监控、诊断和治疗获得及时有效的医疗服务。智能穿戴设备等物联网产品的普及，将使患者的生命体征得到实时监测，为医生提供及时的数据支持，有助于疾病的早期发现和预防。

（二）服务体系与模式创新：智慧医疗的转型升级

在互联网3.0的推动下，智慧医疗的服务体系和模式将发生深刻变革。线上线下融合将成为主流趋势，通过构建线上线下一体化的医疗服务体系，实现医疗资源的优化配置和高效利用。患者可以在线上进行预约挂号、咨询问诊等操作，在线下则享受高质量的医疗服务。这种模式的推广，将有效缓解医疗资源紧张的问题，提高医疗服务的便捷性和可及性。

"三医联动"也将成为智慧医疗发展的重要方向。通过实现医疗、医药、医保的联动发展，构建以患者为中心的智慧医疗生态体系。在这个体系中，医疗机构、科技企业、保险公司等多方将共同参与，推动智慧医疗发展。患者将享受到更加便捷、优质、个性化的医疗服务，同时医疗成本也将得到有效控制。

远程医疗推动优质医疗资源的共享，通过"互联网+远程医疗"，整合优质医疗资源，在各级医疗机构间搭建起医疗资源的共享平台，帮助基层医生提升诊疗能力，推动分级诊疗。这包括加强基础技能培训、发展专科医联体以及建立专业精准扶贫协同体系，支持贫困边远地区健康脱贫。

（三）政策与市场驱动：智慧医疗的未来发展

政策的支持和市场的驱动将是智慧医疗未来发展的两大动力。随着国家对医疗健康产业的重视程度不断提高，相关政策的出台和完善将为智慧医疗

的发展提供良好的政策环境。同时，市场对智慧医疗的需求也将持续增长。随着人们健康意识的提高和医疗需求的增加，智慧医疗市场将迎来广阔的发展空间。

综上所述，Web 3.0赋能智慧医疗的展望是充满希望和机遇的。通过技术创新、服务体系完善和政策市场驱动等多方面的努力，智慧医疗将不断迈向更加高效、便捷、个性化的未来。我们有理由相信，在不久的将来，智慧医疗将成为人们生活中不可或缺的一部分，为人类的健康事业贡献更大的力量。

参考文献

［1］ Lauri Holmstrom, Harpriya Chugh, Sumeet Chugh, "An ECG‐based Artificial Intelligence Model for Assessment of Sudden Cardiac Death Risk," *Communications Medicine*, 2024, 4.

［2］ 李思琦:《面向多模态医学影像的智能辅助诊断方法研究》，东北大学博士学位论文，2019。

［3］ 陈炳光:《基于多模态医学图像融合以及机器学习的辅助诊断》，吉林大学硕士学位论文，2018。

［4］ Ashish Vas Wani, Noam M. Shazeer et al., "Attention Is All You Need," Neural Information Processing Systems, 2017.

［5］ D. H. Lee, S. N. Yoon, "Application of Artificial Intelligence‐based Technologies in the Healthcare Industry: Opportunities and Challenges," *International Journal of Environmental Research and Public Health*, 2021, 18 (1).

［6］ H. M. Krumholz, "Big Data and New Knowledge in Medicine: The Thinking, Training, and Tools Needed for a Learning Health System," *Health Affairs*, 2014, 33 (7).

［7］ A. G. Alexandru, I. M. Radu, M. L. Bizon, "Big Data in Healthcare‐Opportunities and Challenges," *Informatica Economica*, 2018, 22 (2).

［8］ 孙雨哲、王宪娥、侯建霞:《虚拟标准化病人在医学教育中的应用与研究进展》，《中华医学教育杂志》2024年第4期。

［9］ 韩静、高荣、郑梦莹等:《新媒体时代医疗健康领域科普信息大众传播规律初探》，《中华医学信息导报》2022年第20期。

［10］ 苏娜、葛乐昕、范雯等:《区块链技术在数字医疗与健康中的应用进展》，

《数字医学与健康》2024 年第 2 期。

［11］刘惠明、潘珺瑜：《医疗区块链技术运用的法律规制探究》，《卫生软科学》2023 年第 12 期。

［12］贺婷、袁丽、杨小玲：《数字健康技术在糖尿病防治和管理中的应用》，《中国数字医学》2023 年第 8 期。

B.15
互联网3.0数据资产交易研究[*]

王洋 韩佟丽 王海波 连博 李轩[**]

摘 要： 数据资产作为新的资产形态，成为资源配置的重要内容。互联网3.0作为以区块链为核心技术的数字经济价值网络，为数据资产交易提供了基于"数字契约"的网络信任体系，可有效支撑数据资产交易，助力数据价值面向应用的充分实现。数据资产交易涉及行业领域内部与外部多系统间的互操作与集成，而传统系统间互操作与集成技术在数据规模爆炸式增长、数据类型与应用架构日渐丰富等现实条件下面临诸多挑战，以满足业务需求为导向的技术体系正不断变革、创新。因此，本报告以互联网3.0为支撑底座，对数据资产交易系统间互操作与集成相关技术和成果进行研究，形成数据资产交易集成架构及蓝图数据结构，从而促进数据资产安全流通，释放数据价值。

关键词： 互联网3.0 数据资产交易 金融+ 蓝图数据结构 集成架构

一 数据资产交易集成架构分层设计

数据资产交易集成架构自底向上分为环境层、组件层、组装层（如图1所示）。其中，环境层和通用组件侧重通用技术，包括操作系统、数据库、中间件、互联网3.0、相关组件等；组装层和领域组件对应数据资产交易相关的耦合实现机制，具体实现与交易的数据产品和服务形式相关，如场内交

---

* 本报告数据均来源于中科软科技股份有限公司。

** 王洋、韩佟丽、王海波、连博、李轩，中科软科技股份有限公司。

易、场外交易等涉及的数据耦合和程序耦合，以及与行业领域业务逻辑相关性较强的组件。

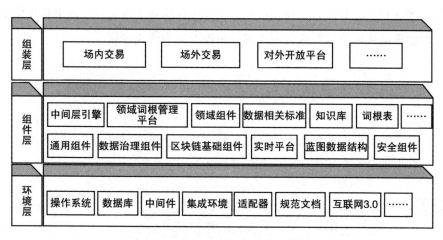

图1　数据资产交易集成架构

基于数据资产交易集成架构的分层设计，进行成果物迭代和完善，可以确保数据资产交易的整个体系能够在技术创新和业务稳定之间达成平衡。由于技术属于环境底层内容，它有独立的发展方向，相对业务而言容易变化，分层体系有助于在一定程度上使业务对技术变化的"副作用"脱敏。

二　数据资产交易涉及不同层面互操作，应基于集成架构进行规划

数据资产交易场景包括领域内数据资产交易、区域数据资产交易和全国一体化（跨领域）数据资产交易场景。以金融领域为例，领域内数据资产交易场景包括银行、保险、证券及密集交互的周边领域（如医疗卫生、交通、能源等）数据资产交易场景。区域数据资产交易场景包括上海、北京、深圳、成都、武汉等不同城市的数据资产交易场景。全国一体化（跨领域）数据资产交易场景指以互联网3.0为底座，联通各行业数据流通交易场景和各区域数据资产交易场景，形成的全国一体化数据资产交易场景。

数据资产交易既有全国范围内的大方向要求，又有各地域相对因地制宜的个性化要求，因此需要基于集成架构进行统一约束和适度个性化发展之间的合理规划。一般而言，环境层和记录事实层需要严格管控，约束和评估则可以根据地域区分和行业区分实现一定程度的个性化发展。

三 以金融领域为代表的数据资产交易集成架构

基于数据资产交易集成架构的分层设计，本报告形成了以金融领域为代表的数据资产交易集成架构（如图2所示）。

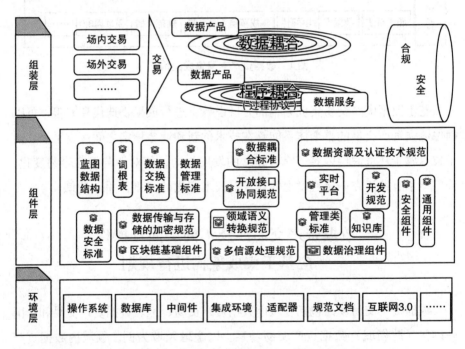

图2 以金融领域为代表的数据资产交易集成架构

（一）环境层

环境层主要包括操作系统、数据库、中间件、适配器、集成环境、互联网 3.0、规范文档等。数据库和互联网 3.0 是重点，可以支撑多源异构数据存储，并加强安全可靠的相关需求。

目前，各行业领域涉及的数据种类和信息来源越来越广泛。以金融领域为例，金融业务核心数据大多采用关系型数据库，存储结构化数据，如保险保单涉及的结构化数据。随着业务发展的需要及大数据技术的迭代，合同相关附件逐渐变得多样，涵盖图片、录音、录像、文件等多源异构数据，从而形成结构化、半结构化和非结构化并存的数据现状。因此，数据资产交易场景在选择底层数据存储时，使用单一的数据库已经无法支持，需要综合考量关系型数据库、非关系型数据库、文件存储、对象存储、内存数据库等。在互联网 3.0 时代，通过区块链等去中心化技术促成的价值互联成为趋势，天然有利于成为具有非实体性和零成本复制性的数据资产交易底层技术底座，一方面可以进行数据资产本身的隐私保护和产权保护，另一方面可以确保数据资产交易的透明性、安全性和完整性，有力推动数据资产在确权、入表、交易等方面的落地，如通过智能合约自动执行数据资产在应用各节点的权限控制，以及通过区块链技术实现去中心化的数据资产登记。

环境层规范文档主要涉及环境层的开发环境搭建指南、通用数据结构设计规范等，与具体领域弱相关。数据资产交易在全国范围内既要遵循大方向要求，又有各地域相对因地制宜的个性化要求，环境层的集中规划与设计是满足基本原则下百花齐放的前提。

（二）组件层

组件层包括蓝图数据结构、词根表、知识库、通用组件、数据治理组件、区块链基础组件、安全组件、数据交换标准、数据管理标准、数据耦合标准、数据安全标准、管理类标准、领域语义转换规范、开放接口协同规范、多信源处理规范、数据传输与存储的加密规范、数据资源及认证技术规范、开发规范、实时平台等。

1. 蓝图数据结构

数据资产交易蓝图数据结构主要围绕数据资产交易的核心领域及辐射领

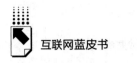

域，包括通用数据蓝图、数据资产交易数据蓝图，以及保险数据蓝图、银行数据蓝图、证券数据蓝图等相关的业务数据蓝图。

蓝图数据结构是构建行业应用数据结构的指导性模型，它的创新之处在于实现了对现行运行体系下概念结构体系中相对稳定和规律性的内容的辨别和分类，将其按维度和方向形成统一模型，尤其是对涉及领域语义的字段进行基于维度的归纳和兼容设计，确保了视角的整体性和系统性。在数据资产交易过程中，蓝图数据结构能够更好地对多领域、多信源的异构数据应用进行指导。

2. 词根表

词根表涵盖以纵向业务及数据资产交易为核心的全生态领域，如金融数据资产交易词根、通用词根、银行词根、保险词根、销售管理词根、财务词根、合同词根、风险管理词根、精算术语词根、金融产品词根、金融中介词根等。

3. 知识库

知识库主要包含与纵向业务领域及数据资产交易相关的行业知识、术语词典、产品条款、标准文件、可操作管理文件、业务矩阵、需求模板等内容。

4. 通用组件

通用组件是指可跨领域通用的组件集，包括数据耦合管理组件、公共语义转换器、适配转换平台、语音识别组件、OCR 识别引擎、单点登录引擎等。

5. 数据治理组件

数据治理组件是指聚焦数据治理的可复用组件集，包括基础数据平台、数据质量库、日志库、实时规则库、元数据库等。

6. 区块链基础组件

区块链基础组件包括可为数据资产交易提供区块链技术支撑的相对通用的组件，如 Repchain 等，支撑实现数据资产管理、确权、授权、交易监管、交易真实证明、智能合约执行等功能，降低交易过程中的信任成本。

7. 安全组件

安全组件包括组合鉴别组件、数据加密组件、敏感标记组件、权限管理组件、数据安全控制组件等。

8. 数据交换标准

数据交换标准涉及纵向业务领域内外部数据交换的国家标准、行业标准等。以金融领域为例，领域外部优先确定"金融+"辐射的外围领域，如《再保险数据交换规范》《保险公司参与社会医疗保险服务数据交换规范》《银行保险业务财产保险数据交换规范》《金融机构大额交易和可疑交易报告数据报送接口规范》等。

9. 数据管理标准

数据管理标准包括信息模型标准、金融术语标准、金融标识标准、隐私计算相关标准等。

10. 数据耦合标准

数据耦合标准包括数据质量及评价标准、数据维护标准等。

11. 数据安全标准

数据安全标准聚焦数据安全应遵循的法律文件、国家标准文件、行业标准文件等，包括《中华人民共和国网络安全法》《中华人民共和国数据安全法》《中华人民共和国个人信息保护法》《中华人民共和国电子签名法》《信息安全技术 网络安全等级保护实施指南》《关键信息基础设施安全保护条例》《信息安全技术 数据交易服务安全要求》《信息安全技术 个人信息安全规范》《信息安全技术 安全电子签章密码技术规范》《信息安全技术 移动智能终端个人信息保护技术要求》等。

12. 开放接口协同规范

开放接口协同规范包括《OpenAPI 规划标准》《API 分组标签规范》《API 元数据规范》《API 安全管理规范》《API 文档规范》等。

13. 管理类标准

管理类标准涉及建设指南、运维管理、测试评价、监理验收等管理工作的相关标准。

14. 实时平台

实时平台主要包含清单查询组件、流计算引擎、消息队列组件等。

15. 领域语义转换规范

领域语义转换规范主要包括公共语义转换规范、金融领域语义转换规范等。

16. 多信源处理规范

多信源处理规范包括多信源数据存储规范、多信源数据转换规范。

17. 数据传输与存储的加密规范

数据传输与存储的加密规范涉及数据传输与存储加密的标准文件，包括《智能密码钥匙密码应用接口数据格式规范》《信息安全技术 通用密码服务接口规范》《信息安全技术 电子文件密码应用指南》等。

18. 数据资源及认证技术规范

数据资源及认证技术规范包括身份认证规范、资源权限管理规范等。

19. 开发规范

开发规范包括编程规范、接口规范、命名规范等。

（三）组装层

组装层对应数据资产交易相关的耦合实现机制，目前主要涵盖场内交易和场外交易。数据资产交易需要将数据加工成标准化的数据产品，或将数据处理及分析等能力封装为数据服务。

场内交易是指买卖双方基于合规前提，通过数据交易中心/数据交易所实现相关权益的交割。数据交易中心/数据交易所是地方政府主导的、为供需双方提供交易撮合的场所，在进行场内交易之前，市场主体应通过依法设立的数据交易场所登记数据资产，由交易场所依规发放登记凭证。现阶段，确权估值、交付清算、资产管理、增值服务等方面的落地尚未成一定规模，因此与场外交易相比，场内交易成本相对较高。根据前瞻产业研究院发布的报告中的数据，截至2024年3月，国内共成立49家数据交易场所，包括深圳数据交易所、北京国际大数据交易所、广州数据交易所、上海数据交易所、贵阳大数据交易所等，交易标的主要为数据服务、数据产品、数据工具、算力资源等。

场外交易包括以商务谈判或合同的方式进行的定制化交易，也可以通过一些大型行业企业、互联网平台企业等企业组织搭建的数据交易撮合平台实现，交易方式比较灵活，不一定有明确的交易形式，通常是因特定业务的需求及应用场景而触发，如保险公司因开发精算模型、风险预测模型等，需要获取医疗数据、交通数据、用户行为数据等进行业务分析，因此需要根据数据用途、价值等因素进行定价，具体交付方式可以是通过 API 接口形式将数据从一方传至另一方，或是进行数据库定制，也可经场内撮合，再通过场外交易，成本相对较低，现阶段更容易实现数据的流通。

企业可以将数据资产委托给数据资产管理机构进行统一运营和交易变现，数据资产管理机构对数据资产进行清洗加工和标准规范化处理、分级分类、智能化标注等，针对可交易的数据资产制定合理的交易策略和合理的营销方案，这种情况下的收益所得一般采用分成方式。

在耦合实现方面，数据资产交易涉及数据耦合和程序耦合，数据产品交付宜采用数据耦合与程序耦合相结合的方式，数据服务提供可采用程序耦合方式。数据耦合以数据资产交易蓝图数据结构为核心。通过对数据资产交易涉及的元素进行全面分析，本报告给出了数据资产交易蓝图数据结构。基于数据资产交易蓝图数据结构，可以指导形成纵向业务领域与内部或外部进行数据资产交易/共享数据时的交换标准，在降低成本的前提下，达到高度且稳定的数据耦合。

数据资产交易蓝图数据结构包括纵向数据结构、横向数据结构、元数据结构。

1. 纵向数据结构

纵向数据结构主要聚焦交易组成数据结构和数据产权登记数据结构。数据产权登记数据结构包含数据产权登记标识、数据产权登记证书编号、数据资产编号、数据资产名称、数据资产类型、产权类型、登记主体、数据产权登记机构、数据产权登记日期、数据产权登记依据等数据项。

具体地，数据产权登记数据结构如表1所示。

表1　数据产权登记数据结构

中文名称	英文名称	英文含义	数据类型
数据产权登记标识	DatAPropID	Data Assets Property ID	字符串
数据产权登记证书编号	DatAPropCertNO	Data Assets Property Right Certificate NO	字符串
数据资产编号	DatANO	Data Assets NO	字符串
数据资产名称	DatAName	Data Assets Name	字符串
数据资产类型	DatACls	Data Assets Classification	枚举型
产权类型	DatAPropCls	Data Assets Property Classification	枚举型
登记主体	RegEnt	The Entity Applying for Registration	字符串
主体统一社会信用代码	USCI	Unified Social Credit Code	字符串
数据产权登记机构	DatARegAuth	Data Assets Registration Authority	字符串
数据产权登记日期	RegDate	Date of Registration	日期类型
数据产权登记依据	Basis	Basis for Registration	自定义
区块高度	BlkHit	Block Height	整数型
证书地址	CertAddr	Certificate Address	字符串

其中，数据资产类型是指数据资产交付类型，如数据API。产权类型是指数据资产的权属类型，如数据产品经营权。

数据产权登记底层可选用区块链技术，其中区块高度用于标识区块序号，描述区块在区块链中的位置。证书在区块链上部署后，通过唯一确定的证书地址标识，供调用方访问证书、进行状态存储等。

2. 横向数据结构

横向数据结构主要包括数据资产数据结构、数据资产关联方数据结构、合约数据结构、产品数据结构、事件数据结构、资源项数据结构、节点数据结构。其中，数据资产数据结构包含数据资产标识、数据资产名称、数据资产主题类别、数据资产价值类别、数据资产价值领域、数据资产权属、数据资产估值结果、数据资产关联方、收益分配方式、业务描述、关联关系、业务规则、统计口径、对应数据标准、数据质量规则、数据质量情况、数据应用情况、数据规模、可信数据源、数据保存时间跨度、数据生命周期描述、维护负责人、职责权限、安全信息、标签信息、创建时间及最后一次变更时间等数据项。数据资产关联方数据结构包含数据资产关联方标识、数据资产关联方名称、数据资产关联方证书、数据资产关联方账户、数据资产关联方类型、访问权限、数据资产关联方备注、操作权限等数据项。

（1）数据资产数据结构

数据资产数据结构如表2所示。

表2　数据资产数据结构

中文名称	英文名称	英文含义	数据类型
数据资产标识	DatAID	Data Assets ID	字符串
数据资产名称	DatAName	Data Assets Name	字符串
数据资产主题类别	DatASubCls	Data Assets Subject Classification	枚举型
数据资产价值类别	DatAValCls	Data Assets Value Classification	枚举型
数据资产价值领域	DatAValFld	Data Assets Value Field	枚举型
数据资产权属	DatAOwnr	Data Assets Ownership	枚举型
数据资产估值结果	DatAVal	Data Assets Valuation	自定义
数据资产关联方	Pty	Data Assets Related Party	枚举型
收益分配方式	IncDistr	Way of Income Distribution	自定义
业务描述	BusDesc	Business Description	自定义
关联关系	Rel	Related Relationships	自定义
业务规则	BusRu	Business Rules	自定义
统计口径	StatCal	Statistic Caliber	自定义
对应数据标准	DatStd	Data Standard	自定义
数据质量规则	DatQyRu	Data Quality Rules	自定义
数据质量情况	DatQy	Data Quality	自定义
数据应用情况	DatAppSit	Data Application Situation	自定义
数据规模	DatSc	Data Scale	自定义
可信数据源	SrcTruth	Source of Truth	自定义
数据保存时间跨度	DatSaveTmeSpan	Data Save Time Span	自定义
数据生命周期描述	DatLifecycDesc	Data Lifecycle Description	自定义
维护负责人	Maint	Maintainer	字符串
职责权限	RespNAuth	Responsibility and Authority	自定义
安全信息	SecyInfo	Security Information	自定义
标签信息	TagInfo	Tag Information	自定义
创建时间	CreatTme	Create Time	时间表达式
最后一次变更时间	LastUpdateTme	Last Update Time	时间表达式
数据资产上链凭证地址	DatAEviAddrCh	Data Assets Evidence Address on Chain	字符串

（2）数据资产关联方数据结构

数据资产关联方数据结构见表3。

表3　数据资产关联方数据结构

中文名称	英文名称	英文含义	数据类型
数据资产关联方标识	PtyID	Party ID	字符串
数据资产关联方名称	PtyName	Party Name	字符串
数据资产关联方证书	PtyCert	Party Certificate	字符串
数据资产关联方账户	PtyAcct	Party Account	字符串
数据资产关联方类型	PtyType	Party Type	枚举型
访问权限	AccsPms	Access Permission	自定义
数据资产关联方备注	PtyRmk	Party Remarks	自定义
操作权限	OPAUZ	Operation Authority	自定义
创建时间	CreatTme	Create Time	时间表达式
最后一次变更时间	LastUpdateTme	Last Update Time	时间表达式

（3）产品数据结构

产品数据结构见表4。

表4　产品数据结构

中文名称	英文名称	英文含义	数据类型
产品标识	ProdID	Product ID	字符串
产品类型	ProdType	Product Type	字符串
产品名称	ProdName	Product Name	字符串
产品所属机构	ProdOrg	Product Organization	字符串
产品备注	ProdRmk	Product Remarks	自定义
状态标志位	StatusFlag	Status Flag	字符串

（4）事件数据结构

事件数据结构见表5。

表 5　事件数据结构

中文名称	英文名称	英文含义	数据类型
事件标识	EvntID	Event ID	字符串
事件类型	EvntType	Event Type	字符串
事件名称	EvntName	Event Name	字符串
事件备注	EvntRmk	Event Remarks	自定义
状态标志位	StatusFlag	Status Flag	字符串

（5）资源项数据结构

资源项数据结构见表6。

表 6　资源项数据结构

中文名称	英文名称	英文含义	数据类型
资源项标识	ResID	Resource Item ID	字符串
资源项归属	ResOwnr	Resource Item Owner	字符串
资源项类型	ResType	Resource Item Type	字符串
资源项名称	ResName	Resource Item Name	字符串
资源项位置	ResAddr	Resource Item Address	字符串
资源项备注	ResRmk	Resource Item Remarks	自定义
状态标志位	StatusFlag	Status Flag	字符串

3.元数据结构

元数据结构主要实现对纵向数据结构和横向数据结构中相关元素的解释，约束其取值，包括时间数据结构、地域数据结构、计价方式数据结构等。

计价方式数据结构如表7所示。

表 7　计价方式数据结构

中文名称	英文名称	英文含义	数据类型
计价方式标识	PcMethID	Pricing Method ID	字符串
计价方式	PcMethInfo	Pricing Method Information	字符串
计价方式备注	PcMethRmk	Pricing Method Remarks	自定义

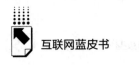

四　总结与展望

数据资产交易集成架构自底向上设计为环境层、组件层及组装层，此种设计有利于数据资产交易体系在技术创新和业务稳定之间实现平衡。

数据资产交易集成架构环境层主要包括数据库、互联网3.0等，目的是为数据资产交易提供安全可靠的交易环境。

数据资产交易集成架构组件层包括蓝图数据结构、词根表、知识库、通用组件、数据治理组件、区块链基础组件、安全组件、数据交换/管理/耦合/安全标准、管理类标准、领域语义转换规范、开放接口协同规范、多信源处理规范、数据传输与存储的加密规范、数据资源及认证技术规范、开发规范、实时平台等。其中，蓝图数据结构是支撑组装层实现数据耦合的核心能力。

数据资产交易集成架构组装层涉及数据资产交易相关的耦合实现机制，目前，数据资产交易主要包括场内交易和场外交易，需要将数据加工成标准化的数据产品或将数据处理及分析等能力封装为数据服务。其中，数据产品交付宜采用数据耦合与程序耦合相结合的方式，数据服务提供可采用程序耦合方式。数据耦合强调共享数据结构；程序耦合强调API接口简洁，同时重视过程协议。

未来，跨境流通也将被纳入数据资产交易的业务范畴中，更加重视安全考量和隐私计算的数据资产交易集成架构将持续迭代和进化，融合国内外相关标准的数据资产交易蓝图数据结构成为重要支撑能力。

参考文献

［1］左春、王洋：《我国行业应用软件产业发展的机遇与挑战》，载中国科学院大学动善时新经济研究中心主编《中国新经济发展报告（2022—2023）》，电子工业出版社，2022。

［2］《金融数据资产管理指南（T/NIFA 20—2023）》，中国互联网金融协会，2023。

［3］《信息技术服务 数据资产 管理要求（GB/T 40685—2021）》，国家市场监督管理总局、国家标准化管理委员会，2021。

［4］涂群、张茜茜：《国家数据要素化总体框架：总纲》，北京组织学习与城市治理研究中心微信公众号，https：//mp. weixin. qq. com/s? __biz = MzU5MzAwOTMwMg = = &mid = 2247485924&idx = 1&sn = c3cff11cf2bea1396d6fe95bb940bee0&chksm = fe16461dc 961cf0b03b973521664279f804b1643d992b430f43fe05fa70c705b6a0d70e7c956&scene = 27。

［5］涂群、张茜茜：《国家数据要素化总体框架——环节六：数据流通交易与跨境流动（之一）》，搜狐网，https：//news. sohu. com/a/783642803_416839。

［6］《预见2024：〈2024年中国数据交易行业全景图谱〉（附市场规模、竞争格局和发展前景等）》，前瞻经济学人网站，https：//www. qianzhan. com/analyst/ detail/220/240612-5aa1bcb8. html。

［7］王洋等：《一种联盟链账本平台的数据记录方法及系统》，中科软科技股份有限公司，2020。

［8］左春、梁赓、王洋：《从联盟链技术探索看软件体系结构的技术变革（上）》，《信息技术与标准化》2018年第11期。

［9］左春、梁赓、王洋：《从联盟链技术探索看软件体系结构的技术变革（下）》，《信息技术与标准化》2018年第12期。

［10］左春、梁赓、王洋：《区块链平台相关标准及应用软件构成的方式》，载李伟主编《中国区块链发展报告（2018）》，社会科学文献出版社，2018。

［11］《金融大数据 术语（JR/T 0236—2021）》，中国人民银行，2021。

［12］《数据资产化：数据资产确认与会计计量研究报告（2020年）》，中国信息通信研究院政策与经济研究所，2020。

［13］《数据价值网络》，北京信百会信息经济研究院、波士顿咨询，2024。

［14］《数据资产评估指导意见》，中国资产评估协会，2023。

［15］《关于向社会公开征求〈杭州市数据流通交易促进条例〉意见的公告》，杭州市人民政府网站，https：//minyi. zjzwfw. gov. cn/dczjnewls/dczj/idea/topic_14490. html。

［16］《信息技术 数据质量评价指标（GB/T 36344—2018）》，国家市场监督管理总局、中国国家标准化管理委员会，2018。

B.16
互联网3.0智慧文旅应用

张卫平 覃巧华 王丹 丁洋*

摘 要： 互联网3.0技术和智慧文旅具备天然契合机制，可构建文旅信任基石、激发文旅智能革命及提供安全高效服务。在智慧文旅领域，依托"云智链"整体框架，可创新打造以互联网3.0技术为内核的开放性技术体系。该体系融合了区块链和人工智能应用框架，以云服务为主要载体，旨在提升文旅行业的数据处理、分析和决策能力，同时确保数据的安全性、透明性和不可篡改性。互联网3.0技术在智慧文旅的应用贯穿整个产业链条：对于监管方，可通过数字身份平台、数字资产平台和智慧文旅大脑，提升智慧旅游公共服务平台效能；对于资源方，可通过可信交易和内容生成，打造智慧旅游产业可信生态和提升数智化运营效率；对于渠道方，可通过交易溯源和数字质押，消除真假难辨、以次充好等痛点和解决融资难、融资贵等问题；对于消费方，可通过文旅元宇宙实现虚拟旅游和物理旅游的交互，通过生成式游客短视频实现 UGC 和 AIGC 的结合。互联网3.0技术可"一揽子"满足文旅行业的共性需求，推动文旅行业加速进入互联网3.0时代。

关键词： 互联网3.0 智慧文旅 "云智链"一体 可信数字底座 基于 AIGC 的垂类大模型

---

* 张卫平、覃巧华、王丹、丁洋，环球数科股份有限公司。

一 互联网3.0在智慧文旅中的角色

（一）"区块链+文旅"：构建文旅信任基石

文旅产业是典型的高度关联性、长链条和参与角色众多的长尾产业，建立信任机制是关键，它直接影响到各方的协作和整个行业的健康发展。在传统模式下，中心化的第三方机构如政府、金融机构等作为中介确保交易安全。[①] 但这种模式存在增加交易成本、降低效率和过度依赖中介等问题，并可能导致大数据杀熟和平台垄断等现象。[②]

区块链技术的引入，为文旅行业的信任构建提供了新的解决方案。其去中心化特性允许个体无须中介建立信任，分布式账本技术确保了交易记录的透明性、不可篡改性和可追溯性，从根本上消除了传统模式的局限。其中，联盟链作为区块链的一种形式，特别适合文旅行业的多方协作需求。它通过授权控制加入和退出，由联盟成员共同维护网络，每个成员管理节点，并根据共同制定的规则设定权限，确保区块链的健康运转。

联盟链在文旅行业的应用已经展现出巨大潜力，促进了合作伙伴间的协作，推动流程优化、去中介化、供应链管理及信用体系构建等，覆盖旅游、交通、住宿、餐饮、景区和购物等关键要素环节。

区块链技术在文旅场景中的应用示意见图1。

（二）"区块链+人工智能+文旅"：激发文旅智能革命

区块链和人工智能（AI）的结合预示着文旅产业的智能化革命。区块

---

① Prados-Castillo, F. Juan, Juan Antonio Torrecilla-García, Georgette Andraz, José Manuel Guaita Martínez, "Blockchain in Peer-to-Peer Platforms: Enhancing Sustainability and Customer Experience in Tourism," *Sustainability*, 2023, 22 (15).

② 张小丽：《区块链技术下的旅游公共服务：一个分析框架》，《三峡大学学报》（人文社会科学版）2021年第3期。

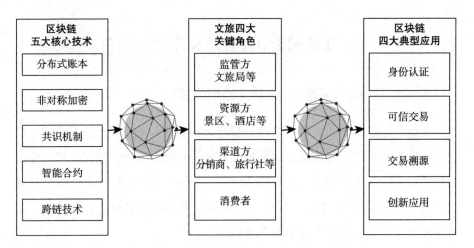

图 1 区块链技术在文旅场景中的应用示意

资料来源：笔者自制。下同。

链技术通过确立数据所有权，为数据驱动的 AI 提供了坚实的基础。这种变革不仅关乎数据的透明度和安全性，更为文旅产业的个性化服务和体验提供了可能。[①]

在互联网 3.0 时代，数据成为核心生产力，区块链和 AI 的结合为数据要素化提供了新路径。用户数据的自主权、数据加工者的激励机制，以及数据使用者的自动化获取和建模流程，都是这一进程中的关键要素。分布式数字身份技术进一步支撑 AI 的规范性，使用户、模型和 AI 生成内容的数字身份得到确认，有助于实现 AI 的合规性和可控性。[②]

这种技术融合为文旅产业带来了新的视角，确保了从用户到内容创造者的每一环节都能在合规框架内运作。区块链技术推动的强人工智能时代，预示着一个高度去中心化、数据自主拥有、模型高度智能的产业繁荣时代的到

---

① 李晓：《人工智能视域下旅游景区吸引力模型构建与应用研究》，《旅游纵览》2021 年第 15 期。

② B. S. Li, Y. H. Xie, "Real-time Acquisition and Analysis Method and System of Security Hidden Danger Information in Intelligent Scenic Spots under the Environment of Internet of Things," *Int. Arch. Photogramm. Remote Sens. Spatial Inf. Sci.*, XLII-3/W102, 2020, pp. 437-444.

来。在这个时代，模型训练成本降低，迭代速度加快，数据使用效率提高，人类的控制权通过数据绑定得以保持。①

（三）"区块链+云计算+文旅"：提供安全高效服务

云计算在文化旅游领域扮演核心角色，提供了适应性强、可伸缩的计算资源和服务，使旅游和文化企业能基于实际需求迅速调整资源分配，实现"资源共享、按需付费"。这种模式特别适合于旅游高峰期和淡季的资源调整，以及应对旅游需求的突然变化。然而，随着云计算在文化旅游行业的广泛应用，数据安全和个人隐私保护问题也变得越来越重要。

区块链技术与云计算结合，为文旅行业带来信任和安全。它增强了数据完整性和透明度，通过去中心化解决数据安全问题，保护消费者信息安全，加强消费者对企业的信任。② "区块链+云计算"还开拓了新应用场景和商业模式，如去中心化交易平台，提供安全、透明的旅游产品交易环境，增强消费者信心。结合云计算的弹性管理，区块链能优化文旅企业的数字资产管理和交易服务，改善预订和交易体验。随着技术发展，两者结合将在文旅行业展现出更大潜力，提供安全、可靠、高效服务，推动文旅产业创新和发展。

（四）"互联网3.0+文旅"：具备天然契合机制

区块链支撑的互联网3.0，开创了一种低成本构建信任、革新计算与协作方式。③ 同时，旅游行业的"食住行游购娱"都为基于互联网3.0技术框架下的区块链、AI、云计算、大数据和隐私计算等数字技术提供了丰富的落

---

① H. Thees ， G. Erschbamer, H. Pechlaner ，"The Application of Blockchain in Tourism：Use Cases in the Tourism Value System," *European Journal of Tourism Research*, 2020, 26.

② T. van Nuenen, C. Scarles," Advancements in Technology and Digital Media in Tourism," *Tourist Studies*, 2021, 21（1）.

③ 可信区块链推进计划区块链即服务平台 BaaS 项目组：《区块链即服务平台 BaaS 白皮书（1.0 版）》，2019。

地场景。① 同时，旅游行业牵涉产业链条长，参与角色众多，以及信息化建设偏低等特点，决定了其具有高分散、碎片化的特性，难以建立贯穿产业链的信任机制②。与其他行业相比，互联网 3.0 技术在对接旅游行业的管理、营销和服务需求方面具有显著优势。其核心特性包括去中心化、透明度、开放源代码、自治、不易篡改以及匿名性，这些特点与旅游行业所推崇的价值观——诚信、隐私保护和效率高等高度吻合。

综上所述，互联网 3.0 通过整合区块链、AI 和云计算等前沿技术，为文旅产业提供个性化服务和数据安全，推动其可持续发展。③

二 互联网3.0智慧文旅应用整体框架

随着互联网技术的发展和消费者需求的多样化，传统的文旅服务模式正面临转型升级的挑战。特别是在互联网 3.0 时代背景下，文旅行业亟须利用云计算、人工智能、区块链等先进技术，实现服务的智能化、个性化和高效化。在此行业发展趋势下，环球数科股份有限公司提出基于"云智链"一体的互联网 3.0 智慧文旅应用体系架构，主要包括：一是文旅联盟链，以区块链技术打造可信数字底座；二是基于 AIGC 的垂类大模型，打造智慧文旅行业大脑；三是文旅行业云服务，以云原生降本增效。这一架构集成了云计算、人工智能和区块链技术，创新打造了以互联网 3.0 技术为内核的开放性技术体系，旨在提升文旅行业的数据处理、分析和决策能力，同时确保数据的安全性、透明性和不可篡改性，为政府、企业、消费者提供了"一揽子"解决方案，推动文旅行业加速迈入互联网 3.0 时代。互联网 3.0 智慧文旅应用整体框架见图 2。

---

① 明庆忠、韦俊峰：《"区块链+"赋能智慧旅游高质量发展探析》，《学术探索》2021 年第 9 期。
② 陈雨汀、张楠：《文旅产业数字化转型的协同机制与策略分析》，《运筹与管理》2023 年第 11 期。
③ X. Yang, L. Zhang, Z. Feng, "Personalized Tourism Recommendations and the E-Tourism User Experience," *Journal of Travel Research*, 2024, 63 (5).

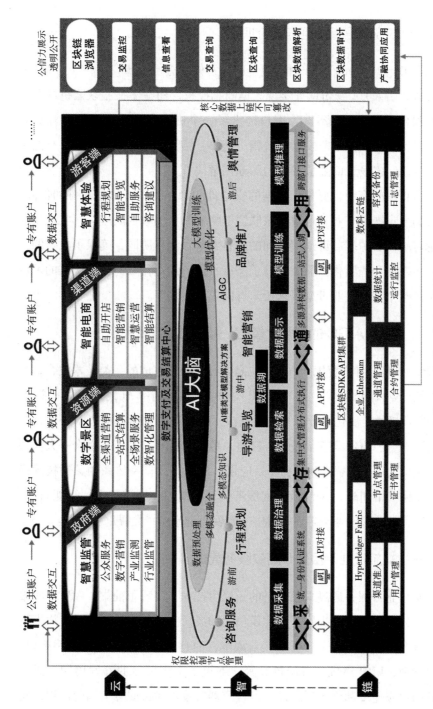

图 2 互联网 3.0 智慧文旅应用整体框架

235

（一）文旅联盟链：可信数字底座

基于 Hyperledger Fabric 对联盟链的加密体系进行了 SM2、SM3、SM4 的升级改造，引入 CA 身份认证实现数据隐私授权，构建了文旅联盟链的区块链部署和合约模式。这不仅为用户提供了一个更安全的数据存储和计算环境，而且特别适用于票务发行、核销、清算、结算等金融交易流程，打造了具备全生态、多场景商业服务能力的通用解决方案。

国密算法的应用，更是为数据的安全性和隐私保护提供了额外的保障。从更大的生态视角来看，通过文旅联盟链构建的可信数字底座，可实现政府端、游客端、资源端、渠道端之间的信息共享和流程协同，确保了数据的一致性、实时性和透明化，显著提升了文旅价值链的运营效率。区块链的可追溯性，给整个文旅行业带来了前所未有的信任和效率。

（二）基于 AIGC 的垂类大模型：智慧文旅行业大脑

AIGC 既是一种内容生产方式，也是内容自动化生成的一类技术集合，是构建智慧行业大脑的核心。基于 AIGC 的垂类大模型利用 AI 的深度学习能力，为文旅行业提供定制化的分析和决策支持，解决通用大模型解决不好的"行业问题"。依托 AIGC 等前沿技术，打通"数据预处理—多模态融合—大模型训练—模型优化—数智人载体和场景应用"的垂类大模型体系的关键技术研发及产业化应用闭环，为包括咨询服务、行程规划、导游导览、智能营销、品牌推广、舆情管理等"游前—游中—游后"全流程"数智化服务"。

（三）文旅行业云服务：高效服务载体

文旅行业云服务通过采用先进的云原生技术，实现了前端、API 和微服务的完全分离，为行业提供了高度模块化和灵活的服务架构。这种架构不仅优化了资源分配，降低了开发和运营成本，而且通过即插即用的通用模块，如用户管理、ERP 集成、身份校验等，缩短了文旅项目的开发周期，提高了服务的响应速度和市场适应性。混合容器云技术和微服务架构的运用，确保了服务的高可用性和灾难恢复能力。Kubernetes 和 OpenVPN 的结合，实现了跨区域机房的无缝连接，而 Ceph 的数据安全保障机制，为数据的安全性和完整性提供了坚实的基础。微服务的独立性和轻量级特点，使得即使部分服务遇到问题，也不会影响到整个系统的稳定性，从而保障了文旅服务的连续性和可靠性。

同时，通过低代码开发平台和 DevOps 实践，极大地提升了开发效率和运维自动化水平。低代码平台使开发人员能够快速响应市场变化，以更少的代码实现更多的功能，而 DevOps 工具链的整合，如 Rancher、Grafana 和 Prometheus，简化了开发和运维的协作流程，实现了从开发到部署的全流程自动化。CI/CD 的自动化部署技术，进一步确保了应用的快速迭代和稳定交付，降低了项目运营成本，提高了文旅行业的服务竞争力。通过这些技术的融合与应用，环球数科的文旅行业云服务为行业提供了一个高效、可靠、灵活的服务载体，为文旅行业的数字化转型提供了强有力的支持。

三　互联网3.0智慧文旅应用典型场景

（一）互联网3.0监管方应用典型场景

在现行的传统旅游行业监管体系中，监管部门面临获取实时行业数据的难题，导致监管决策往往建立在过时或不完整的信息上，难以对市场动态变化做出及时响应。此外，数据的准确性和安全性对于数据的流通和价值的挖掘至关重要。然而，当前数据系统中充斥着大量不准确、重复或有缺陷的数据，这大大降低了数据分析的精确度。同时，数据的收集和使用往往未经数据所有者的同意，这不仅侵犯了个人隐私，还可能引发安全问题，甚至对企业乃至国家安全构成威胁。互联网 3.0 技术的引入，特别是数字身份平台、数字资产平台和智慧文旅大脑的构建，为解决这些核心问题提供了创新方案。

1. 数字身份平台

在互联网 3.0 框架下，数字身份平台利用区块链技术提供一种安全、可

靠的身份验证机制。这个平台通过分布式数字身份（DID）技术，允许个体控制自己的数字身份和相关数据。与传统的中心化身份系统相比，分布式数字身份平台提供了更高的互操作性、可移植性和自主权。它采用非对称加密技术，确保身份验证的安全性和准确性。此外，多模态融合验证方式，结合物理和生物特征，增强了身份验证的鲁棒性，同时保护了用户的隐私权。在文旅行业，数字身份平台可以用于进行游客电子身份验证等。

区块链游客电子身份（Tourism Blockchain IDentity，TID）是区块链旅游征信系统的基础，为游客提供真正的数字身份，允许在线处理旅行事务而无须物理签名。通过智能合约，TID 简化了身份的发行和认证，实现了游客身份的数字化。这种身份转变了政府数据管理，从单方控制到多方共享，并在安全加密的分布式平台上运行。它促进了共识形成，改善了公民与政府间的合作，推进了旅游管理模式的创新。

2. 数字资产平台

数字资产平台通过将现实世界的资产转化为区块链上的加密通证，为资产的货币化和流通提供了新途径。这一过程即资产通证化。这种转化大大降低了对中介机构的依赖，提高了交易的效率和透明度。在文旅行业，数字资产平台特别适用于文化产品和积分系统的数字化，如表 1 所示，非同质化代币（NFT）和同质化代币（FT）的应用，为文化产品和积分系统提供创新的数字化解决方案，同时解决文旅行业的版权保护、票务管理、信用数据共享等问题。

表 1　NFT 和 FT 的应用场景

应用类型		场景痛点	实现价值
NFT	门票	传统票务系统的假票、漏票行为存在风险；票证信息不透明，难以做到追踪管理；旅客购票、检票环节烦琐	为每张门票提供不可篡改的数字凭据，采用 NFT 技术；实现透明、实时更新票务数据；游客购票、验票流程简化，体验升级
	发票	发票造假和篡改问题频发；发票管理成本高，效率低；审计和报销流程复杂	确保发票信息通过区块链技术做到真实可信，不留破绽；降低发票管理费用，提高稽核工作的有效性；简化报销流程，加快资金流转

应用类型	场景痛点	实现价值
FT	积分系统分散,难以实现跨平台整合;积分兑换流程复杂,用户体验差;积分缺乏流动性,使用受限	统一管理,跨平台使用,通过 FT 技术实现积分;积分兑换流程简单化,用户体验得到提升;提升流动性和积分运用弹性

3. 智慧文旅大脑

智慧文旅大脑是一个集成了 AIGC 等前沿技术的垂类大模型,它通过整合旅游行业数据,实现数据的深度学习和智能分析。这个模型打通了从数据预处理到多模态融合、大模型训练、模型优化直至场景应用的全链条,为监管部门提供了一个强大的数据分析和决策支持工具。智慧文旅大脑能够实现对旅游行业的全面监控,提供实时的数据分析和趋势预测,帮助监管部门快速响应市场变化,优化资源配置,提升运营效率。此外,它还能够根据游客的喜好和行为模式,提供个性化的旅游服务推荐,增强游客体验。

这三个平台在互联网 3.0 技术支持下,相互协作,为旅游行业监管提供了一个全面、高效、安全的解决方案。数字身份平台确保了个体身份的安全性和真实性;数字资产平台提高了资产的流动性和交易的透明度;智慧文旅大脑则通过智能分析和决策支持,推动旅游行业的智能化和数字化转型。

(二)互联网3.0资源方应用典型场景

资源方在门票、商品销售、服务预订等环节缺乏透明度和可追溯性,导致供需两侧信息不对称,信用机制不健全。同时,运营成本高、服务效率低一直是资源方顽疾。基于互联网 3.0 技术的可信交易和内容生成正在打破这种局面。

1. 可信交易

资源方利用智能合约、预言机、在线交易存证等区块链核心技术,通过防篡改的基础设施创建私钥机制,为互联网 3.0 构建一个安全、透明、不可篡改的可信数据源和自动化执行环境。智能合约技术为数据的自动化流通和操作提供了框架,当满足预设条件时,无须第三方的介入,即可自动执行合约条款。预言机技术将外部数据引入区块链，允许智能合约根据现实世界的数据做出反应，为智能合约提供了可靠的信息支持。通过时间戳、去中心化监管和智能合约，提高版权交易的透明度和信任度，确保信息真实性，自动追踪权属变更，实现快速、公正的利益分配，有效解决在线交易中的不确定性和纠纷问题。

在智慧文旅领域，利用智能合约、预言机等技术，实现景区自动化票务管理，确保票务交易的透明性和安全性。同时，资源方可以缩短供应路线、改善订单履行方式、监控产品质量，优化旅游供应链管理，确保旅游产品和服务的质量，提供更高效、更安全的运营方式。其业务架构如图3所示。

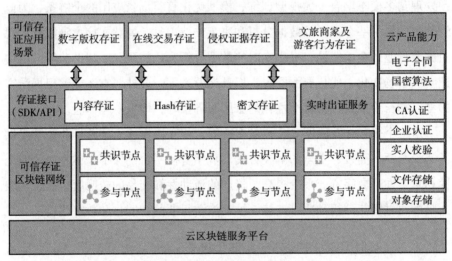

图3　可信交易业务架构

2. 内容生成

（1）咨询服务

咨询服务采用文本语义分析方法，将咨询内容分解成向量数据，通过一个高效且具备良好扩展性的向量数据库架构，提升问答交互的丰富度和扩大覆盖面。通过搜索引擎能力，可以实现智能生成拟人化答案，具有多轮智能对话、沉浸式交互服务体验、超强咨询服务能力、机器自主学习能力，助力景区打造虚拟动态名片。咨询服务应用场景见图4。

图4 咨询服务应用场景

（2）行程规划

基于大模型技术，通过自动定位、景观识别、近距离感知、人机交互、多媒体展示等功能，采取语音、文字、图片、数智人等形式，为游客提供基于位置的个性化路线推荐以及优先公共服务平台资源的推送服务，为旅游活动提供形式多样的信息提示。行程规划应用场景见图5。

图5 行程规划应用场景

（3）导游导览

通过图神经网络、路径搜索、推荐技术等前沿技术，基于GPS电子地

图的 LBS 位置服务，构建多语言版本的多终端的智能导游讲解系统。通过最优路径规划、游客自由设定游览路线，实现景点自动感知、自动讲解功能，利用数智人全面解答游客各类提问，为旅游活动提供图片、视频、文字、语音等形式多样的导游服务，并在线记录游客游玩的过程，自动生成旅游轨迹。导游导览应用场景见图 6。

（4）智能营销

利用形象驱动引擎、自然语言理解引擎、识别引擎等，定制打造个性化、特色化的虚拟数智人形象，通过内容生产、创新运营等，制定有针对性的宣传方案，实现景区直播、营销获客、咨询服务、景点推荐、业务办理、品牌宣传等特色化服务，量身打造有智能、有形象、有温度、可交互的"数智分身"，实现精准高效营销。智能营销场景见图 7。

（5）品牌推广

利用人工智能的数据分析、自然语言处理、图像识别等能力，打造各领域专属数智人形象，实现内容创新与精准投放、品牌定位与形象塑造、交流互动与游客管理，帮助景区营销全链路协作，打造立体营销矩阵，全方位、多维度实现城市品牌的知名度、美誉度提升。品牌推广场景见图 8。

（6）舆情管理

利用网络舆情观点审查技术、大语言模型技术、数据分析技术等，打造类 AIGC 人工智能数据库，在监测网络舆情事件实时传播情况的同时保障信息安全。利用大语言模型技术，生成正向言论，稀释负面舆论，将舆论影响降到最低，实现了"技术联结—信息驱动—舆情再造"全方位的预警机制。舆情管理场景见图 9。

（三）互联网3.0渠道方应用典型场景

渠道方在传统景区经营模式下，往往面临产品同质化高、真假难辨、以次充好等痛点。并且渠道方以小微企业为主，由于缺乏有效抵质押物，普遍面临融资难、融资贵等问题。基于互联网 3.0 技术的交易溯源和数字质押精准解决了渠道方的痛点。

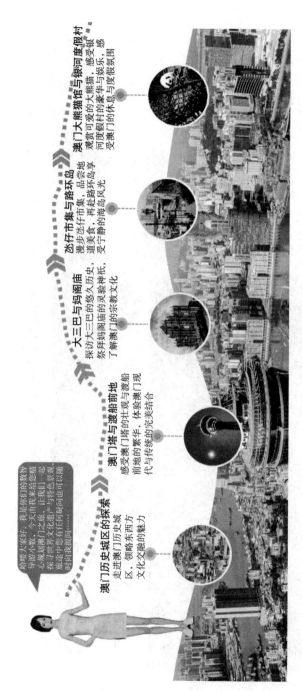

图6 导游导览应用场景

AIGC直播系统

通过虚拟人实时驱动技术和AI语音技术实现虚拟人的实时虚拟直播，多个平台在线直播，介绍品牌产品，解答用户疑问，新奇的直播方式让用户对品牌快速产生兴趣，并带来大量关注

沉浸式交互体验

通过旅游大使数智人主播为游客提供沉浸式的交互体验，推荐文旅景区等，进行文化传承、历史传播、美景鉴赏，让短视频创作更加拟人化、创意化、高效化、IP品牌化

多渠道融媒体投放

支持国内外主流直播/短视频平台，覆盖多行业场景

图 7　智能营销应用场景

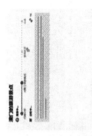

创意视频自动生成

推广文案自动生成

交流互动与游客管理

在会场、展馆、会议、商场、游乐场、主题公园等场景应用，提供人脸特效、人脸签到等AI互动服务，提升与游客交流互动频率。通过自动生客业务流程，赋能内容生产，化业务服务支持等方式，AI帮助在保持与游客关系的同时，提高服务质量和效率

品牌定位与形象塑造

通过数据分析和内容生成帮助景区更好地讲述引人的故事，强化城市品牌传播策略和城市品牌整合营销和国际综合竞争力，实现强化"世界旅游休闲中心"城市IP，打造成为吸引全球游客的"强磁场"

内容创新与精准投放

基于人工智能强的消费者洞察力、创意能力、策略能力和执行力，利用AIGC自动生成图片、文本、音频、视频等具有个性化、特色化、创新性的文案内容，创制传递品牌信息和价值，同时将内容精准投放到终端游客可触达终端

图 8　品牌推广应用场景

AI旅游形象大使

AI城市推荐官

AI文化推广大使

AI品质鉴定官

AI国际形象大使

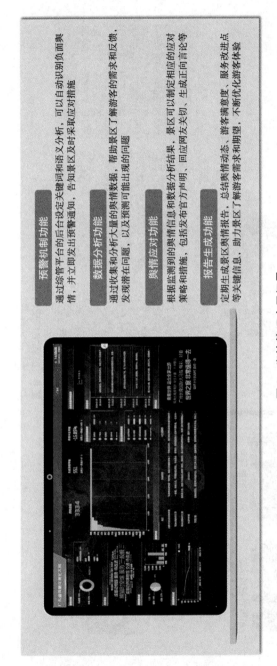

预警机制功能

通过综管平台的后台设定关键词和语义分析，可以自动识别负面舆情，并立即发出预警通知，告知景区及时采取应对措施

数据分析功能

通过收集和分析大量的舆情数据，帮助景区了解游客的需求和反馈，以及预测可能出现的问题，发现潜在的问题

舆情应对功能

根据监测到的舆情信息和数据分析结果，景区可以制定相应的应对策略和措施，包括发布官方声明、回应网友关切、生成正向言论等

报告生成功能

定期生成景区舆情报告，总结舆情动态、游客满意度、服务改进点等关键信息，助力景区了解游客需求和期望，不断优化游客体验

图 9　舆情管理应用场景

1. 交易溯源

互联网3.0利用区块链的不可篡改属性和公开性，确保了交易数据的安全性和追踪能力。每个交易在链上生成一个独特的哈希值，任何微小变动都会导致哈希值改变，从而被网络的其他节点检测到。区块链的分布式账本结构让所有交易对参与者可见，同时通过公私钥加密保障用户隐私。

在智慧文旅领域，交易溯源技术使得每一笔文旅交易都被记录并赋予唯一哈希值，不仅成为渠道方增信的有力保障，也为监管机构提供了有效的监管手段。其业务架构如图10所示，解决的场景痛点及相应价值如表2所示。

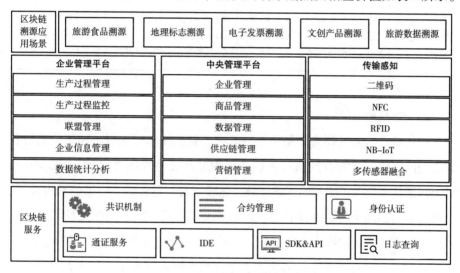

图10　交易溯源业务架构

表2　交易溯源应用场景

溯源类型	场景痛点	实现价值
旅游食品溯源	食品供应链各环节信息不透明；消费者很难追溯到食品的来源、安全标准等；景区菜价不公道，质量不过关	食品从源头到消费的全程透明、可追踪，用区块链来变现；促进消费者信赖度的提高，食品安全得到保障；杜绝以次充好，确保价格公平可追溯
地理标志溯源	地理标志产品易受侵权和仿冒；传统溯源方式权威性不足；地方特色产品难以有效推广	通过区块链保证地理标识产品的真实性，保证地理特征；增强市场认同度和地理标志产品的消费者信任度；拉动地方经济、旅游产业发展，提升区域品牌价值

续表

溯源类型	场景痛点	实现价值
电子发票溯源	电子发票在旅游行业很难流通,也很难分成;电子发票报销、监管面临挑战;虚开发票、重复报销	电子发票的流转效率和安全性将通过区块链技术得到提高;防止发票弄虚作假,通过全程备案提高监督能力;减少企业财务风险,提高税收透明度
文创产品溯源	文创用品市场存在版权纠纷;原创作品的版权归属问题难以举证;版权交易缺乏透明度与安全性	区块链技术用于文创产品的确权和存证;通过智能合约实现版权交易与管理的自动化;加大文创市场版权维权力度,增加文创主体权益
旅游数据溯源	旅游大数据的隐私保护和安全问题;权属不清的情形多发生在资料买卖和分享过程中;数据滥用违法倒卖风险大	通过区块链技术保证安全存储旅游数据,保护隐私;利用数据水印、区块链确权进行资料权属管理;提高数据交易透明度和可追溯性

2. 数字质押

区块链技术通过提高交易系统的效率、安全性和透明度,强化了交易各方之间的信任。智能合约通过预设产品细节和交易规则来启动交易,同时,链上存证技术确保了交易的详细记录,保障了交易过程的实时监控和准确性。交易完成后,区块链生成具有唯一标识的交易凭证,链上数据支持权属确认和监管,可以为金融机构提供担保,并可以运用于金融机构的风险防范。

以中小旅行社为代表的渠道方普遍面临融资困难现象。具体表现为以下几个方面。(1)切票时期资金普遍紧张:旅游旺季,旅行社、票务公司均会通过切票的方式拿到相对优惠的机票、门票等,再将其设计打包成具有竞争优势的旅游产品。在切票的过程中,需提前预付一定数额的定金。(2)较难从银行获得融资:中小旅行社的外部融资渠道主要来自银行,但是银行出于审慎风险考虑,对中小旅行社的信贷准入条件要求高,往往要求中小旅行社参照大型企业提供抵押担保品,以增加信用缓释手段。(3)融资成本普遍较高:银企信息不对称的存在,导致银行对中小旅行社的自身情况和贷款项目做尽调时费时又费力。银行为了降低自身经营风险,往往提高中小旅行社融资利率以获得相应补偿。

通过数字质押技术，渠道方可实现以下目标。（1）资金杠杆与库存管理：通过少量自有资金撬动大量门票库存，缓解切票时期资金紧张局面。（2）流程通畅与财务改善：获得释放的票号后，先卖票，回款后归还贷款，符合业务流程，改善财务状况。（3）透明交易与策略优化：在公开透明交易环境中，门票数量、折扣清晰可见，便于优化经营策略。

（四）互联网3.0消费方应用典型场景

1. 文旅元宇宙

结合最新科技的文旅元宇宙，如虚拟现实（VR）、增强现实（AR）区块链和 AI，正在构建一个互动的虚拟环境，引领文旅行业向更深层次转型发展。这个虚拟空间不受物理世界的约束，允许用户沉浸在重现的历史场景与文化之中，为文化遗产的保护和传播开辟了创新路径。此外，文旅元宇宙通过推出独特的数字藏品，吸引了全世界用户的目光，为旅游目的地和文化项目带来了创新的推广和盈利方式，逐渐成为一个促进全球文化互动和国际交流的关键虚拟平台。文旅元宇宙应用场景见图 11。

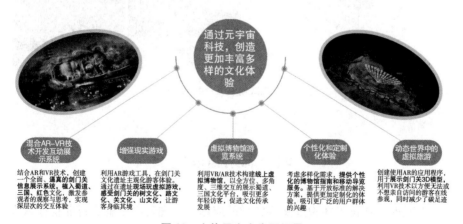

图11 文旅元宇宙应用场景

2. 生成式游客短视频

以 AI 图层处理技术、智能人像识别技术、硬核 AI 算法、云端推流、多

角度、多场景、全方位、全覆盖的方式展现景区特色和游客体验，借助高清摄像机实现多项尖端技术，如视频自动拍摄、智能优选、智能编辑、秒级生成等。实现精彩视频的一键生成，社交平台的一键同步，游客在游玩过程中就可以很方便地进行视频的制作，以 AIGC 赋能 UGC。通过整合区块链技术，保护内容版权与原创性，为每个短片提供唯一的数字签名及时间戳。此外，借助 AI 与三维建模技术，构建逼真的虚拟旅游环境，以模拟游客的真实体验视点，并能自动生成包含个人旅程的短视频日志、景点图片、视频剪辑以及配音讲解，营造一种身临其境且互动性强的短视频内容形式，使那些不能亲自前往的旅客也能感受景区的魅力所在。生成式游客短视频应用场景见图 12。

图 12　生成式游客短视频应用场景

四　总结与展望

互联网 3.0 技术在智慧文旅领域的应用，首先着眼于解决行业信任缺失的痛点问题，其次为旅游行业带来了创新的管理、服务和营销模式，并且借助集成区块链、人工智能以及大数据等前沿科技，实现了资源的优化配置和运营效率的提升。未来的智慧文旅将更加注重个性化服务和社交互动，推动形成更加开放和协同的互联网 3.0 旅游生态系统。我们期待在互联网 3.0 时代，中国文旅产业能够开启智能、高效、安全的全新篇章，为全球文化旅游的繁荣贡献力量。

参考文献

［1］ Prados-Castillo，F. Juan ，Juan Antonio Torrecilla-García，Georgette Andraz，José Manuel Guaita Martínez，"Blockchain in Peer-to-Peer Platforms：Enhancing Sustainability and Customer Experience in Tourism，"*Sustainability* ，2023，15，22.

［2］ 张小丽：《区块链技术下的旅游公共服务：一个分析框架》，《三峡大学学报》（人文社会科学版）2021年第3期。

［3］ 李晓：《人工智能视域下旅游景区吸引力模型构建与应用研究》，《旅游纵览》2021年第15期。

［4］ B. S. Li，Y. H. Xie，"Real-time Acquisition and Analysis Method and System of Security Hidden Danger Information in Intelligent Scenic Spots under the Environment of Internet of Things，"*Int. Arch. Photogramm. Remote Sens. Spatial Inf. Sci.*，2020.

［5］ H. Thees，G. Erschbamer，H. Pechlaner，"The Application of Blockchain in Tourism：Use Cases in the Tourism Value System，"*European Journal of Tourism Research*，2020，26.

［6］ T. van Nuenen，C. Scarles，"Advancements in Technology and Digital Media in Tourism，"*Tourist Studies*，2021，21（1）.

［7］ 可信区块链推进计划区块链即服务平台BaaS项目组：《区块链即服务平台BaaS白皮书（1.0版）》，2019。

［8］ 明庆忠、韦俊峰：《"区块链+"赋能智慧旅游高质量发展探析》，《学术探索》2021年第9期。

［9］ 陈雨汀、张楠：《文旅产业数字化转型的协同机制与策略分析》，《运筹与管理》2023年第11期。

［10］ X. Yang，L. Zhang，Z. Feng，"Personalized Tourism Recommendations and the E-Tourism User Experience，"*Journal of Travel Research*，2024，63（5）.

B.17
互联网3.0商业消费应用

汪 磊 那一牧 周世晟 葛瓴睿 裴 熬*

摘 要: 互联网3.0正以前所未有的速度重塑商业消费领域,虚拟现实(VR)、增强现实(AR)、人工智能、区块链、物联网、空间计算技术和实时渲染引擎等给商业消费带来了无限可能。本报告深入研究互联网3.0技术在革新商业消费模式和增强数据安全、提升用户信任、提高商业透明度等方面的应用。尽管存在技术普及和监管合规的挑战,互联网3.0在供应链管理、金融服务和数字资产管理等领域的应用展现出巨大的潜力和正面影响。本报告评估互联网3.0技术的现状,识别其在商业消费领域的应用,并展望其发展趋势和潜在影响,为行业参与者提供有关战略决策的参考。

关键词: 互联网3.0 元宇宙 区块链 人工智能 商业消费

一 互联网3.0技术在商业消费领域的应用与影响

互联网3.0技术在商业消费领域的应用潜力巨大,通过提升业务透明度、降低运营成本、增强数据安全性和保护用户隐私等积极推动商业消费领域改变。随着技术的成熟,互联网3.0有望深刻影响未来的消费模式、企业运营和市场结构。

(一)区块链技术

区块链技术给商业消费带来了信任和安全的保障。区块链的去中心化、

---

* 汪磊、那一牧、周世晟、葛瓴睿、裴熬,北京飞天云动科技有限公司。

不可篡改和可追溯等特性确保了商品溯源信息的真实性和可靠性。消费者可以通过区块链不可篡改的记录查询商品从生产、加工到销售的全过程，了解商品的来源和流转情况，从而放心购买。在数字资产领域，区块链保障了数字藏品等资产的所有权和交易安全。这种基于区块链的数字资产交易模式，为消费者和商家开辟了全新的商业空间，激发了更多的创新活力。此外，区块链技术还有助于解决商业消费中的信任问题，减少欺诈和纠纷的发生，促进市场健康发展。

（二）人工智能技术

随着大模型等技术的成熟，人工智能对海量的消费者数据能够进行更加深入的分析和挖掘，从而精准地了解消费者的喜好、行为模式和消费习惯。基于这些洞察，商家可以为消费者提供高度个性化的推荐和定制化的服务。例如，结合了数字人和垂类模型的 FT 数智人能够有温度、长交互、无时差地为消费者解答疑问，进行快速准确的回答，极大地提升了服务效率和质量。在商业运营层面，人工智能大模型可以辅助用户进行科学、快速的市场预测、库存管理、定价策略等工作，帮助企业优化资源配置，提高运营效益。

（三）虚拟现实（VR）和增强现实（AR）技术

作为引领性的力量，VR/AR 等空间计算技术在商业消费中展现出了独特的魅力。VR 技术通过构建完全沉浸式的虚拟环境，让消费者仿佛进入了另一个世界。在这个虚拟世界中，消费者可以尽情探索各类商品和场景，获得一种全新的购物体验。例如，在虚拟家居展厅中，消费者可以在元宇宙平台中自由地布置和搭配家具，直观地感受不同风格的效果，从而更准确地做出购买决策。而 AR 技术则将虚拟信息巧妙地叠加到现实场景中，实现了虚拟与现实的融合。消费者可以利用 AR 技术进行虚拟试穿衣物、试戴首饰等，无须实际穿戴就能看到效果，这不仅提升了购物的趣味性，还大大节省了时间和精力。此外，VR/AR 技术还可以应用于产品展示、营销活动等方面，为消费者带来更加生动和吸引人的体验。

（四）实时渲染引擎

实时渲染引擎则是保证虚拟场景和物体能够实时、逼真地呈现给消费者的关键技术。它具备强大的图形处理能力，能够快速生成高质量的图像和动画，让消费者感受到流畅和真实的视觉体验。无论是在 VR 游戏、虚拟展览还是在线购物等场景中，实时渲染引擎都发挥至关重要的作用。使用 FT 引擎平台构建的虚拟环境生动、逼真，让消费者仿佛身临其境，极大地增强了消费者的沉浸感。

二　互联网3.0商业消费应用趋势

（一）互联网3.0技术获得资本市场高度关注

在全球范围内，北美、欧洲和亚洲是互联网 3.0 技术融资的主要来源地。北美，特别是美国和加拿大，仍然是该领域最大的融资市场，拥有众多区块链技术开发商和去中心化应用创新企业。硅谷的风投公司、传统金融机构和新兴的加密货币基金是这一市场的主要资本来源。例如，著名的 Andreessen Horowitz 风投公司（a16z）在 2021 年推出了价值 22 亿美元的加密货币基金，用于支持互联网 3.0 相关技术的发展。

欧洲市场的融资活动也在迅速增长，尤其是在英国、德国和瑞士，去中心化金融和数字身份领域的企业获得了显著的投资支持。与此同时，亚洲的互联网 3.0 市场，尤其是中国和新加坡，也展示出强劲的增长势头。在中国，区块链技术的发展得到了政策层面的支持，推动了相关企业的融资增长。新加坡则因区块链友好的监管环境，吸引了大量区块链初创公司和风投基金进入。

（二）互联网3.0用户群体在全球范围内迅速扩展

互联网 3.0 技术的用户群体在全球范围内迅速扩展。根据市场研究数据，2021 年，全球区块链相关应用的用户数量已经突破 1 亿人次，特别是去中心化金融（DeFi）和非同质化代币（NFT）领域的用户增长尤为显著。

在分布式数字身份（DID）和数字身份管理领域，用户数量的增长虽然相对缓慢，但随着技术的逐步成熟，这类应用正在获得更多的用户认可。特别是在需要高度隐私保护和数据主权的场景中，DID 技术吸引了大量的早期采用者。

（三）互联网3.0技术在行业中高效应用

1. 金融行业的应用

金融行业是互联网 3.0 技术应用最广泛的领域，尤其是在去中心化金融和加密货币领域。根据 2022 年的行业数据，全球去中心化金融市场的总锁仓价值在一年内增长了近 200%，达到数千亿美元。智能合约技术极大地提升了金融交易的自动化程度，并减少了中介的参与，降低了交易成本。同时，传统金融机构开始采用区块链技术进行跨境支付、证券结算等操作。

2. 供应链管理行业的应用

供应链管理行业在逐步引入互联网 3.0 技术，区块链的可追溯性和透明性成为解决供应链复杂问题的关键工具。行业数据表明，越来越多的企业开始利用区块链技术跟踪产品的生产、运输和交付过程。2021 年，全球供应链区块链市场规模达到 4 亿美元，预计到 2025 年将超过 30 亿美元。诸如沃尔玛、IBM 等大型公司已经在食品安全、药品追踪等领域应用区块链技术，提升供应链透明度并减少欺诈行为。

3. 数字艺术和娱乐行业的应用

随着非同质化代币（NFT）的爆发，数字艺术和娱乐行业也迅速成为互联网 3.0 技术的主要应用场景之一。NFT 技术允许艺术家和内容创作者通过区块链认证和出售独特的数字资产，从而解决了传统数字艺术作品容易被复制和盗版的问题。2021 年，全球 NFT 市场的交易额突破 170 亿美元，较 2020 年增长了 21 倍。数字艺术平台如 OpenSea、Rarible，以及音乐领域的 Audius 和 Royal，都为创作者提供了新的变现方式和去中心化的分发渠道，吸引了大量的投资者和用户参与。

4. 游戏行业的应用

游戏行业尤其在"游戏即服务"和"游戏内经济"方面迅速拥抱互联网3.0技术。区块链游戏（如 Axie Infinity、The Sandbox、Decentraland 等）引入了"边玩边赚"（Play-to-Earn）模式，允许玩家通过游戏内的 NFT 和加密货币获取实际收益。根据行业报告，2021年，区块链游戏的总收入超过30亿美元，预计到2025年将进一步增长至近百亿美元。这个行业的收入的快速增长不仅改变了传统的游戏开发与盈利模式，还吸引了大量投资者进入这一新兴市场。

5. 电商与零售行业的应用

在电商和零售领域，区块链和去中心化技术正在帮助企业解决商品溯源、数据隐私和跨境支付等问题。Gartner 数据显示，2022年，全球有超过20%的大型零售商在某种程度上采用了区块链技术，尤其是在高价值产品的供应链管理和跨境电商支付领域。京东的区块链溯源平台已经覆盖了超过50000种商品，成为区块链技术在零售行业应用的典型案例。

6. 社交媒体和内容创作行业的应用

随着用户隐私保护问题的日益突出，互联网3.0的去中心化理念逐渐渗透到社交媒体和内容创作领域。去中心化社交平台（如 Mastodon、Diaspora 等）开始挑战传统的中心化社交媒体巨头，用户可以通过去中心化身份技术掌控自己的数据。虽然这些平台目前的用户基数相对较小，但其增长速度和技术潜力不容忽视。We Aar Social 联合 Hootsuite 发布数据报告显示，2021年，全球去中心化社交媒体平台的用户增长率超过50%，越来越多的内容创作者开始采用区块链技术来保护作品的版权和收益分配，摆脱传统内容分发平台的控制。

（四）互联网3.0技术在商业消费应用方面的趋势

1. 去中心化平台的大规模应用

未来，去中心化平台将逐步取代传统的集中式服务模式。随着区块链技术、去中心化应用（DApp）、去中心化金融（DeFi）等的快速发展，越来越多的企业将开始构建去中心化的业务模式。特别是在金融、供应链、内容创作和社交媒体等领域，去中心化平台将为用户提供更多的具有透明性、安全性的产品和自主权。

2. AI与区块链技术的融合

随着人工智能（AI）和区块链技术的不断融合，互联网3.0的应用场景将进一步扩展。AI可以为去中心化系统带来更多的智能化功能，如自动化的交易匹配、智能合约优化、个性化推荐系统等，而区块链技术则为AI提供更安全的决策环境和可信数据源。

3. 数字身份与隐私保护的增强

随着分布式数字身份（DID）和零知识证明技术的进步，数字身份的管理和隐私保护在未来将变得更加重要。用户将逐步从传统的集中式身份验证系统中解放出来，通过去中心化身份系统来管理和控制自己的身份数据。这不仅增强了用户的隐私保护，还能减少身份盗用和数据泄露的风险。在未来的商业消费场景中，用户的身份信息将不再依赖单一的中心化机构，而是通过去中心化的方式自主验证和授权。零知识证明技术将帮助用户在不泄露个人敏感信息的前提下完成身份验证，这将进一步增强用户的信任感，并推动去中心化身份技术的广泛应用。

4. 元宇宙与虚拟经济的蓬勃发展

随着互联网3.0技术的发展，元宇宙将成为未来数字经济的重要组成部分。元宇宙不仅是虚拟世界的扩展，更是去中心化技术、数字资产和虚拟经济的结合体。未来的元宇宙将通过互联网3.0技术构建一个完全开放、可互操作并支持数字资产的虚拟生态系统。

5. 跨链技术的广泛应用

目前，区块链平台之间的互操作性较差，这限制了去中心化应用的扩展。然而，随着跨链技术的成熟，不同区块链平台之间的数据和资产将能够更加自由地流通。跨链协议（如Polkadot、Cosmos等）为互联网3.0的发展提供了更加开放和互联的生态系统。未来，跨链技术的广泛应用将打破现有的区块链孤岛效应，使不同区块链上的资产、数据和智能合约能够跨链交

互，推动去中心化金融、供应链、社交媒体等行业进一步发展。这种互操作性将使互联网3.0的应用场景更加丰富，技术更加灵活，从而推动区块链技术在更广泛的行业中得到应用。

6. 新兴的绿色区块链与可持续发展

随着全球对环保问题的重视，区块链技术的能源消耗问题逐渐成为焦点。未来，基于工作量证明（PoW）的区块链系统将逐步向更节能的权益证明（PoS）等共识机制过渡，以减少能源消耗并实现可持续发展。同时，越来越多的绿色区块链项目将涌现，帮助各行业减少碳排放。在商业消费领域，企业将更关注区块链技术的环保影响，选择使用那些具有更高能源效率和可持续发展潜力的技术方案。这一趋势不仅会提升区块链技术的社会接受度，也会推动绿色区块链的普及与应用，帮助企业在环保和可持续发展方面采用更高的标准。

7. 数字资产的合法化与合规化

随着互联网3.0的不断发展，全球范围内的数字资产将逐步进入合法化与合规化进程。各国政府和监管机构将继续探索如何在法律框架下规范和管理数字资产、去中心化金融等领域的活动，确保其安全性和透明度。未来，监管的加强将为互联网3.0的发展提供更稳定的环境，同时推动更多传统企业和机构进入这一领域。合法化和合规化的进程将帮助数字资产获得更广泛的社会认可，并进一步推动其在商业消费领域的普及和应用。

三 互联网3.0商业消费应用面临的问题和挑战

（一）技术复杂性与可扩展性问题

互联网3.0的核心技术如区块链、智能合约和去中心化身份系统，尽管具备强大的潜力，但复杂性和可扩展性问题限制了其大规模的商业应用。区块链技术由于具有去中心化的特点，通常在交易速度和成本方面面临瓶颈。此外，智能合约的部署和执行也面临代码漏洞和错误执行的风险。一旦智能合约被部署在区块链上，修改困难、错误可能导致不可逆的损失。这些技术的安全性和可靠性需要进一步提高，以降低对用户和企业的风险。

（二）用户认知与教育不足问题

互联网3.0的复杂性对普通消费者而言是一个主要障碍。许多用户对区块链、智能合约和去中心化身份等新概念的了解甚少，这大大影响了技术的推广和普及。特别是在金融和数字资产领域，用户需要学习新的操作方式，并理解相关的风险与收益。

（三）监管与法律不确定性问题

互联网3.0技术的去中心化特性使其面临独特的监管挑战。全球各国在区块链、加密货币、数据隐私等方面的法律框架存在较大差异，导致互联网3.0技术在跨国应用时面临法律合规问题。此外，去中心化身份系统和数据主权的推广可能与现行的隐私保护法规产生冲突。

（四）安全性与隐私风险问题

互联网3.0技术的安全性问题是其在商业应用过程中面临的一大挑战。尽管区块链和智能合约技术可以提供更高的透明度和安全性，但它们并非完全无懈可击。近年来，多个去中心化金融平台遭受黑客攻击，导致大量用户资金被盗。隐私风险也是互联网3.0技术面临的重要挑战之一。尽管去中心化身份和零知识证明等技术旨在保护用户的隐私，但现阶段这些技术还未完全成熟，且在大规模应用时仍需面对数据泄露、身份盗用等风险。

（五）标准化与互操作性不足问题

互联网3.0技术尚处于发展初期，缺乏统一的标准和协议，导致不同平台和系统之间的互操作性较差。这不仅阻碍了技术在行业中的广泛应用，也限制了用户在不同去中心化应用之间的便捷使用。为了推动互联网3.0技术的普及和应用，建立全球范围内的标准和规范是必不可少的。

（六）能源消耗与环保问题

互联网 3.0 技术的高能耗，尤其是基于工作量证明（PoW）共识机制的区块链技术，带来了巨大的能源消耗问题。尽管已经有许多区块链项目在转向更节能的共识机制〔如权益证明（PoS）〕，但能源消耗问题仍然是互联网 3.0 技术面临的重要挑战。

四 互联网3.0商业消费应用场景与典型案例

（一）互联网3.0技术在商业消费方面的应用场景

互联网 3.0 技术正以惊人的速度在金融、供应链管理、数字艺术、游戏、电商、社交媒体等多个行业中得到应用，这些应用可以促进消费升级和提升消费市场活力，提供更加个性化、安全和便利的消费体验，同时推动消费者权益的保护和市场竞争的改善。总的来说，互联网 3.0 通过其独特的技术和理念，不仅重塑了互联网的生态，也为商业消费应用模式带来了革命性的变化，使商业活动更加去中心化，信息交互更加便捷，数据安全更加可靠，从而促进了商业价值的重新分配和商业模式的创新。

（二）互联网3.0技术在商业消费方面的典型案例

1.基于区块链的商品溯源

在全球化和互联网迅猛发展的背景下，消费者对商品来源、质量和安全的关注度越来越高。在传统供应链中，商品流通环节较多，信息不对称、假冒伪劣商品和质量问题时有发生，尤其是在食品、药品等高敏感行业，溯源问题至关重要。为了解决这些问题，基于区块链技术的商品溯源系统，能够提升商品的透明度，提高消费者的信任感，并提高供应链管理的效率。

京东商品溯源系统利用区块链的去中心化、不可篡改和可追溯特性，覆盖商品从生产、流通到销售的全过程。通过对商品进行全面的区块链记录，消费者能够通过平台查看商品的详细信息，包括产地、生产批次、物流状态等，确保所购商品的真实性与安全性。

2. 超级链技术版权保护

随着数字内容的快速增长和互联网的普及，版权保护成为一个全球性的重要议题。特别是在音乐、影视、文学和图像等创意产业，数字化内容的盗版和版权纠纷频发，给内容创作者和版权持有者带来巨大的损失。百度超级链通过去中心化的区块链技术，向用户提供高效且可信的版权登记、确权、交易和追溯功能。它不仅解决了版权登记的复杂性问题，还通过透明的链上记录确保版权的不可篡改性，帮助内容创作者保护其作品的合法权益。

3. 基于 AR/VR 的沉浸式体验

互联网 3.0 技术创造了更加丰富和多样化的场景和体验，通过 3D 建模和渲染技术，结合声光电等感官体验技术打造逼真的线下体验空间场景，为用户提供更加个性化的线下沉浸式体验，根据 IP 特性和用户的喜好和行为，为其打造身临其境的沉浸式体验项目。

飞天云动圆明园——圆明灵境元宇宙体验馆以数字技术弘扬中国传统文化，结合圆明园丰富的历史文化底蕴，以科技赋能文化，以文化带动消费。根据史料、图档等错综复杂的历史线索完整还原圆明园的历史原貌，揭秘消失的绝美胜景，用互联网 3.0 技术重新释读园林背后的文化、艺术与哲学。圆明灵镜元宇宙体验馆包含 VR 的 720 度 8K 视效、AR 画廊、裸眼 VR 沉浸式体验，可以在交互虚实视域下进行文化遗产的数字化展示，通过 AI、实时渲染、边缘计算等技术助力数字资产建设和文化传播。在传播上通过跨界、融合等方式进行 IP 打造，将 VR、AR 和品牌进行深度的融合联动。

圆明灵境元宇宙体验馆结合中国传统文化与现代科技，不仅以数字化的形式复原了圆明园的历史原貌，更通过 VR、AR 等技术为公众提供沉浸式的体验，让人们能够以全新的方式感受和认识这一中国古典园林的辉煌。

4. 基于元宇宙的数字孪生机场

互联网 3.0 打破时间和空间的限制，通过 3D 化的方式准确、完整、直观地呈现展品的信息，线上主题元宇宙将商业区、党建馆、文化馆、博物

馆、美术馆等实体场馆的藏品进行打破物理边界的展示，让观众可以完整地体验和切身地交互，并能够无时差地与朋友、家人等进行分享和交流。

天工数字孪生机场以机场实际地理数据为基石，融合元宇宙数字空间技术，精心打造出一个集机场虚拟空间、广告传媒营销、机场运营服务、机场商业服务以及地方特色文旅于一体的综合性机场元宇宙平台，为旅客带来前所未有的便捷与精彩体验。

天工数字孪生机场以先进的技术和创新的服务模式，成为航空领域的一次有益创新，它为旅客、商业主体和地方文旅提供了全方位的支持，也为机场和民航业的发展带来了新的机遇和挑战。在未来，平台将继续引领航空服务的发展潮流，为人们的出行和生活带来更多的便利和惊喜，为机场和民航业的繁荣发展开辟更加广阔的前景。

5. 飞天元宇宙3D语料库

互联网3.0是多维度、3D化、交互式的数字空间，3D模型的创建和应用变得尤为重要，如知识产权（IP）、人物形象、场景设计、动画制作等，这些模型不仅在类别上丰富多样，而且在每个类别下还细分出众多子类别，形成了一个庞大而细致的素材库。这些素材库作为数据资产，具有极高的使用价值和商业潜力。

飞天元宇宙3D语料库是一个专注于元宇宙主题的数据资产集合，涵盖三维内容、纹理贴图、动画等素材，这些素材不仅特点鲜明、质量上乘，而且在细节上做到了精细入微，能够为用户带来更加真实、生动的视觉体验。这些优质的素材作为数据资产，具有广泛的使用价值。飞天元宇宙3D语料库不仅是游戏开发者构建奇幻世界的工具包，也是影视制作人打造视觉盛宴的重要素材，更是虚拟现实技术为用户带来沉浸式体验的关键内容。

6. 基于区块链的会员计划

Starbucks Odyssey是星巴克推出的一个基于区块链技术的创新会员奖励计划。该计划在传统的星巴克奖励计划基础上，融合了互联网3.0技术，通过区块链和非同质化代币（NFT）为用户提供了一种全新的忠诚度奖励和互动体验。Starbucks Odyssey不仅增强了会员的数字化参与，还为品牌开拓了与客户互动的新方式，通过奖励虚拟资产、独特的数字收藏品和互动体验来吸引并留住用户。

Odyssey 项目标志着星巴克向元宇宙和互联网 3.0 世界迈出第一步，通过将品牌忠诚度计划与区块链技术相结合，为其全球客户群体创造了更加沉浸式和个性化的互动机会。

五　互联网3.0商业消费应用思考和展望

（一）AI 与区块链的深度融合

未来，AI 与区块链的结合将进一步推动智能合约的自动化和优化。AI 可以通过数据分析和机器学习提升区块链网络的效率，同时，智能合约将变得更加自适应和灵活，帮助企业更好地满足动态市场需求。

（二）XR 硬件普及推动沉浸式商业

随着 XR 硬件的普及，沉浸式消费体验将在元宇宙和虚拟世界中得到广泛应用。用户将能够通过增强现实、虚拟现实等技术，体验全新的购物、娱乐、社交方式，虚拟资产与现实经济的融合将进一步深化。

（三）隐私保护与去中心化身份的应用扩展

随着隐私问题的日益突出，分布式数字身份（DID）和零知识证明（ZKP）技术将成为重要的发展方向。它们将为用户提供更加安全、隐私友好型的消费体验，并在身份认证、数据共享等领域实现广泛应用。

（四）可扩展性与能源效率的突破

为应对现有区块链网络的可扩展性和能源消耗问题，未来将出现更加高效、绿色的区块链网络。Layer 2 解决方案和跨链技术的普及，将使区块链在处理大规模交易时更具可行性，并实现商业应用的全方位覆盖。

　　互联网 3.0 作为重塑数字世界的新力量，正以强大的创新能力和变革力量，引领商业消费应用的深刻变革。即便面临技术、市场和政策挑战，随着技术的不断创新与成熟，互联网 3.0 将在未来的商业生态中发挥越来越重要的作用，为消费者带来更加智能、个性化和沉浸式的体验。

参考文献

［1］《北京市互联网 3.0 创新发展白皮书（2023 年）》，北京市科学技术委员会、中关村科技园区管理委员会，2023。

［2］《Web 3.0 下的商业模式重构：华世界 echOS 赋能企业数字化升级》，搜狐网，https：//www. sohu. com/a/738902503_120267337。

B.18
互联网3.0在金融领域的应用与实践

胡志高　张新芳　王梦佳　周东华　陈建琪*

摘　要： 近年来，互联网3.0作为技术发展的热点，基于独特的去中心化、智能化特性，融合了区块链等技术，打造了一个更安全、透明、包容的网络空间，能够实现用户对数据的所有和控制。目前，互联网3.0广泛应用于多个领域，不仅限于信息领域，更深刻地渗透到金融领域，尤其在供应链金融领域和元宇宙银行中展现出变革性的应用潜力。本报告分析了供应链金融领域中存在的"信息不对称""信任不传递"等问题，中招公信链建立了"两侧三方"的供应链金融新生态，提供了全流程的供应链金融服务产品；在元宇宙领域普遍存在金融服务和场景覆盖少、活动和运营内容不丰富等问题，上海银行提供了"无界、智能、有温度"的金融创新体验。未来，结合区块链等技术的互联网3.0，将给金融行业带来深远而重大的影响，进一步推动金融产品和服务创新。

关键词： 互联网3.0　区块链　金融领域　供应链金融　元宇宙

一　互联网3.0在金融领域应用的现状

在政策层面，党中央高度重视供应链金融的发展，2023年11月，中国人民银行等八部门联合发布《关于强化金融支持举措 助力民营经济发展壮

---

* 胡志高、张新芳、王梦佳，北京中招公信链信息技术有限公司；周东华、陈建琪，上海银行股份有限公司。

大的通知》①，积极开展产业链供应链金融服务，鼓励银行业金融机构支持供应链上的民营中小微企业开展订单贷款、仓单质押贷款等业务。

工业和信息化部办公厅等五部门联合发布的《元宇宙产业创新发展三年行动计划（2023—2025 年）》为元宇宙产业的发展提供了明确的政策指导和目标，文件指出，元宇宙是数字与物理世界融通作用的沉浸式互联空间，是新一代信息技术集成创新和应用的未来产业，是数字经济与实体经济融合的高级形态。② 目前，"元宇宙"尚没有一个标准定义，可以理解为元宇宙是基于 5G、物联网、大数据、人工智能、区块链、数字孪生等数字技术集群应用形成的虚实共生的新兴社会形态。

区块链技术在互联网 3.0 中扮演重要角色，提供了去中心化、安全且不可篡改的数据存储和交换机制，尤其是使金融行业具有更高的交易透明度、更强的数据安全性和更低的交易成本，同时在供应链金融行业提供解决数据共享与透明度提升、数据确权、中小企业融资等难题的方案。区块链提供了一种机制，使用户能够控制自己的数据和数字身份，确保数据所有权和使用权的明确归属。

互联网 3.0 是元宇宙的基础设施，元宇宙是互联网 3.0 的数字新生态。元宇宙综合了众多互联网 3.0 的前沿技术，例如，5G 技术为元宇宙沉浸式体验提供高速传输的网络基础；大数据和云计算技术为元宇宙内的数据存储和处理提供算力保障；物联网、数字孪生和数字人技术搭建了虚实融合的元宇宙数字空间和数字员工；区块链以分布式、去中心化、不可篡改等技术特点，保障了元宇宙中用户的数据安全和资产权益，实现数字内容和资产确权等。

互联网 3.0 应用领域非常广泛，包括金融服务、工业制造、文化传播，

① 《中国人民银行等八部门联合印发〈关于强化金融支持举措 助力民营经济发展壮大的通知〉》，中国政府网，https://www.gov.cn/lianbo/bumen/202311/content_6917268.htm。
② 《工业和信息化部办公厅 教育部办公厅 文化和旅游部办公厅 国务院国资委办公厅 广电总局办公厅关于印发〈元宇宙产业创新发展三年行动计划（2023—2025 年）〉的通知》，中国政府网，https://www.gov.cn/zhengce/zhengceku/202309/content_6903023.htm。

尤其是在金融领域展现出其变革性的应用潜力。中招公信链定位于为电子化招标采购行业提供可信交易服务，围绕招标采购交易全流程提供区块链中台及各类链上业务应用，立足于"招标采购行业"供应链，通过行业联盟链，打通供应链和"金融服务业"两个行业，以链上招标采购项目的真实数据，助力招标采购行业供应链金融领域的共建共治共享。中招公信链结合招标采购行业在供应链金融发展趋势，基于区块链、移动 CA 等技术，融合数据确权服务，提供了全流程的供应链金融服务产品；上海银行结合金融行业的未来走向，基于区块链、数字孪生等技术推出元宇宙银行，满足了用户追求沉浸和内容多元的个性化需求，提供了"无界、智能、有温度"的金融创新体验。

二　互联网3.0在金融领域应用案例

（一）在供应链金融的应用和探索

1.案例背景

互联网 3.0，以独特的去中心化、智能化特性，深刻地改变了我们的生活方式、工作模式乃至经济格局。随着区块链技术、去中心化应用以及人工智能的日益成熟，互联网 3.0 正引领新一轮的技术革命。这一变革不仅限于信息领域，更深刻地渗透到了金融领域，尤其是供应链金融这一关键环节，为其带来了前所未有的发展机遇与挑战。

2.行业概况

供应链金融是一种融资模式，通过将金融机构、核心企业以及上下游企业联系在一起，提供灵活的金融产品与服务，以增加供应链的流动性。在供应链金融中，核心企业利用自身的信用和市场地位，帮助上下游的中小企业获得资金支持和信用增值服务，这有助于解决中小企业的融资难题，并提升整个供应链的竞争力。在供应链金融行业中，一些公司通过平台撮合供需两端的模式，呈现供应链金融行业的多元化和创新性。然而，供应链金融行业也面临一些挑战，如市场参与者的信用风险、技术应用和数据安全问题等。

中招公信链秉持高度公信力和可靠性、保障安全和稳定性、保持开放性和公正性的发展理念，服务 B 端用户，基于互联网 3.0，通过区块链、移动 CA 等技术，联通联盟链、司法链、供应链打造"互通互连互信"的数字化底座，建立核心企业、供应商、金融机构的三方和资金供需两侧之间的"信任三角"，解决三方之间存在的"信息不对称"和"信任不传递"问题，构建起供应链上核心企业中招标采购项目上下游供应商金融数据服务生态，促进核心企业供应链良性循环。同时为小微企业解决融资难、融资贵、融资长等问题，也让更多行业核心企业通过加盟合作和私有化部署，以平台网格化方式，建立"两侧三方"的供应链金融平台 3.0 生态（见图 1）。

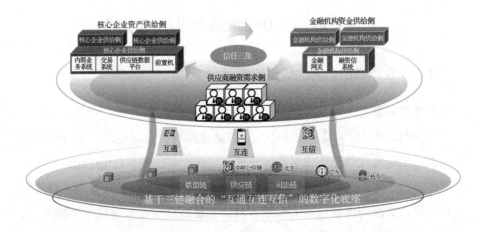

图 1　"两侧三方"的供应链金融平台 3.0 生态

资料来源：笔者自制。下同。

3. 供应链金融产品

基于互联网 3.0 结合区块链、移动 CA 等技术融合数据确权服务，在中招公信链建立供应链金融服务平台 3.0 阶段面向 B 端企业，提供供应链金融产品。

（1）提供各类供应链金融服务产品：提供投标保函、中标贷、合同贷、应收账款、票据贴现等供应链金融服务产品（见图 2）。

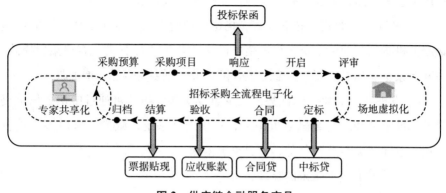

图2 供应链金融服务产品

（2）提供本地私有化部署的供应链金融服务平台：为企业提供自主可控、交易上链的本地私有化部署供应链金融服务平台，实现企业基于区块链数据不出域管控和隐私保护要求。

（3）提供面向各类金融服务机构的统一金融通道服务：发挥中招公信链的资源互联优势，提供统一的实现"资产端互联"和"资金端互联"的"双联"金融通道服务，实现金融服务机构与金融通道服务"总对总"对接。

（4）提供统一标准、万链互联的区块链中台服务：提供自主可控的区块链中台，实现企业平台与本地私有链、行业联盟链、司法链的互联对接、跨链验证，实现跨域共享，解决交易过程可信安全问题。

（5）提供全行业CA证书互认共享的高效数字身份授权确权体系：集成行业主体CA互认共享服务。一方面解决金融机构要求的CA签章签名问题；另一方面为金融服务市场主体提供扫码认证和信息共享服务，优化交易流程，实现供应链金融服务的主体确权、溯源查证、信息追溯等基础保障。

4. 优势和落地成效

供应链金融产品为各方带来显著优势，具体如下。

（1）为金融服务机构带来的显著优势

A. 实现全供应链产品覆盖：中招公信链面向众多企业提供服务，在行业内有较大影响力，金融服务机构与中招公信链强强联合后，可共同开发全

供应链金融产品，增加产品多样性，提高市场占有率。

B. 开辟"行业式"拓展模式，构建供应链金融 3.0 生态体系：完善金融服务机构原有的单个企业客户拓展模式，开辟"行业式"客户拓展模式，关联多家企业和供应商，为金融服务机构带来更多的客源，增加收入。

C. 发挥"总对总"的优势，减少重复对接：银行可通过中招公信链提供的标准中台和统一金融通道服务，对接外部系统，减少"多对多"重复对接，发挥"总对总"优势，提升交易效率。

（2）为核心企业带来的显著优势

A. 提升服务质量，优化营商环境：通过在互联网 3.0 体系下的供应链金融服务，企业帮助其上游供应商获得快速高效的融资，进一步优化营商环境，提高服务质量。

B. 稳定上下游供应商资源，促进供应链良性循环：供应链金融合作解决了上下游资金短缺问题，巩固、增强企业与供应商的战略合作关系，促进供应链良性循环。

C. 扩展服务模式，实现企业盈利：企业参与供应链金融后，可缓解企业的资金周转压力。作为供应链金融的主要参与者，企业可以直接获得金融收益。

（3）为供应商带来的显著优势

A. 解决融资难、融资贵问题：基于区块链互信互联金融通道服务的供应链金融服务，覆盖了多品类的金融服务产品，满足了不同供应商在不同场景的各种需求，与传统金融贷款相比，利率低、保障高，降低了供应商融资成本和融资风险，保障了项目正常实施。

B. 提升供应商融资效率：基于主体确权授权的供应链金融服务，利用区块链等技术实现金融服务全流程电子化，操作简单，无须重复提交资料，可快速通过银行审批，提高了融资效率。

基于互联网 3.0 结合区块链、移动 CA 等技术融合数据确权服务，在中招公信链建立供应链金融服务平台 3.0 阶段提供供应链金融产品，在钢铁、电力行业得到广泛应用，其中，在南京钢铁集团的供应链金融服务中，采用本地私有化部署、金融机构"总对总"对接、金融超市等建设理念，提供投标阶段的投标保函（保险）、中标阶段的中标贷、合同阶段的合同贷、履约阶段的应收账款、结算阶段的票据贴现等覆盖招标采购项目全生命周期的供应链金融服务产品。这为供应链中小微企业的供应链金融服务发展翻开了新的篇章，标志着供应链中小微企业的融资服务将迈上一个新的台阶，同时为解决供应链中小微企业的融资困境提供了更具体的方案。该模式可复制、可推广，为其他企业供应链金融的发展建设提供了参考案例。

　　未来将有更多的核心企业、金融机构加入进来，共建开放、包容、共赢的供应链金融生态圈，共同推动供应链金融健康、可持续发展。

（二）在银行元宇宙的应用和探索

1. 案例背景

　　在互联网3.0阶段，随着5G、人工智能、区块链等前沿技术的广泛应用，金融行业正经历一场深刻的变革。此外，随着年轻一代消费者对个性化、科技感强的金融服务需求的增长，传统银行服务模式已难以满足市场的多元化需求。在此背景下，银行业正在积极探索"VR+元宇宙+金融"场景。例如，中国工商银行在百度希壤推出元宇宙银行网点；中国建设银行、百信银行在手机银行App推出元宇宙空间；南京银行在微信小程序上线"你好世界"元宇宙空间等。但是，目前，元宇宙在银行领域的应用普遍存在金融服务和场景覆盖少、活动和内容运营不丰富等问题。

2. 行业概况

　　上海银行大力推进数字金融创新，以线上化、数字化、智能化为路径，运用人工智能、区块链、云计算、数字孪生等创新技术，持续满足客户综合金融服务需求。上海银行元宇宙银行以"数实融合，开放互联"为主线构建场景，打造了可漫游、可互动、可交易的元宇宙银行，为用户提供"无界、智能、有温度"的金融创新体验。这一全新的虚拟数字空间，不仅能够提供更加丰富多样的金融产品和服务，实现了部分金融交易的重构和线上

线下服务的融合，还能够通过数字分身、数字藏品等创新元素，吸引年轻用户群体。此外，其为全新的金融服务模式提供了技术基础和实现路径，实现银行业务的创新发展。

3.元宇宙银行

具体来讲，上海银行元宇宙银行主要包括以下内容。

一是用户个性化数字分身和成长体系。用户在元宇宙银行内可以设定自己的元宇宙昵称，昵称具有唯一性，是用户在元宇宙空间的身份标识，还可以设定个性化的数字分身形象，支持上百种风格搭配，给用户带来全新的个性化体验。此外，为用户创建个人中心及元宇宙能量值成长体系，用户可以通过每日打卡、做任务等活动来获得元宇宙能量值，进而消耗能量值以抽取特定优惠权益。这会提升用户的参与感、获得感。上海银行元宇宙银行用户体系界面见图3。

图3 上海银行元宇宙银行用户体系界面

资料来源：上海银行App。图4至图6同。

二是AI数字员工提供专业的全流程陪伴式服务。一方面，依托数字人建模技术，打造超写实的3D数字人形象，语音贴近真人，支持闲聊场景等服务，给予用户真实感和沉浸感；另一方面，运用NLP/TTS/ASR等技术，支持文本语音多种交互方式，提供业务咨询、引导跳转等功能，为用户提供专业的金融服务。通过将能说会道懂业务、服务智能有温度的数字人与元宇宙银行结合，为客户打造极致智能服务体验。上海银行元宇宙银行 AI 数字员工界面见图 4。

图 4　上海银行元宇宙银行 AI 数字员工界面

三是虚实融合的场馆和业务场景建设。上海银行元宇宙银行主要利用数字孪生技术搭建场馆和实物建模，现共有四大特色场馆，包括迎宾大厅、财富馆（界面见图 5）、汽车馆、直播馆。场馆整体设计理念和风格参考上海银行线下旗舰网点，实现线上场馆与线下网点虚实融合。用户可以通过自己的数字分身漫游四大场馆并随时与 AI 数字员工进行互动交流。

其中，用户可以在迎宾大厅查看并参与最新活动，上海银行元宇宙银行已上线每日打卡、盲盒寻宝、拼团消费等多样化营销活动；用户可以在财富馆内直观地察看理财产品的最新收益率、产品详情等内容，查看通过数字孪生技术建模的 3D 实物贵金属；用户可以在汽车馆内品鉴前沿新能源旗舰车型及 360 度查看汽车的高精度内饰，还可以预约线下试驾；用户可以在直播馆观看上海银行及其合作伙伴的重大产品发布、品牌直播活动，在直播中发送表情、动作、公共弹幕等，进而获得更沉浸的直播体验。

四是轻社交和特色营销活动运营。上海银行元宇宙银行已搭建好友体系，用户可以添加好友、与陌生人打招呼互动等。在好友体系的基础上，上

图 5　上海银行元宇宙银行财富馆界面

线元宇宙银行拼团消费营销活动，充分发挥元宇宙银行的社交属性。此外，元宇宙银行配合"上海马桥国际半程马拉松赛"，基于区块链发行了不同类型的特色数字藏品，目前，该数字藏品仅支持用户领取和查看。上海银行元宇宙银行活动运营界面见图 6。

图 6　上海银行元宇宙银行活动运营界面

4.落地成效

上海银行元宇宙银行是融合数字人、数字孪生、区块链、AIGC 等技术的重要创新产品,是银行传统服务和营销渠道的补充。一方面,通过打造数字藏品、元宇宙能量值、权益兑换的用户成长体系等游戏化运营、活动运营和内容运营功能,场景化营销在银行服务中落地;另一方面,通过数字孪生、实时交互,覆盖理财购买、预约试驾等金融业务,为客户提供沉浸式、交互式的全新金融体验,增强客户的参与感和认同感,满足客户多元化的金融服务需求。此外,项目为"元宇宙+金融"场景建设提供了可借鉴的参考,推动传统银行金融服务进行数字化转型。

三 未来发展趋势和展望

互联网 3.0 时代,结合区块链、数字孪生等前沿技术,在金融领域的应用前景极为广阔,其将朝着数字化、智能化、生态化的方向不断演进,必将为金融行业带来深远而重大的影响,其中,金融行业中的供应链金融和元宇宙银行应用的未来发展趋势和展望主要体现在以下几个方面。

首先,互联网 3.0 时代,随着区块链、数据确权等技术的不断发展,供应链金融产品将打造"两侧三方"网格化新生态,并将有力推动供应链金融产品服务的数字化和促进产业链上下游的协同,同时解决中小企业融资等难题。

其次,互联网 3.0 的应用将积极促进金融行业生态的构建。通过构建行业生态体系,实现跨平台数据资源的融合,能够充分释放数据要素的价值,为实体经济赋能,进而打造数字经济发展的新格局。这不仅有助于树立行业标杆,还能有力推动全行业的数字化转型。

再次,互联网 3.0 等多种技术融合创新将为金融领域带来全新的服务模式和体验。元宇宙银行的实践充分表明,结合数字人、数字孪生、区块链、AI 等技术,可以为用户提供沉浸式、个性化的金融服务体验。一方面,以区块链为核心的互联网 3.0 技术发展为元宇宙用户数字身份及数字资产确权

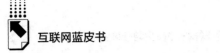
提供保障；另一方面，基于互联网3.0的去中心化的AIGC将真正满足未来元宇宙对海量内容、内容确权的需要，实现元宇宙内容的共创、共建、共享。

最后，互联网3.0为金融领域的健康发展提供坚实的基础，将有力促进金融行业的持续创新和变革。

参考文献

［1］《中国人民银行等八部门联合印发〈关于强化金融支持举措　助力民营经济发展壮大的通知〉》，中国政府网，https：//www.gov.cn/lianbo/bumen/202311/content_6917268.htm。

［2］《工业和信息化部办公厅　教育部办公厅　文化和旅游部办公厅　国务院国资委办公厅　广电总局办公厅关于印发〈元宇宙产业创新发展三年行动计划（2023—2025年）〉的通知》，中国政府网，https：//www.gov.cn/zhengce/zhengceku/202309/content_6903023.htm。

附　录

中国互联网3.0大事记（2023~2024年）*

刘　瑄**

2023 年 3 月 17 日　北京市科学技术委员会、中关村科技园区管理委员会、北京市经济和信息化局印发《关于推动北京互联网 3.0 产业创新发展的工作方案（2023-2025 年）》，以推动北京互联网 3.0 产业创新发展。方案指出，要紧抓新一轮科技创新和产业变革机遇，以自主创新为驱动，以平台支撑为保障，以应用示范为牵引，带动国产软硬件技术协同创新发展，推动北京市率先建成具有国际影响力的互联网 3.0 科技创新和产业发展高地。

2023 年 3 月 20 日　"朝启蓬勃互联网 3.0 筑未来"互联网 3.0 生态发布大会举办。会上，《朝阳区互联网 3.0 创新发展三年行动计划》和专项支持政策发布，该计划由朝阳区政府联合北京市科委、中关村管委会、北京市经信局印发，在加强关键核心技术攻关、建设产业服务平台、推动重大应用场景建设、完善互联网 3.0 生态体系、深化国际化开放合作等方面，确定了 21 项重点任务，提出打造"一纵一横多引擎"的互联网 3.0 区域产业布局，力争在 2025 年将朝阳区打造成互联网 3.0 产业高地。

2023 年 3 月 31 日　河南省制造强省建设领导小组办公室印发《2023 年河南省区块链技术应用和产业发展工作方案》，旨在建设具有河南特色的区块链基础设施，发挥区块链在数据共享、业务协同、安全可信等方面的作

＊　统计时间为 2023 年 1 月至 2024 年 7 月，北京区块链技术应用协会收集整理。
＊＊　刘瑄，北京区块链技术应用协会。

用，打造区块链技术和应用创新高地。

2023 年 5 月 27 日　北京市科学技术委员会、中关村科技园区管理委员会发布了《北京市互联网 3.0 创新发展白皮书（2023 年）》。该白皮书从互联网 3.0 的内涵、体系架构、国内外发展现状、北京市的发展现状以及发展建议等方面进行系统的分析和阐述。该白皮书指出，互联网 3.0 是现代科学技术的集大成者，是未来互联网产业发展的新形态，具有高度智能化、虚实融合发展和完整的经济形态等特征。

2023 年 7 月 6 日　由北京区块链技术应用协会、北京市通州区科学技术委员会联合承办的 2023 全球数字经济大会专题论坛——Web 3.0 发展趋势专题论坛成功举行。论坛隆重发布了《中国区块链发展报告（2023）》、《中国元宇宙发展报告（2023）》及相关产业图谱。报告重点描述了区块链与元宇宙领域的发展现状和优秀案例，为政府部门、企业、投资机构以及行业从业者提供科学参考。

2023 年 8 月 4 日　工信部公布《对全国政协十四届一次会议第 02969 号提案的答复》。文件提出，工信部将加强与相关部门的协同互动，推动 Web 3.0 技术创新和产业高质量发展。加强 Web 3.0 调查研究，制定符合中国国情的 Web 3.0 发展战略文件，明晰 Web 3.0 发展路径、技术重点、应用模式，处理好继承与创新、发展与安全、政府与市场、供给与需求的关系。聚焦政务、工业等重点领域，鼓励开展 NFT、分布式应用（DApp）等新商业模式，加速基于 Web 3.0 的创新应用和数字化生态构建。

2023 年 8 月 24 日　北京市互联网 3.0 创新生态发展大会召开。大会上，"中关村互联网 3.0 产业园"正式揭牌，这是北京市首家互联网 3.0 产业基地。同时，会上，北京市科委、中关村管委会发布了《北京市互联网 3.0 应用场景研究报告》，从国内外现状、北京市应用场景情况、发展趋势等方面做了系统分析，为行业开展应用场景建设提供指引和参考。

2023 年 8 月 30 日　武汉市人民政府办公厅印发的《武汉建设国家人工智能创新应用先导区实施方案（2023—2025 年）》提出，到 2025 年，全市人工智能产业规模达到 1000 亿元，力争打造产值过百亿元级龙头企业 1~2

家，用人工智能产业发展支撑武汉建设数字经济一线城市。

2023 年 9 月 26 日　上海市科学技术委员会印发《上海区块链关键技术攻关专项行动方案（2023-2025 年）》，方案聚焦三大主攻方向，包括新型体系架构、资源调度与管控、信任增强，以推进区块链系统性能增强，开发运行环境优化，服务支撑能力提升。

2023 年 10 月 25 日　上海市经济和信息化委员会、上海市商务委员会联合印发《推动区块链、大模型技术赋能生产性互联网服务平台发展实施方案》，方案提出，到 2025 年，打造 20 个左右的市级标杆示范应用场景，带动一批平台应用前沿技术发展，营造创新氛围。

2023 年 10 月 28 日至 11 月 4 日　由北京区块链技术应用协会主办的第四期区块链岗位能力提升培训班"Web 3.0 赋能数字经济——从区块链出发"在北京市成功举行。来自高校、科研院所的专家教授及知名企业代表分别授课，围绕区块链、元宇宙和 Web 3.0 之间的关系，区块链赋能双碳数字化，数据要素基础知识及监管，密码学与数据安全，大模型基本原理及应用案例分析等多个方面与学员分享。

2023 年 12 月 23 日　2023 中关村论坛系列活动——CMC 2023 中国元宇宙大会在石景山区首钢园冰壶馆成功举办。本次大会由中关村论坛办公室指导，中国人工智能学会与北京市石景山区人民政府联合主办。中国人工智能学会元宇宙技术专委会、凌云光等单位共同承办。来自政产学研 600 余位专家学者和企业代表齐聚一堂，交流、分享元宇宙最新学术研究理论，展示前沿技术成果和丰富的应用场景实践。

2023 年 12 月 28 日　由北京区块链技术应用协会等单位参与起草，全国区块链和分布式记账技术标准化技术委员会归口制定的国家标准《区块链和分布式记账技术 术语》（GB/T 43572-2023）正式获批发布。其界定了区块链和分布式记账技术的基本术语，旨在统一区块链和分布式记账技术的术语和定义，定义了区块链、区块链系统、共识、事务、数字签名、互操作等，为区块链技术和产业发展提供指导。

2023 年 12 月　上海银行股份有限公司正式推出市场首家可漫游、可互动、可交易的元宇宙银行，依托计算机视觉、区块链、数字人及 AIGC 技术，构建了一个全新的虚拟数字空间。上海银行股份有限公司的元宇宙银行获得"2023 年度最佳元宇宙手机应用场景奖"。

2023 年 山大地纬软件股份有限公司基于区块链建成了山东省分布式数据要素可信流通基础设施，通过连接省内各地区、各行业的数据供给方，各领域的数据需求方、各类型数商，形成由一条协作链、多条城市链、多条行业链构成的分布式数据链网，支撑全省数据要素可信流通，在金融、医疗健康、司法公证等领域实现数据赋能。

2024 年 1 月 4 日 香港 Web 3.0 标准化协会（W3SA-HK）正式成立，通过汇聚产业资源，建立产业共识，促进技术创新，规范产业生态，支持政府决策，旨在标准化推动全球 Web 3.0 产业高质量发展。

2024 年 1 月 4 日 《香港 Web 3.0 标准化白皮书（2023）》正式发布。该白皮书涵盖背景和现状、认识和理解、技术和协议、金融和服务、标准化思路五个部分，提出了 Web 3.0 标准体系框架和重点标准化方向，为标准化推动 Web 3.0 产业高质量发展提供支撑。

2024 年 1 月 5 日 国家工业信息安全发展研究中心区块链技术与数据安全工业和信息化部重点实验室公布 2023~2024 年度开放课题拟立项项目，包含 10 个创新探索项目与 5 个应用示范项目，本次开放课题的征集促进了区块链技术与数据安全领域的基础研究与学术交流，推动了产业健康有序发展。

2024 年 1 月 30 日 科大讯飞发布基于首个全国产算力训练的讯飞星火 V3.5，七大核心能力全面提升，数学、语言理解、语音交互能力超 GPT-4 Turbo。

2024 年 2 月 29 日 全国网络安全标准化技术委员会正式发布《生成式人工智能服务安全基本要求》（TC260-003），其是国内首个面向 AIGC 服务安全领域的技术文件，有助于提高生成式人工智能服务安全水平。

2024 年 3 月 5 日 《政府工作报告》提出，深化大数据、人工智能等研发应用，开展"人工智能+"行动，打造具有国际竞争力的数字产业集群。

2024 年 5 月 22～23 日　2024 福布斯中国人工智能科技企业峰会暨 TOP50 颁奖典礼在上海举行。阿里云、科大讯飞、百度智能云、腾讯云智能、商汤科技、第四范式、海天瑞声等人工智能领域优秀企业入选。

2024 年 7 月 1 日　2024 全球数字经济大会人工智能专题论坛在北京召开。论坛发布了"北京市通用人工智能产业创新伙伴计划"第三批成员名单。该计划通过征集五类伙伴（算力伙伴、数据伙伴、模型伙伴、应用伙伴和投资伙伴），旨在搭建一个实现产业协同、资源互补、应用落地、合作机制灵活的市场化服务平台。第三批成员征集工作引起产业界的广泛响应和积极参与，本次共有 158 家企业入选。

2024 年 7 月 3 日　2024 全球数字经济大会互联网 3.0 高层论坛在国家会议中心举办，讨论发布了朝阳区互联网 3.0 的标杆应用场景、新建共性技术平台、系列新产品与应用以及"人工智能+"与互联网 3.0 典型案例等 16 项内容，同时展示了特色产业园和产业基金的最新进展。此外，论坛上，朝阳区解读了关于支持互联网 3.0 创新发展的若干措施。

2024 年 7 月 8 日　联动优势在"高质量发展论坛暨 2024 全球数字经济大会西城分论坛"正式发布了"联动云 AIGC 数字人应用平台"。该平台能够在 1 分钟内利用公共模型生成高度仿真、可互动的 AI 虚拟人，并结合文本、图片、视频的 AI 内容制作工具及 AI 大模型技术底座，配合 5G 智能云通信平台，实现数字内容的快速制作和智能投放。

2024 年 7 月 18 日　香港金融管理局公布首批稳定币发行人"沙盒"参与者名单。首批共有 3 个发行人，包括京东币链科技（香港）、圆币创新科技，以及联合申请的渣打银行（香港）、安拟集团（Animoca Brands Limited）、香港电讯（HKT）。

Abstract

Web 3.0 is a new stage in the evolution of the Internet. It is an innovative application ecosystem with decentralization, efficient data circulation, and high intelligence as its core features. It deeply integrates cutting-edge technologies such as blockchain, artificial intelligence, and big data, subverts the traditional information dissemination model, and builds a new network system that better protects user sovereignty, data security, and value circulation. In the ideal Web 3.0 system, data is controlled by users, and transparent, secure, and efficient transactions of data and assets are achieved through smart contracts and decentralized applications. At the same time, Web 3.0 focuses on the interaction between the virtual and real worlds and the creation of digital content, providing a smarter, more personalized, and immersive user experience. Web 3.0 not only reshapes the network architecture, but also opens a new era of digital economy, and depicts a future with infinite possibilities for the development of the global Internet.

Report of the 20th National Congress of the Commumist Party of China pointed out that we should accelerate the development of the digital economy and promote the deep integration of the digital economy and the real economy. Under the guidance of this strategy, China's Web 3.0 is gradually accelerating its pace towards digital-real integration and empowering the real economy. At present, my country is actively building a new infrastructure system with Web 3.0 as the core, creating a digital platform, optimizing the digital ecology, and promoting the market-oriented allocation of data elements. Web 3.0 is gradually penetrating into various fields such as the service industry, industry, and agriculture, promoting the digitalization, networking, and intelligent transformation of traditional industries, and improving the modernization level of the industrial chain and supply chain.

This book aims to sort out the development status of China's Web 3. 0, and provide reference and inspiration for industrial technology improvement, scenario application, and policy research. This book systematically organizes the latest progress of China's Web 3. 0 policies and market, technology, and scenario application dimensions, tracks and judges the integration and development trend of cutting-edge technologies, and systematically expounds on new technologies and applications under the Web 3. 0 system such as distributed digital identity, artificial intelligence, extended reality, and privacy computing. It explores typical application cases of Web 3. 0 in key industry scenarios such as government affairs, medical care, cultural tourism, and finance, and comprehensively depicts the latest picture of China's Web 3. 0. At the same time, it includes important events related to the development of China's Web 3. 0, providing readers with a historical context reference.

Web 3. 0 is a major opportunity for global technological change. China needs to accelerate its layout. The government, universities, and enterprises should coordinate and cooperate to solve the problems of data circulation and security, guide the comprehensive innovation and development of technology, applications, and markets, provide strong support for accelerating the construction of a cyber power and a digital China, and seize greater voice in the global digital ecosystem.

Keywords: Web 3. 0; Blockchain; Technological Convergence; Digital Economy; Scenario Application

Contents

Ⅰ General Report

Abstract: With the continuous development of new generation information technologies such as blockchain, metaverse, and artificial intelligence, the technical architecture system of Web 3.0, with Web 3.0 as the core and data elements as the driving force, has gradually become clear. It uses the decentralized and tamper-proof characteristics of blockchain to establish a digital network trust system, and promotes the value release of data elements through efficient and secure data circulation mechanisms. As the main force in the development of Web 3.0, China focuses on empowering the real economy, promoting the deep integration of the first, second, and third industries with the digital economy, and leading the transformation of production methods through industrial digitalization. However, at the same time, it should be fully recognized that the development of Web 3.0 faces difficulties such as low technical maturity, poor operability, lack of consensus on data circulation, and lack of regulatory policies. It is urgently needed to cooperate with multiple parties, take multiple measures, and make breakthroughs in multiple dimensions to fully release the intrinsic value of Web 3. 0 and promote high-quality economic development.

Keywords: Web 3. 0; Blockchain; Data Element; Digital Economy

Ⅱ　Policy and Market Reports

B. 2　Analysis of China's Web 3. 0 Industry Policy Combing
in 2024

Liang Wei, Ran Wei, Zhang Ke and Liu Xuan / 018

Abstract: As the basic building block of new quality productivity and the high-level form of digital economy, Web 3. 0 involves extensive technology integration, high industrial linkage, and close regional synergy. Against this background, Chinese governments at all levels and industrial sectors have intensively introduced a large number of relevant policies in recent years. These policies cover areas such as meta-universe, artificial intelligence, blockchain, arithmetic infrastructure, data assets, and virtual assets. Under the strong impetus of the policies, key technologies of Web 3. 0 have continued to break through, application scenarios have been expanding, and the industrial ecosystem has been growing. Looking to the future, Web 3. 0 will accelerate its integration into all aspects of industrial upgrading, economic development and social governance. For this reason, it is necessary to maintain sufficient foresight, overall situation and pragmatism at the policy level, in order to promote the dynamic connection of new technologies, new products, new modes and new business forms with Web 3. 0, and to provide sustained empowerment for comprehensively deepening the reform and advancing the modernization of Chinese style.

Keywords: Web 3. 0; Metaverse; Artificial Intelligence; Blockchain; Data Asset

B . 3　Research on Talent Training in Web 3. 0

Feng Peilin，Yang Yuechao and Zhao Bo / 031

Abstract：This report deeply discusses the current situation，challenges and future prospects of China's digital talent training in the Web 3. 0 era. Web 3. 0，with blockchain，artificial intelligence and other technologies as the core，has promoted digital transformation and information technology revolution. The release of the Action Plan to Accelerate the Cultivation of Digital Talents to Support the Development of Digital Economy（2024−2026）marks the importance of the state to the cultivation of digital talents. This report discusses the need for talent training to adapt to digital transformation，explore interdisciplinary integration courses，and strengthen practical teaching to meet market demand. At the same time，it puts forward some suggestions such as strengthening the construction of teachers，improving the curriculum system，promoting the formulation of industry standards，building a practice platform and promoting the integration of technology and education，so as to cultivate high-quality digital talents with innovation consciousness，practical combat ability and international vision.

Keywords：Web 3. 0；Digital Talent Training；Technology and Education Integration

B . 4　Research on Compliance Issues in Digital Asset Trading under

Web 3. 0 System　　　　　　　*Liao Renliang，Chi Jianlei* / 040

Abstract：The core connotation of Web 3. 0 is Web 3. 0，which is a digital economic value network with blockchain as its core technology. Under the background of Web 3. 0，digital assets are changing the economic pattern at an unprecedented speed and gradually becoming the new driving force of the digital economy. As the transaction scale of digital assets continues to expand，market risks and legal risks are also accumulating. It is urgent to conduct compliance governance, improve legislation, strengthen supervision and strengthen consumer protection, and provide clear and comprehensive legal basis and regulatory guidance for digital asset transactions, so as to prevent market risks, protect financial security and safeguard the rights and interests of consumers. To promote the healthy development of China's digital assets trading market.

Keywords: Web 3.0; Digital Assets Trading; Regulatory Collaboration; Compliance Risk

Ⅲ Technology Reports

B.5 Overview of the Development of Core Technologies Underpinning Web 3.0

Li Ming, Liu Mianchen, Zhou Ziming and Wang Chenhui / 059

Abstract: In recent years, Web 3.0 has garnered widespread attention from various sectors globally, presenting new development opportunities across industries. As an ecological system in the digital space, Web 3.0 provides the foundational infrastructure and economic systems for the construction of a digitally native ecosystem. This report focuses on analyzing the background and current status of Web 3.0 development, proposing both a broad Web 3.0 technical framework and a narrow Web 3.0 technical architecture. It explores the formation of a Web 3.0 standard system, with a particular emphasis on the needs for standardization in technical standards, technology and platform standards, application and service standards, industry service standards, development and operations standards, and regulatory governance. The report offers insights and recommendations on how standardization can drive the development of the Web 3.0 industry.

Keywords: Web 3.0; Core Technologies Underpinning Web 3.0; Technical Architecture; Standard System

B.6　Research on Decentralized Identity Technology in Web 3.0

Zhang Yifeng, *Ping Qingrui* / 083

Abstract: Decentralized identity technology provides conditions for the development of Web 3.0 by realizing the autonomous management of personal identity and data. The core of decentralized identity technology includes decentralized identifiers (DIDs), verifiable credentials, and distributed key management. Unlike the traditional reliance on centralized institutions for identity management and maintenance, it supports a new decentralized identity management framework based on distributed ledgers and cryptography components. Interoperability is the key to the implementation of decentralized identity systems, which includes unifying key implementation standards, facilitating open-source adoption of core components, and promoting trusted governance of decentralized identity. With the rise of digital applications, distributed digital identity technology will play an important role in building a user-centric, secure and trustworthy new generation of Internet.

Keywords: Web 3.0; Decentralized Identity; Decentralization

B.7　A New Blockchain Technology Architecture That
Combines Openness and Easy Regulation Features

Qi Yong, *Zhu Bin* / 100

Abstract: The advent of the Web 3.0 era heralds yet another leap forward in information technology. Against this backdrop, a new blockchain technology architecture that integrates openness and regulatory capabilities has emerged, injecting fresh vitality into the digital economy and digital governance. This report delves into the design philosophy, core technological implementations, and application prospects of this technology architecture across multiple domains, while also envisioning its profound impact on the future internet ecosystem. The new blockchain technology architecture leverages distributed ledger technology to achieve data transparency and immutability, ensuring both openness and security of the system. Addressing challenges such as high concurrency and low energy consumption, this architecture continuously optimizes consensus mechanisms and enhances data processing capabilities, thereby constructing an efficient and stable blockchain ecosystem. More crucially, while safeguarding technological openness, it achieves real-time monitoring and compliance review of transactions within the blockchain network through innovative regulatory mechanism design, effectively balancing technological innovation with regulatory requirements. In various sectors such as finance, supply chain management, and copyright protection, the new blockchain technology architecture is gradually demonstrating its immense application potential. It not only reduces transaction costs and improves transaction efficiency but also enhances supply chain transparency and credibility, safeguarding creators' copyright interests. Furthermore, this architecture facilitates the construction of a transnational "digital rights world", fostering global cultural and economic exchanges and cooperation.

Keywords: Openness and Regulation; Regulatory Model; Blockchain Technology Architecture

B.8　Research on Integration and Application of Blockchain and Artificial Intelligence　　　*Ying Chenhao, Guo Shangkun,*
Luo Yuan, Li Jie and Si Xueming / 113

Abstract: In the era of digital transformation, blockchain and Artificial Intelligence (AI) are emerging as two pivotal technologies that are increasingly converging to enable more efficient and secure data management. Blockchain, with its decentralized and immutable nature, offers robust data security, while AI enhances intelligent decision-making through advanced analytical capabilities. This article provides a comprehensive overview of the innovative integration of

blockchain and AI technologies, detailing the current research landscape from three key perspectives: the synergistic applications of blockchain and AI, blockchain's role in empowering AI, and AI's role in enhancing blockchain. It also explores the integrated applications of these technologies in various fields, including finance, the industrial internet, the Internet of Vehicles, and smart cities. The analysis highlights the benefits of combining blockchain and AI, such as improving data trust, enhancing privacy protection, and optimizing process efficiency. This report aims to offer valuable insights and inspiration for practitioners and researchers in related fields, fostering further development and innovation in the integrated application of blockchain and AI.

Keywords: Blockchain; Artificial Intelligence; Smart Contract; Internet of Vehicles; Smart City

B.9 Extended Reality and AI for Web 3.0

Wu Zongliang et al. / 127

Abstract: Extended Reality (XR) Technologies Bring Immersive Experiences to Web 3.0. Users can interact with decentralized websites and services in a 3D virtual environment through XR. This report first reviews the main challenges and technological trends in the field of XR (including VR, AR, and MR), such as human-computer interaction, realistic and effective rendering, ultra-realistic virtual avatars, XR holographic teleportation, digital twins, ecosystems, cloud trends, metaverse trends, and the revolution brought by AI to XR. It then details the main technologies and applications of AI in the XR field, including enhancing interactivity and immersion (through natural language processing and speech recognition, gesture and body movement recognition, eye-tracking and emotion recognition, neural holography, etc.), real-time environment understanding and adaptation (object and scene recognition, spatial mapping and scene reconstruction, context awareness, etc.), content creation (automated 3D modeling and animation and video production), behavior analysis and biofeedback, personalized experiences, accessibility assistive technologies, retail and marketing, and AI-driven virtual avatars and digital human creation.

Keywords: XR; Web 3.0; Immersive; AI; Digital Human

B.10 Privacy Computing Technology for Web 3.0

Min Xinping, Li Qingzhong, Su Yuehan,

Xiao Zongshui and Wang Hao / 144

Abstract: In the epoch of Web 3.0, data has emerged as the pivotal force propelling social and economic advancements. Nevertheless, its exponential proliferation and intricate nature pose formidable obstacles to safeguarding privacy. Privacy computing technology, as a nascent solution, endeavors to process data with unparalleled efficiency and security, yet confronts hurdles in bolstering processing capacities, refining operational efficiency, and fostering cross-sectoral integration. To surmount these challenges, the exploration of novel algorithms and architectural paradigms, encompassing distributed and edge computing methodologies, is imperative. Furthermore, the seamless integration of cutting-edge technologies such as blockchain and artificial intelligence is paramount to fostering a secure and intelligent digital ecosystem. Concurrently, the significance of standardization and regulatory frameworks cannot be overstated. They necessitate collaborative efforts from diverse stakeholders to guarantee seamless technology interoperability. Compelled by regulatory compliance, privacy computing technology must rigorously adhere to legal frameworks, thus fortifying the bedrock of data security. On the other hand, market dynamics drive relentless technological innovation and industrialization, expediting the widespread adoption of privacy computing across diverse sectors, including finance, healthcare, and government services. Prospectively, privacy computing technology, fortified by robust legal and technological safeguards, will usher in an era of enhanced internet security and privacy for users. It stands poised to contribute significantly to the flourishing of the digital economy and propel society towards an even more luminous future.

Keywords: Privacy Computing; Large-scale Application; Decentralization; Compliance

B. 11　The Web 3. 0 and the Digital Asset Circulation Service
Platform System　　　　　　　　*Li Ying，Wang Guan* / 156

Abstract: The Internet has evolved from version 1. 0 to 3. 0. Web 1. 0 was primarily based on HTTP and HTML, supporting basic content interaction. Entering the 2. 0 era, technologies such as SNS and RSS have enhanced user interaction, strengthening the social and collaborative functions of the network. Web 3. 0 marks the rise of the intelligent network, with core technologies including artificial intelligence and blockchain, emphasizing the decentralization of data and the return of user data ownership. In this report, smart contracts and blockchain technology have improved the security and transparency of data asset circulation, promoting the rights confirmation and efficient circulation of digital assets. Future data asset circulation platforms will further focus on decentralization, user privacy protection, and cross-chain technology to enhance the market efficiency and user experience of data assets, driving the development of the data economy. Each technological update of the Internet has greatly promoted the progress of the information society, indicating that the network will become more intelligent and human-oriented in the future.

Keywords: Blockchain; Data Asset; Smart Contract; Web 3. 0

IV　Scenario Application Reports

B. 12　Trusted Computing Power Carbon Effect Evaluation System
Based on Blockchain
　　　Dong Ning，Xu Shaoshan，Fan Qiguang and Guo Yifan / 168

Abstract: For "zero-carbon" computing power infrastructure, a trustworthy computing power carbon efficiency evaluation system based on blockchain. The PUE indicator and its related evaluation system are more suitable for traditional energy consumption management. They can neither provide information on the energy efficiency of the equipment's own computing power nor adapt to the current new requirements of " dual control" of carbon emissions. It also brings greater construction and operation of the data center. pressure. After studying PUE and some new energy efficiency evaluation indicators, this article proposes the Trusted Carbon Effectiveness by Computility evaluation system, which mainly focuses on the two major considerations of carbon emissions and computing power, and the basics of computing power. Facilities were evaluated and some data center data were collected for actual measurement. At the same time, the concept of "credibility" is introduced into the evaluation system and based on blockchain technology to ensure that the data source and data transfer process are authentic and trustworthy.

Keywords: PUE; The Power of Compute; Data Center; Carbon Peak and Carbon Neutrality; Blockchain

B.13　Web 3.0 Government Service Application

　　—*Cross Mutil-Applications and Regulatable Government*

　　Intelligent Interactive Applications

He Shuangjiang, Zhao Huijuan, Yu Li,

Jing Juan and Zhang Shudong / 183

Abstract: The development of digital government in China continues to enhance service quality, with many provinces and cities addressing security and efficiency challenges in data circulation through blockchain technology. However, as social governance functions evolve, and within the framework of a service-oriented governance model, government services centered around " people" urgently require cross-application security supervision and more intelligent and efficient interactive experiences. Therefore, on one hand, it is essential to achieve

互联网蓝皮书

the secure and reliable circulation of data in administrative approvals and application supervision through "e-governance supervision" to ensure both safety and efficiency. On the other hand, the integration of technologies such as artificial intelligence and human-machine IoT has raised the intelligence level of government systems, making public services not only more intellectual but also warmer and more empathetic. This report analyzes the application cases of Web 3.0 in areas such as examine and approve management linkage, smart companionship for the elderly, and cloud talent chains. We also discusses how these technological trends are optimizing government experiences, improving efficiency, and promoting the transformation of government services from traditional experience-based human service to data analysis-driven human-computer interaction.

Keywords: E-governments; Blockchain; Artificial Intelligence; Cross Mutil-applications Supervision; Intelligence and Emotion Interactive Application

B.14 Web 3.0 Boosts the High-Quality Development of Smart

Healthcare　　　　　　　*Wang Liqi*, *Chen Qi*, *Zhao Tianyu*,

Chen Chao and Liu Wenwen / 202

Abstract: Smart healthcare is the result of the deep integration of the medical and health services industry with information technology. Thanks to the support of government policies, the expansion of market size, and the continuous increase in application scenarios, it has rapidly developed in China in recent years. Web 3.0 technology, with its characteristics of decentralization and data privacy protection, provides new opportunities for the development of smart healthcare, including enhancing the sovereignty of patient data, improving the sharing of medical data, and increasing the efficiency of medical processes. At the same time, Web 3.0 technology has shown great potential in remote medical consultation, auxiliary diagnosis, patient record management, smart hospital construction, and personalized health management. Despite facing challenges in various aspects such as technology maturity, policy and regulation, data privacy, and standardization, Web 3.0, based on the integration and innovation of various technologies, will bring more efficient, convenient, and personalized services to the medical industry, promote the innovation of medical service models and the transformation and upgrading of the medical system, and ultimately help the high-quality development of smart healthcare.

Keywords: Web 3.0; Smart Healthcare; Artificial Intelligence; Smart Hospital; Health Management

B.15 Research on the Transaction of Data Assets Based on Web 3.0

Wang Yang, Han Tongli, Wang Haibo, Lian Bo and Li Xuan / 216

Abstract: As a new form of assets, data assets have become an important part of resource allocation. Web 3.0, as a digital economic value network with blockchain as its core technology, provides a network trust system based on "digital contract" for data assets transactions, which can effectively support data assets transactions and realize the value of data. Data assets trading involves the interoperability and integration between internal and external systems in the industry, while the traditional interoperability and integration technology between systems is facing many challenges under the realistic conditions of explosive growth of data scale, increasingly rich data types and application architectures, and the technology system oriented to meet business needs is constantly changing and innovating. Therefore, based on Web 3.0, this report studies the technologies and achievements related to interoperability and integration between data assets trading systems, and forms the data assets trading integration architecture and blueprint data structure, so as to promote the safe circulation of data assets and release the value of data.

Keywords: Web 3.0; Transaction of Data Asset; Finance Plus; Blueprint Data Structure; Integration Architecture

B . 16   Web 3. 0 Smart Culture and Tourism Application

Zhang Weiping, Qin Qiaohua, Wang Dan and Ding Yang / 230

Abstract: Web 3. 0 technology and smart tourism have a natural fit mechanism, which can build a foundation of trust in tourism, stimulate the intelligent revolution of tourism, and provide safe and efficient services. In the field of smart tourism, relying on the integrated framework of "cloud intelligence chain", we can innovate and create an open technology system with Web 3. 0 technology as the core. This system combines the application framework of blockchain and artificial intelligence, takes cloud service as the main carrier, and aims to improve the data processing, analysis and decision-making capabilities of the tourism industry, while ensuring the security, transparency and immutability of data. The application of Web 3. 0 technology in smart tourism runs through the entire industrial chain: for regulators, the efficiency of smart tourism public service platform can be improved through digital identity platform, digital asset platform and smart tourism brain; for resource parties, a trusted ecology of smart tourism industry can be created and digital operation efficiency can be improved through trusted transactions and content generation; for channels, transaction traceability and digital pledge can be used to solve pain points such as difficulty in distinguishing between true and false, selling inferior goods as good ones, and financing difficulties and high financing costs; for consumers, the interaction between virtual tourism and physical tourism can be realized through the metaverse, and the combination of UGC and AIGC can be realized through generative tourist short videos. In short, the application of Web 3. 0 technology in smart culture and tourism can provide a "package" solution to the common needs of the industry and promote the cultural and tourism industry to accelerate its entry into the Web 3. 0 era.

Keywords: Web 3. 0; Smart Culture and Tourism; Integrated Framework of "Cloud Intelligence Chain"; Trusted Digital Foundation; Vertical Large Model Based on AIGC

B. 17   Web 3. 0 Practices in the Commercial Field

Wang Lei, Na Yimu, Zhou Shisheng, Ge Lingrui and Pei Ao / 252

Abstract: Web 3. 0 technologies is quickly reshaping the commercial field with VR, AR, AI, Blockchain, IoT, Space-computing and real-time rendering engines. This report deeply studies how Web 3. 0 technologies are revolutionizing commercial models and applications in enhancing data security, improving user trust and promoting commercial transparency. Despite the challenges of Web 3. 0 technology is complicated, but in the fields of supply chain management, financial services and digital asset management show how Web 3. 0 great potential and positive. This report investigate the current status of Web 3. 0 and identify applications in the commercial field, look forward to research development trends and potential impacts, providing a reference for strategic decision-making to industry participants.

Keywords: Web 3. 0; Metaverse; Blockchain; Artificial Intelligence; Commercial Field

B. 18   Application and Practice of Web 3. 0 in the FinancialSector

Hu Zhigao, Zhang Xinfang, Wang Mengjia,

Zhou Donghua and Chen Jianqi / 265

Abstract: In recent years, Web 3. 0 has emerged as a hot topic in current technological development. With its unique decentralized and intelligent features, it integrates technologies such as blockchain to create a safer, more transparent, and inclusive online space, enabling users to own and control their data. Web 3. 0 is now widely applied in various fields, not only in the information sector but also deeply penetrating the financial sector, especially in the fields of supply chain finance and metaverse banking, where it shows its transformative application potential. The report analyzes issues such as "information asymmetry" and "non-transmissible trust"

in the supply chain finance field. The China Public Credit Chain has established a new ecosystem of "two sides and three parties" for supply chain finance, providing full-process supply chain financial service products. In the metaverse field, there is a general lack of financial services and scene coverage, as well as a lack of rich activities and content operations. Shanghai Bank provides a financial innovation experience that is "boundless, intelligent, and warm". In the future, the combination of Web 3.0 with technologies such as blockchain will have a profound and significant impact on the financial industry, further promoting innovation in financial products and services.

Keywords: Web 3.0; Blockchain; Financial Sector; Supply Chain Finance; Metaverse

Appendix

皮 书

智库成果出版与传播平台

❖ 皮书定义 ❖

皮书是对中国与世界发展状况和热点问题进行年度监测，以专业的角度、专家的视野和实证研究方法，针对某一领域或区域现状与发展态势展开分析和预测，具备前沿性、原创性、实证性、连续性、时效性等特点的公开出版物，由一系列权威研究报告组成。

❖ 皮书作者 ❖

皮书系列报告作者以国内外一流研究机构、知名高校等重点智库的研究人员为主，多为相关领域一流专家学者，他们的观点代表了当下学界对中国与世界的现实和未来最高水平的解读与分析。

❖ 皮书荣誉 ❖

皮书作为中国社会科学院基础理论研究与应用对策研究融合发展的代表性成果，不仅是哲学社会科学工作者服务中国特色社会主义现代化建设的重要成果，更是助力中国特色新型智库建设、构建中国特色哲学社会科学"三大体系"的重要平台。皮书系列先后被列入"十二五""十三五""十四五"时期国家重点出版物出版专项规划项目；自2013年起，重点皮书被列入中国社会科学院国家哲学社会科学创新工程项目。

皮书网

（网址：www.pishu.cn）

发布皮书研创资讯，传播皮书精彩内容
引领皮书出版潮流，打造皮书服务平台

栏目设置

◆ **关于皮书**

何谓皮书、皮书分类、皮书大事记、
皮书荣誉、皮书出版第一人、皮书编辑部

◆ **最新资讯**

通知公告、新闻动态、媒体聚焦、
网站专题、视频直播、下载专区

◆ **皮书研创**

皮书规范、皮书出版、
皮书研究、研创团队

◆ **皮书评奖评价**

指标体系、皮书评价、皮书评奖

所获荣誉

◆ 2008年、2011年、2014年，皮书网均
在全国新闻出版业网站荣誉评选中获得
"最具商业价值网站"称号；

◆ 2012年，获得"出版业网站百强"称号。

网库合一

2014年，皮书网与皮书数据库端口合
一，实现资源共享，搭建智库成果融合创
新平台。

皮书网

"皮书说"
微信公众号

权威报告·连续出版·独家资源

皮书数据库
ANNUAL REPORT(YEARBOOK)
DATABASE

分析解读当下中国发展变迁的高端智库平台

所获荣誉

- 2022年，入选技术赋能"新闻+"推荐案例
- 2020年，入选全国新闻出版深度融合发展创新案例
- 2019年，入选国家新闻出版署数字出版精品遴选推荐计划
- 2016年，入选"十三五"国家重点电子出版物出版规划骨干工程
- 2013年，荣获"中国出版政府奖·网络出版物奖"提名奖

皮书数据库

"社科数托邦"
微信公众号

成为用户

　　登录网址www.pishu.com.cn访问皮书数据库网站或下载皮书数据库APP，通过手机号码验证或邮箱验证即可成为皮书数据库用户。

用户福利

- 已注册用户购书后可免费获赠100元皮书数据库充值卡。刮开充值卡涂层获取充值密码，登录并进入"会员中心"—"在线充值"—"充值卡充值"，充值成功即可购买和查看数据库内容。
- 用户福利最终解释权归社会科学文献出版社所有。

数据库服务热线：010-59367265
数据库服务QQ：2475522410
数据库服务邮箱：database@ssap.cn
图书销售热线：010-59367070/7028
图书服务QQ：1265056568
图书服务邮箱：duzhe@ssap.cn

社会科学文献出版社 皮书系列
SOCIAL SCIENCES ACADEMIC PRESS (CHINA)

卡号：292846221442
密码：

中国社会发展数据库（下设 12 个专题子库）

紧扣人口、政治、外交、法律、教育、医疗卫生、资源环境等 12 个社会发展领域的前沿和热点，全面整合专业著作、智库报告、学术资讯、调研数据等类型资源，帮助用户追踪中国社会发展动态、研究社会发展战略与政策、了解社会热点问题、分析社会发展趋势。

中国经济发展数据库（下设 12 专题子库）

内容涵盖宏观经济、产业经济、工业经济、农业经济、财政金融、房地产经济、城市经济、商业贸易等 12 个重点经济领域，为把握经济运行态势、洞察经济发展规律、研判经济发展趋势、进行经济调控决策提供参考和依据。

中国行业发展数据库（下设 17 个专题子库）

以中国国民经济行业分类为依据，覆盖金融业、旅游业、交通运输业、能源矿产业、制造业等 100 多个行业，跟踪分析国民经济相关行业市场运行状况和政策导向，汇集行业发展前沿资讯，为投资、从业及各种经济决策提供理论支撑和实践指导。

中国区域发展数据库（下设 4 个专题子库）

对中国特定区域内的经济、社会、文化等领域现状与发展情况进行深度分析和预测，涉及省级行政区、城市群、城市、农村等不同维度，研究层级至县及县以下行政区，为学者研究地方经济社会宏观态势、经验模式、发展案例提供支撑，为地方政府决策提供参考。

中国文化传媒数据库（下设 18 个专题子库）

内容覆盖文化产业、新闻传播、电影娱乐、文学艺术、群众文化、图书情报等 18 个重点研究领域，聚焦文化传媒领域发展前沿、热点话题、行业实践，服务用户的教学科研、文化投资、企业规划等需要。

世界经济与国际关系数据库（下设 6 个专题子库）

整合世界经济、国际政治、世界文化与科技、全球性问题、国际组织与国际法、区域研究 6 大领域研究成果，对世界经济形势、国际形势进行连续性深度分析，对年度热点问题进行专题解读，为研判全球发展趋势提供事实和数据支持。

法律声明

"皮书系列"（含蓝皮书、绿皮书、黄皮书）之品牌由社会科学文献出版社最早使用并持续至今，现已被中国图书行业所熟知。"皮书系列"的相关商标已在国家商标管理部门商标局注册，包括但不限于LOGO（ ）、皮书、Pishu、经济蓝皮书、社会蓝皮书等。"皮书系列"图书的注册商标专用权及封面设计、版式设计的著作权均为社会科学文献出版社所有。未经社会科学文献出版社书面授权许可，任何使用与"皮书系列"图书注册商标、封面设计、版式设计相同或者近似的文字、图形或其组合的行为均系侵权行为。

经作者授权，本书的专有出版权及信息网络传播权等为社会科学文献出版社享有。未经社会科学文献出版社书面授权许可，任何就本书内容的复制、发行或以数字形式进行网络传播的行为均系侵权行为。

社会科学文献出版社将通过法律途径追究上述侵权行为的法律责任，维护自身合法权益。

欢迎社会各界人士对侵犯社会科学文献出版社上述权利的侵权行为进行举报。电话：010-59367121，电子邮箱：fawubu@ssap.cn。

社会科学文献出版社